시계열 분석 및 응용

전치혁 지음

자유아카데미

머리말

최근 인공지능, 머신러닝, 데이터마이닝 등을 통한 데이터 분석 기법에 대한 관심이 높아지고 있다. 이에 따라 시계열 데이터 분석 기법에 대한 니즈(needs)도 점차 늘고 있다. 시계열분석의 목적은 크게 두 가지라고 생각한다. 하나는 시계열 데이터에 숨어있는 패턴을 요약하여 시간에 따른 상관관계, 추세, 계절성 등의 특성을 파악하는 것이며, 또 하나는 미래 시계열에 대한 예측이다. 예측만을 위해서는 최근 각광받는 딥러닝을 이용한 기법 등이 좋을 수 있으나 해석적 측면에서는 아직도 통계기반 모형이 필요하다고 생각한다. 이 책은 통계적 기법에 기반을 둔 시계열분석 기법들과 응용을 다루고 있다.

저자는 포항공과대학교에 30여 년간 재직하면서 대학원 과목으로 시계열분석을 강의하였으며, 그동안의 강의 자료와 경험을 바탕으로 이 책을 저술하게 되었다. 시계열분석을 위한 다양한 기법들을 단순히 소프트웨어 사용법으로 가르치는 대신 대표적인 기법의 기본 개념 및 원리 등을 학습시키는 데 주력하였다. 대학에서는 이 책을 시계열분석 관련 과목의 교재로 활용할 수 있을 것이며, 기업 및 연구소의 연구자들은 참고서적으로 이용할 수 있을 것으로 기대한다.

산업공학 등의 분야에서는 시계열분석 및 예측에 전통적으로 평활법과 Box-Jenkins 형태의 모형(ARIMA모형)이 주로 사용되어 왔는데, 이 책에서도 이들 기법을 우선적으로 다루고 있다. 또한 경제/재무 시계열에서 많이 활용되는 ARCH/GARCH모형, 그리고 벡터자기회귀(VAR)모형도 다루고 있으며 벡터자기회귀모형에서는 그래인저 인과관계, 충격-반응 함수, 예측오차분산분해, 공적분 및 오차수정모형을 설명하였다. 이 외에도 스펙트럼 분석, 이상값 분석, 상태공간모형 등 시계열분석의 대표적 기법을 대부분 다루었다.

이 책에서는 여러 기법의 소개와 함께 예제를 가능한 한 많이 수록하려고 노력하였다. 즉, 기법을 소개한 후 이에 따르는 예제를 통해 기법을 보다 쉽게 이해할 수 있도록 하였다. 또한, 각 장마다 연습문제를 실어 새로운 문제에 대한 도전성을 키울 수 있도록 하였다. 그러나 일부 연습문제를 풀기 위해서는 소프트웨어의 도움이 필요하다. 이 책에서는 특정 소프트웨어의 사용을 설명하지는 않는다. 가끔 예제 풀이를 미니탭(Minitab)이나 이뷰스(Eviews)의 소프트웨어 결과로 보여주고 있으나, 기법에 보다 중점을 두고자 소프트웨어의 어떤 기능을 어떻게 사용할 수 있다는 것은 언급하지 않고 있다. 인터넷을 통해 관련 무료 소프트웨어를 구하여 사용할 수 있으므로 기법을 이해한다면 소프트웨어의 사용은 무난할 것으로 판단된다. 또 하나 이 책의 특징은 사용하는 대부분 시계열 데이터가 우리나라 정부기관에서 공개하는 실제 데이터라는 점이다. 이러한 데이터를 다루는 경험은 현실감을 보다 증대시킬 것이다.

이 책이 나오기 오래전부터 포항공과대학교 '시계열분석' 수강생을 대상으로 하는 강의 자료가 있었다. 그 자료를 읽고 틀린 곳을 지적해 준 학생들에게 지면을 빌어 감사드린다. 또한, 항상 격려를 아끼지 않은 가족들에게 고마움을 전한다. 마지막으로 이 책을 기꺼이 출판해 주신 자유아카데미에게 진심으로 감사를 표한다. 책에서 사용된 데이터 파일 및 수정사항은 자유아카데미 홈페이지(www.freeaca.com) 자료실을 통해 제공할 것이다.

2020년 10월

효자동 언덕에서

전치혁

차례

1장

시계열 예측을 위한 평활 기법

- **1.1** 시계열분석의 목적
- **1.2** 이동평균법
- **1.3** 지수평활법
- **1.4** 분해법을 이용한 예측
- **1.5** 예측성능척도

1.1 시계열분석의 목적

시계열(time series)이란 확률변수를 시간의 순으로 모아놓은 추계적 과정(stochastic process)의 일종이라 할 수 있는데, 따라서 각 시점의 값은 확률변수로 간주되며 관측 이후에는 숫자로 표현된다.

시계열분석의 목적은 크게 두 가지로 나뉜다. 하나는 시계열의 패턴을 요약하고 시간에 따른 상관관계, 추세, 계절성 등의 특성을 파악하는 것이다. 또 다른 목적으로는 미래 시점에 대한 예측이다. 시계열의 예측을 위해서는 다른 변수를 도입하지 않고 과거의 패턴이 미래까지 지속된다는 전제하에 진행된다.

이 장에서는 평활법을 통한 기초적 시계열 예측 기법에 대하여 기술하고자 한다.

1.2 이동평균법

매시간 관측되는 시계열값은 변동이 심할수록 시계열의 시간에 따른 패턴을 파악하기가 쉽지 않다. 시계열의 시간에 따른 패턴 파악을 알기 쉽게 하기 위해 평활법(smoothing method)이 널리 사용된다. 평활법에서는 이동평균법(moving aver-age)과 지수평활법(exponential smoothing)이 많이 활용된다.

이 절에서는 이동평균법에서도 수평적 시계열에 사용되는 단순이동평균과, 추세를 갖는 시계열에 사용되는 이중이동평균에 대하여 알아보고자 한다. 이동평균법은 전체 데이터를 사용하지 않고 정해진 수의 최근 데이터만 사용하고 있다.

1.2.1 수평적 패턴과 단순이동평균

시간 t에서의 시계열값 X_t가 다음과 같은 수평적 패턴(horizontal pattern)을 갖는다고 하자.

$$X_t = c + a_t \tag{1.1}$$

여기서 c는 상수이며, a_t는 평균 0, 분산 σ_a^2을 갖는 오차항으로, 시간에 따라 서로 독립인 확률변수이다. 이 오차항은 종종 백색잡음(white noise)으로 불린다. 만약 시점 T에서 최근 N개의 시계열 데이터만 사용하여 상수 c를 추정한다고 하자. 다음과 같은 제곱합을 최소화하고자 한다면

$$\min_c Q = \sum_{t=T-N+1}^{T} (X_t - c)^2 \tag{1.2}$$

$\partial Q/\partial c = 0$으로부터 상수 c값은 다음과 같이 추정된다.

$$\hat{c} = \frac{1}{N} \sum_{t=T-N+1}^{T} X_t \tag{1.3}$$

이를 시점 T에서 시계열 X_t에 대한 기간(span size) N의 단순이동평균(simple moving average)이라 하며, 다음과 같은 기호로 표기한다.

$$M_T = \frac{1}{N} \sum_{t=T-N+1}^{T} X_t \tag{1.4}$$

단순이동평균의 기댓값과 분산은 다음과 같다.

$$E[M_T] = E[X_t] = c \tag{1.5}$$

$$Var[M_T] = \frac{1}{N^2}(N Var[X_t]) = \frac{\sigma_a^2}{N} \tag{1.6}$$

즉, 식 (1.4)의 단순이동평균이 상수 c의 불편추정량(unbiased estimator)이 됨을 알 수 있다. 한편, 단순이동평균의 분산은 시계열 분산의 $1/N$임을 알 수 있다. 이동평균을 사용할 때 N값을 정해야 하는데 최근 추세를 보다 반영하려면 작은 값을 사용할 수 있고 평활효과를 높이려면 큰 값을 사용할 수 있다.

예 1.1

다음은 연도별(2006 ~ 2016년) 우리나라의 산불건수를 나타낸 것이다.

연도	2006	2007	2008	2009	2010	2011	2012	2013
건수	369	418	389	570	282	277	197	296
연도	2014	2015	2016					
건수	492	623	391					

$N=3$ 및 $N=6$에 대한 단순이동평균을 각각 산출하라.

풀이 단순이동평균을 산출하여 표로 나타내면 〈표 1.1〉과 같다. 이를 보면 연도별 산불건수보다 $N=3$의 이동평균이 평활효과가 있으며, $N=6$의 이동평균은 더욱 평활효과가 있어 연도별로 비슷한 값을 보임을 알 수 있다. [그림 1.1]은 이를 도표로 나타낸 것이다.

표 1.1 연도별 산불건수에 대한 이동평균

연도	산불건수	이동평균(N=3)	이동평균(N=6)
2006	369		
2007	418		
2008	389	392	
2009	570	459	
2010	282	413.67	
2011	277	376.33	384.17
2012	197	252	355.5
2013	296	256.67	335.17
2014	492	328.33	352.33
2015	623	470.33	361.17
2016	391	502	379.33

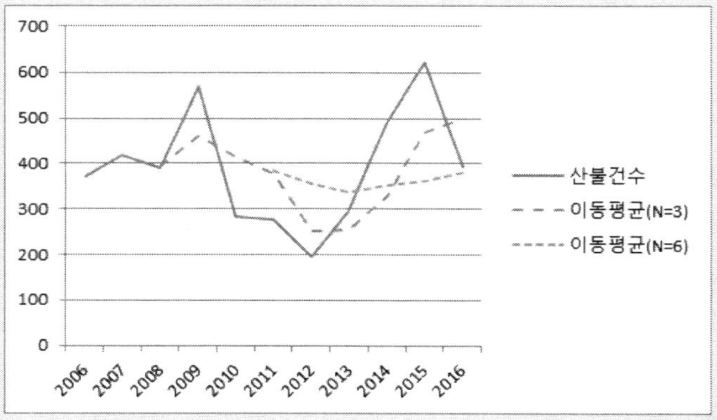

그림 1.1 산불건수와 이동평균

시점 $T+1$에서의 단순이동평균은 시점 T에서의 단순이동평균과 아래 식의 관계를 갖는다.

$$M_{T+1} = M_T + \frac{X_{T+1} - X_{T-N+1}}{N} \tag{1.7}$$

위 관계식을 이용하면 시점마다 지속적으로 이동평균을 산출할 때 계산량을 약간 줄일 수 있다.

시점 T에서 다음 시점, 즉 $T+1$의 시계열값 예측값(이를 일단계 이후 예측값이라 함) $f_{T,1}$는 다음과 같이 조건부 기댓값으로 산출된다(이에 대한 자세한 사항은 5장에서 다룬다).

$$f_{T,1} = E[X_{T+1}|X_T, \cdots] = c$$

따라서 예측값은 상수의 추정값과 동일하므로 다음과 같다.

$$\hat{f}_{T,1} = \hat{c} = M_T \tag{1.8}$$

수평적 패턴에서는 시점 T에서 그 이후 모든 시계열값 예측값이 동일하게 된다. 즉,

$$\hat{f}_{T,k} = \hat{c} = M_T, \ \ k = 1, 2, \cdots \tag{1.9}$$

식 (1.9)의 예측값을 통상 k단계 이후(k step ahead) 예측값이라 부른다.

예측오차는 실제값과 예측값의 차이이므로 다음과 같이 표현된다. 우선 일단계 이후 예측값에 대하여 예측오차를 고려하면 다음과 같다.

$$e_{T,1} = X_{T+1} - \hat{f}_{T,1} = X_{T+1} - M_T \tag{1.10}$$

따라서 예측오차의 분산은 다음과 같다.

$$Var[e_{T,1}] = Var[X_{T+1} - M_T] = Var[X_{T+1}] + Var[M_T] = (1 + 1/N)\sigma_a^2 \tag{1.11}$$

한편, 시점 T에서 가장 나이브한(naive) 일단계 이후 예측값으로 현시점 값 X_T를 사용한다면 예측오차의 분산은 아래와 같다.

$$Var[X_{T+1} - X_T] = Var[X_{T+1}] + Var[X_T] = 2\sigma_a^2 \geq (1 + 1/N)\sigma_a^2 \tag{1.12}$$

즉, 예측값으로 단순이동평균을 사용하는 것이 나이브한 예측값보다 예측오차분산이 작음을 알 수 있다. k단계 이후 예측오차에 대하여서도 동일한 결과가 성립됨을 알 수 있다. 식 (1.11)을 보면 N값을 크게 할수록 예측오차분산이 작아짐을 알 수 있다. 그러나 N값이 크면 단기적 변동을 반영하지 못하는 단점이 있다.

1.2.2 선형추세와 이중이동평균

시간 t에서의 시계열값 X_t가 다음과 같은 선형추세(linear trend)를 갖는다고 하자.

$$X_t = c + bt + a_t \tag{1.13}$$

여기서 c와 b는 상수이며 a_t는 오차항이다. 상수 c와 b를 추정하기 위해 식 (1.4)의 단순이동평균 이외에 다음과 같은 이중이동평균(double moving average)을 활용하자.

$$M_T^{(2)} = \frac{1}{N}\sum_{i=T-N+1}^{T} M_i \tag{1.14}$$

즉, 이중이동평균은 최근 N개의 단순이동평균에 다시 이동평균을 취한 값이다. 모멘트법(method of moments)에 의하여 상수 c와 b를 추정하기 위해 단순이동평균과 이중이동평균 각각의 기댓값을 구하면 다음과 같다.

$$\begin{aligned} E[M_T] &= \frac{1}{N}\sum_{t=T-N+1}^{T} E[X_t] = \frac{1}{N}\sum_{t=T-N+1}^{T} E[c + bt + a_t] \\ &= c + bT - \frac{N-1}{2}b \end{aligned} \tag{1.15}$$

$$\begin{aligned} E[M_T^{(2)}] &= \frac{1}{N}\sum_{i=T-N+1}^{T} E[M_i] = \frac{1}{N}\sum_{i=T-N+1}^{T} E[c + bi - \frac{N-1}{2}b] \\ &= c + bT - (N-1)b \end{aligned} \tag{1.16}$$

식 (1.15)와 (1.16)을 연립으로 풀면 다음과 같은 식을 얻는다.

$$c = 2E[M_T] - E[M_T^{(2)}] - bT$$

$$b = \frac{2}{N-1}(E[M_T] - E[M_T^{(2)}])$$

따라서 모멘트법에 의한 상수 c와 b의 추정치는 다음과 같다.

$$\hat{c} = 2M_T - M_T^{(2)} - \hat{b}T \tag{1.17}$$

$$\hat{b} = \frac{2}{N-1}(M_T - M_T^{(2)}) \tag{1.18}$$

참고로 시계열값의 기댓값과 단순이동평균 기댓값과의 차이는 다음과 같다.

$$E[X_T] - E[M_T] = \frac{N-1}{2}b$$

단순이동평균 기댓값과 이중이동평균 기댓값과의 차이 또한 위와 동일하다. 즉,

$$E[M_T]-E[M_T^{(2)}]=\frac{N-1}{2}b$$

시점 T에서 다음 시점의 예측값 $f_{T,1}$는 다음과 같다.

$$f_{T,1}=E[X_{T+1}|X_T,\cdots]=c+b(T+1)$$

따라서,

$$\begin{aligned}\hat{f}_{T,1}&=\hat{c}+\hat{b}(T+1)=(2+\frac{2}{N-1})M_T-(1+\frac{2}{N-1})M_T^{(2)}\\&=2M_T-M_T^{(2)}+\hat{b}\end{aligned} \tag{1.19}$$

그리고, k단계 이후 예측값은 아래와 같다.

$$\hat{f}_{T,k}=\hat{c}+\hat{b}(T+k)=2M_T-M_T^{(2)}+k\hat{b},\ \ k=1,2,\cdots \tag{1.20}$$

예 1.2

다음은 우리나라의 연도별(2000 ~ 2017년) 1인가구수(시계열 J01)를 나타낸 표이다.

연도	2000	2001	2002	2003	2004	2005	2006	2007	2008
가구수(천)	2,255	2,438	2,628	2,818	3,001	3,186	3,378	3,571	3,766
연도	2009	2010	2011	2012	2013	2014	2015	2016	2017
가구수(천)	3,963	4,174	4,380	4,563	4,756	4,965	5,179	5,382	5,562

2014년까지 $N=4$에 대한 단순이동평균과 이중이동평균을 산출하라. 또한, 2014년에서 향후 3년간 가구수를 예측하라.

풀이 연도별로 단순이동평균과 이중이동평균을 산출하면 아래 표와 같다.

연도	X_t	M_t	$M_t^{(2)}$
2003	2,818	2534.75	
2004	3,001	2721.25	
2005	3,186	2908.25	
2006	3,378	3095.75	2815.00
2007	3,571	3284.00	3002.31
2008	3,766	3475.25	3190.81

연도	X_t	M_t	$M_t^{(2)}$
2009	3,963	3669.50	3381.13
2010	4,174	3868.50	3574.31
2011	4,380	4070.75	3771.00
2012	4,563	4270.00	3969.69
2013	4,756	4468.25	4169.38
2014(=T)	4,965	4666.00	4368.75

또한, 이를 도표로 나타내면 [그림 1.2]와 같다.

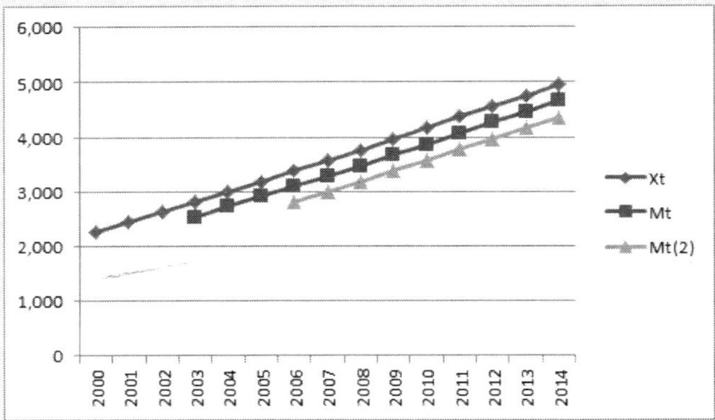

그림 1.2 (예 1.2)에 대한 단순이동평균과 이중이동평균

그리고 T=2014에서 이중이동평균을 구하면 다음과 같다.

$$M_{2014}^{(2)} = 4368.75$$

따라서 식 (1.18)에 의한 기울기 추정치는 아래와 같으며

$$\hat{b} = 198.1667$$

T=2014에서의 향후 3년 각각에 대한 예측값과 예측오차는 〈표 1.2〉와 같다. 이 시계열 데이터는 거의 직선에 가깝기 때문에 이중이동평균에 대한 예측값이 정확한 편이라 하겠다.

표 1.2 (예 1.2)에 대한 이중이동평균 및 단순이동평균 예측값

연도	X_t	이중이동평균		단순이동평균	
		예측값	예측오차	예측값	예측오차
2015	5179	5161.42	17.58	4666	513.0
2016	5382	5359.58	22.42	4666	716.0
2017	5562	5557.75	4.25	4666	896.0

1.3 지수평활법

지수평활법은 가용한 전체 데이터를 활용하여 평활값을 구하며 가중치를 시간에 따라 다르게 배정하는 방안을 사용한다.

1.3.1 수평적 패턴과 단순지수평활법

다시 식 (1.1)의 수평적 패턴을 고려해 보자. 만약 시점 T에서 모든 시계열 데이터를 사용하여 상수 c를 추정하는데 다음과 같은 가중 제곱합(sum of weighted squared errors)을 최소화하고자 한다고 하자.

$$\min_c Q = \sum_{t=1}^{T} \lambda^{T-t}(X_t - c)^2 \tag{1.21}$$

여기서 λ는 0과 1 사이의 가중치를 나타내는 상수로서 시점 T에는 1이라는 가중치를 주고 시점 $T-1$에는 λ, 시점 $T-2$에는 λ^2의 가중치를 주어 과거로 갈수록 가중치가 작아짐을 볼 수 있다.

$\partial Q / \partial c = 0$으로부터 상수 c값은 다음과 같이 추정된다.

$$\hat{c} = \frac{1-\lambda}{1-\lambda^T} \sum_{t=1}^{T} \lambda^{T-t} X_t \tag{1.22}$$

T를 매우 크다고 하면 식 (1.22)는 아래와 같이 근사된다.

$$\hat{c} = (1-\lambda) \sum_{i=0}^{\infty} \lambda^i X_{T-i} \tag{1.23}$$

이를 시점 T에서 시계열 X_t에 대한 단순지수평활값(simple exponential smoothing) 또는 지수가중이동평균(exponentially weighted moving average; EWMA)이라 하며, 다음과 같은 기호로 표기한다.

$$S_T = (1-\lambda) \sum_{i=0}^{\infty} \lambda^i X_{T-i} \tag{1.24}$$

여기서 $\alpha = 1 - \lambda$로 정의하면, 식 (1.24)는 다음과 같은 식으로 기술된다.

$$S_T = \alpha X_T + (1-\alpha) S_{T-1} \tag{1.25}$$

상수 α는 평활상수(smoothing constant)라고 부른다. 시점 T의 평활값은 시점 T의 데이터와 직전 시점의 평활값의 가중평균으로 표현되며 이를 사용하면 매번 과거 데이터를 사용하지 않아도 용이하게 시간에 따른 평활값을 산출할 수 있다. 식 (1.25)는 지수평활법의 갱신식이라 하겠다. 이 공식을 사용하려면 초깃값이 필요한데 데이터가 충분하게 있는 경우 보통 $S_1 = X_1$로 시작하거나 처음 상당수 관측값의 평균값을 초깃값으로 삼을 수도 있다.

식 (1.24)의 단순지수평활값에 대한 기댓값과 분산은 다음과 같다.

$$E[S_T] = \alpha \sum_{i=0}^{\infty}(1-\alpha)^i E[X_{T-i}] = c\alpha \sum_{i=0}^{\infty}(1-\alpha)^i = c \tag{1.26}$$

$$Var[S_T] = \alpha^2 \sum_{i=0}^{\infty}(1-\alpha)^{2i} Var[X_{T-i}] = \alpha^2\sigma_a^2 \sum_{i=0}^{\infty}(1-\alpha)^{2i} = \frac{\alpha}{2-\alpha}\sigma_a^2 \tag{1.27}$$

즉, S_T는 상수 c의 불편추정량이라 할 수 있다. 참고로 단순이동평균분산인 식 (1.6)과 식 (1.27)을 비교할 때, $\alpha = 2/(N+1)$일 때, 단순이동평균의 분산과 단순지수평활값의 분산이 동일하게 된다.

단순지수평활을 사용할 때, 시점 T에서 k단계 이후 예측값은 다음과 같다.

$$\hat{f}_{T,k} = \hat{c} = S_T, \quad k = 1, 2, \ldots \tag{1.28}$$

그리고, k단계 이후 예측오차는 다음과 같으며

$$e_{T,k} = X_{T+k} - \hat{f}_{T,k} = X_{T+k} - S_T$$

예측오차의 분산은 다음과 같다.

$$Var[e_{T,k}] = Var[X_{T+k} - S_T] = Var[X_{T+k}] + Var[S_T] = \frac{2}{2-\alpha}\sigma_a^2 \tag{1.29}$$

1.3.2 선형추세와 이중지수평활

식 (1.13)과 같이 시계열값 X_t가 다음과 같은 선형추세를 갖는다고 하자.

$$X_t = c + bt + a_t$$

상수 c와 b를 추정하기 위해 식 (1.24) 또는 식 (1.25)의 단순지수평활값 이외에 다음과 같은 이중지수평활값을 활용한다.

$$S_T^{(2)} = \alpha \sum_{i=0}^{\infty} (1-\alpha)^i S_{T-i} \tag{1.30}$$

이중지수평활값은 다음과 같이 기술된다.

$$S_T^{(2)} = \alpha S_T + (1-\alpha) S_{T-1}^{(2)} \tag{1.31}$$

여기서도 초깃값이 필요하므로 관측값의 수가 작은 경우에는 초깃값에 따라 결과가 많이 달라질 수 있으므로 유의하여야 한다.

선형추세하에서 단순지수평활값의 기댓값은 다음과 같다(연습문제 1.1 참고).

$$E[S_T] = c + bT - \frac{1-\alpha}{\alpha} b = E[X_T] - \frac{1-\alpha}{\alpha} b \tag{1.32}$$

즉, 단순지수평활값의 기댓값과 시계열값의 기댓값 간에는 격차가 존재한다. 동일한 격차가 이중지수평활값의 기댓값과 단순지수평활값의 기댓값 간에도 존재함을 아래 식에서 볼 수 있다.

$$E[S_T^{(2)}] = E[S_T] - \frac{1-\alpha}{\alpha} b \tag{1.33}$$

식 (1.33)으로부터 다음을 얻는다.

$$b = \frac{\alpha}{1-\alpha} (E[S_T] - E[S_T^{(2)}]) \tag{1.34}$$

그리고 식 (1.34)를 식 (1.32)에 대입하면 다음 관계식을 얻는다.

$$2E[S_T] - E[S_T^{(2)}] = c + bT \tag{1.35}$$

따라서 상수 c와 기울기 b는 다음과 같이 추정할 수 있다.

$$\hat{b} = \frac{\alpha}{1-\alpha} (S_T - S_T^{(2)}) \tag{1.36a}$$

$$\hat{c} = 2S_T - S_T^{(2)} - \hat{b}\,T \tag{1.36b}$$

시점 T에서 다음 시점의 예측값은 다음과 같다.

$$\hat{f}_{T,1} = \hat{c} + \hat{b}(T+1) = (2 + \frac{\alpha}{1-\alpha}) S_T - (1 + \frac{\alpha}{1-\alpha}) S_T^{(2)} \tag{1.37}$$

일반적인 k단계 이후 예측값은 아래와 같다.

$$\hat{f}_{T,k} = \hat{c} + \hat{b}(T+k) = 2S_T - S_T^{(2)} + k\hat{b}, \quad k = 1, 2, \cdots \tag{1.38}$$

이상의 방법은 Brown 이중지수평활법이라고 한다. 즉, Brown 이중지수평활법을 정리하면 다음과 같다.

$$S_T = \alpha X_T + (1-\alpha) S_{T-1}$$

$$S_T^{(2)} = \alpha S_T + (1-\alpha) S_{T-1}^{(2)}$$

$$\hat{b} = \frac{\alpha}{1-\alpha}(S_T - S_T^{(2)})$$

$$\hat{f}_{T,k} = \hat{c} + \hat{b}(T+k) = 2S_T - S_T^{(2)} + k\hat{b}, \quad k = 1, 2, \cdots$$

예 1.3

다음은 우리나라 연도별 특허출원 건수(시계열 J02)를 나타낸 것이다.

연도	건수(천)	연도	건수(천)	연도	건수(천)	연도	건수(천)
1993	21.5	1999	56.0	2005	122.2	2011	138.0
1994	28.6	2000	72.8	2006	125.5	2012	148.1
1995	59.2	2001	73.7	2007	128.7	2013	160.0
1996	68.4	2002	76.6	2008	127.1	2014	164.1
1997	67.3	2003	90.3	2009	127.3	2015	167.3
1998	50.6	2004	105.3	2010	131.8	2016	163.4

2013년까지 단순지수평활값과 이중지수평활값을 $\alpha = 0.2$에 대하여 산출하라. 이를 바탕으로 향후 3년간의 연도별 특허출원 건수를 예측하고 실제값과 비교하라.

풀이 편의상 $t-1992$를 시점으로 나타내면 1993년이 $t=1$이 되며, 2013년이 $T=21$이 된다. 초깃값을 아래와 같이 가정하여 단순지수평활값과 이중지수평활값을 산출하여 그림으로 나타내면 [그림 1.3]과 같다.

$$S_1 = S_1^{(2)} = X_1 = 21.5$$

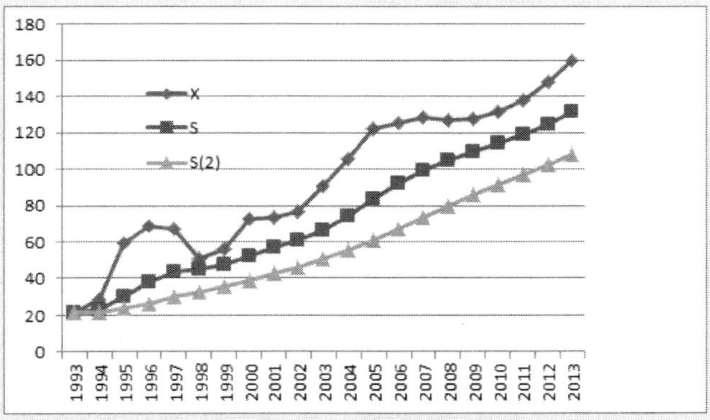

그림 1.3 (예 1.3)에 대한 단순지수평활값과 이중지수평활값

또한, 최근값을 나타내면 아래 표와 같다.

연도	X_t	S_t	$S_t^{(2)}$
2000	72.8	52.379	39.074
2001	73.7	56.643	42.588
2002	76.6	60.635	46.197
2003	90.3	66.568	50.271
2004	105.3	74.314	55.080
2005	122.2	83.891	60.842
2006	125.5	92.213	67.116
2007	128.7	99.510	73.595
2008	127.1	105.028	79.882
2009	127.3	109.482	85.802
2010	131.8	113.946	91.431
2011	138.0	118.757	96.896
2012	148.1	124.625	102.442
2013	160.0	131.700	108.293

이 때 식 (1.36)에 의한 추정값은 아래와 같다.

$$\hat{b} = 5.8517,\ \hat{c} = 32.22$$

그리고 식 (1.38)에 의한 예측식은 다음과 같다.

$$\hat{f}_{21,k} = 155.107 + 5.8517k,\ \ k = 1, 2, \cdots$$

따라서 2014 ~ 2016년의 특허출원건수 예측값과 예측오차는 아래 표에서 보는 바와 같다.

연도	X_t	예측값	예측오차
2014	164.1	160.96	3.14
2015	167.3	166.81	0.49
2016	163.4	172.66	-9.26

1.3.3 Holt의 선형추세 지수평활법

Holt가 1957년 다음과 같이 수준(L_t)과 추세(b_t)를 각각 갱신하는 모형을 제시하였다(이 논문은 Office of Naval Research에 제출한 보고서였는데 Holt(2004) 논문으로 다시 출판되었음).

$$L_t = \alpha X_t + (1-\alpha)(L_{t-1} + b_{t-1}) \tag{1.39}$$

$$b_t = \beta(L_t - L_{t-1}) + (1-\beta) b_{t-1} \tag{1.40}$$

위에서 $0 < \alpha < 1$는 수준에 대한 평활상수이며, $0 < \beta < 1$는 추세에 대한 평활상수이다. 여기서 초깃값은 다음과 같이 설정한다.

$$L_1 = X_1, \ b_1 = X_1 - X_0$$

그리고 시점 T에서 k단계 이후 예측값은 아래와 같다.

$$\hat{f}_{T,k} = L_T + k b_T \tag{1.41}$$

예 1.4

(예 1.3)의 데이터(시계열 J02)에 대하여 Holt 모형을 적용하라. 단, $\alpha = \beta = 0.1$과 $\alpha = \beta = 0.2$의 두 경우를 고려하라.

풀이 두 경우의 Holt 모형에 대한 평활된 수준값은 [그림 1.4]와 같다.

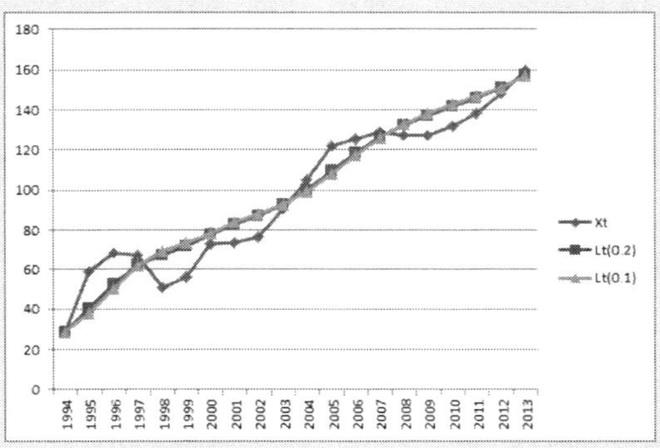

그림 1.4 (예 1.4)에 대한 평활된 수준값 추이

2013년($T=21$)에서 수준 및 추세의 평활값은 각각 다음과 같다.

$$\alpha=\beta=0.1 \text{ 경우: } L_T=156.97,\ b_T=6.2583$$

$$\alpha=\beta=0.2 \text{ 경우: } L_T=157.31,\ b_T=5.8390$$

따라서 $T=21$에서의 예측식은 다음과 같다.

$\alpha=\beta=0.1$ 경우: $f_{21,k}=156.97+6.2583k,\ k=1,2,\cdots$

$\alpha=\beta=0.2$ 경우: $f_{21,k}=157.31+5.839k,\ k=1,2,\cdots$

이에 의한 예측값과 예측오차는 아래 표와 같다.

연도	출원건수(천)	$\alpha=\beta=0.1$		$\alpha=\beta=0.2$	
		예측값	예측오차	예측값	예측오차
2014	164.1	163.23	0.87	163.15	0.95
2015	167.3	169.49	−2.19	168.98	−1.68
2016	163.4	175.74	−12.34	174.82	−11.42

1.3.4 계절성을 고려한 윈터스 모형

Winters(1960)은 Holt의 모형에 계절성(seasonality)을 추가 반영하도록 확장시켜 가법적 모형(additive model)과 승법적 모형(multiplicative model)을 제안하였다. 승법적 모형이 주로 사용되는데 아래와 같이 수준, 추세, 계절성을 각각 지수평활로 갱신하는 수식들로 이루어진다. 이를 Holt-Winters 모형이라고도 한다.

$$L_t=\alpha\frac{X_t}{s_{t-m}}+(1-\alpha)(L_{t-1}+b_{t-1}) \tag{1.42}$$

$$b_t=\beta(L_t-L_{t-1})+(1-\beta)b_{t-1} \tag{1.43}$$

$$s_t=\gamma\frac{X_t}{L_t}+(1-\gamma)s_{t-m} \tag{1.44}$$

여기서 s_t는 계절성 지수이며 m은 계절성 주기를 나타내고, γ는 평활상수이다. 예를 들어 월별 데이터인 경우 $m=12$이며 분기별 또는 4계절 데이터인 경우 $m=4$를 사용할 수 있다. 이 모형에서 시점 T에서의 k단계 이후 예측식은 다음과 같다.

$$\hat{f}_{T,k}=(L_T+kb_T)s_{T-m+k},\quad k=1,2,\cdots \tag{1.45}$$

위에서 수준, 추세 및 계절성 지수에 대한 평활값을 산출하기 위해서는 초깃값들이 필요하다. 관측수가 충분하면 초깃값은 임의의 값으로 정해도 무방하나 좀 더 현명한 방안으로 초깃값을 결정하기 위해 다음의 과정을 거친다. 우선, 시점 t를 i번째 연도의 j번째 계절, 즉 $(i,\ j)$로 표시하면 다음과 같이 표현된다.

$$t=(i-1)m+j,\ (i=1,2,\cdots;j=1,\cdots,m)$$

예를 들어 $m=4$일 때, $t=1$을 첫해의 첫 번째 계절이라 하면 $t=10$은 $(i=3,\ j=2)$에 대응되므로 세 번째 연도의 두 번째 계절이 된다.

추세에 대한 초깃값을 결정하기 위해 처음 r개년도 관측값을 사용하여 다음과 같은 방안이 추천되고 있다. 즉, 각 계절별로 전년대비 증가량을 구한 후 이들의 평균값으로 추세의 초깃값을 삼는 것이다.

$$b_0=\frac{1}{(r-1)m}\sum_{i=2}^{r}\sum_{j=1}^{m}(X_{(i,j)}-X_{(i-1,j)})/m \tag{1.46}$$

처음 r개년도 관측값을 사용하여 계절성 지수의 초깃값을 산출한다고 하면 다음과 같은 방안이 추천되고 있다.

$$s_j=\frac{1}{r}\sum_{i=1}^{r}\frac{X_{(i,j)}}{\overline{X}_{(i,.)}},\ \ j=1,2,\cdots,m \tag{1.47}$$

여기서

$$\overline{X}_{(i,.)}=\frac{1}{m}\sum_{j=1}^{m}X_{(i,j)}$$

로서 i번째 연도의 계절당 평균값을 나타낸다. 참고로 식 (1.46)은 다음과 같이 다시 쓸 수 있다.

$$b_0=\frac{1}{(r-1)m}(\overline{X}_{(r,.)}-\overline{X}_{(1,.)}) \tag{1.48}$$

예 1.5

다음은 시계열 J03 데이터로서 2011년부터 2017년까지 우리나라 월별 가정용 도시가스 소비량(단위: 석유환산 천톤)을 나타낸 것이다. 윈터스 모형에 적용하라.

	2011년	2012년	2013년	2014년	2015년	2016년	2017년
1월	2,006	1,782	1,910	1,671	1,742	1,759	1,763
2월	1,620	1,690	1,599	1,462	1,487	1,669	1,729
3월	1,354	1,356	1,258	1,153	1,281	1,330	1,335
4월	956	918	942	724	820	781	849
5월	560	446	565	460	465	456	438
6월	317	267	282	266	284	283	294
7월	254	221	215	214	233	238	223
8월	214	180	192	203	205	181	194
9월	231	231	199	222	216	211	238
10월	482	433	378	390	373	378	393
11월	739	928	874	813	767	908	970
12월	1,391	1,658	1,434	1,545	1,322	1,452	1,811

풀이 처음 2년간 데이터를 사용하여 Holt-Winters 모형의 식 (1.46)과 식 (1.47)을 이용하여 초깃값을 산출하면 다음과 같다. 수준 L_t에 대한 초깃값은 2년간 데이터의 평균을 사용하였다.

$$L_0 = 843.08,\ b_0 = -0.0972$$

$$s_1 = 2.2464, s_2 = 1.9631, s_3 = 1.6072, s_4 = 1.1114$$

$$s_5 = 0.5966, s_6 = 0.3463, s_7 = 0.2817, s_8 = 0.2337$$

$$s_9 = 0.2740, s_{10} = 0.5426, s_{11} = 0.9887, s_{12} = 1.8084$$

$\alpha = \beta = \gamma = 0.1$을 사용하여 2015년까지 수준, 추세 및 계절성 지수의 평활값을 구한 후 2016년 월별 사용량을 예측하면 다음과 같다. 여기에 2016년 관측값을 반영하여 다시 평활값을 구한 후 2017년 월별 사용량을 예측한 결과를 함께 표시하였다.

	X_t	L_t	b_t	s_t	$f_{t,1}$	$e_{t,1}$
2016. 1	1,759	771	−0.4120	2.2415	1,721	38
2016. 2	1,669	779	0.4588	1.9659	1,496	173
2016. 3	1,330	785	1.0073	1.6038	1,224	106
2016. 4	781	779	0.2831	1.0851	840	−59
2016. 5	456	777	0.0343	0.6028	464	−8
2016. 6	283	780	0.3924	0.3497	267	16
2016. 7	238	787	1.0257	0.2840	216	22
2016. 8	181	785	0.7092	0.2384	183	−2

	X_t	L_t	b_t	s_t	$f_{t,1}$	$e_{t,1}$
2016. 9	211	784	0.5775	0.2728	209	2
2016. 10	378	778	−0.1125	0.5238	403	−25
2016. 11	908	791	1.1577	1.0180	766	142
2016. 12	1,452	792	1.2384	1.8172	1,385	67
2017. 1	1,763				1,779	−16
2017. 2	1,729				1,563	166
2017. 3	1,335				1,277	58
2017. 4	849				865	−16
2017. 5	438				481	−43
2017. 6	294				280	14
2017. 7	223				228	−5
2017. 8	194				191	3
2017. 9	238				219	19
2017. 10	393				422	−29
2017. 11	970				821	149
2017. 12	1,811				1,467	344

한편, 윈터스 모형의 가법적 모형은 아래와 같다.

$$L_t = \alpha(X_t - s_{t-m}) + (1-\alpha)(L_{t-1} + b_{t-1}) \tag{1.49}$$

$$b_t = \beta(L_t - L_{t-1}) + (1-\beta)b_{t-1} \tag{1.50}$$

$$s_t = \gamma(X_t - L_t) + (1-\gamma)s_{t-m} \tag{1.51}$$

$$\hat{f}_{T,k} = L_T + kb_T + s_{T-m+k}, \quad k = 1,2,\cdots \tag{1.52}$$

1.4 분해법을 이용한 예측

일반적으로 시계열 $\{X_t, t = 1,2,\cdots\}$은 추세 b_t, 계절성 s_t 및 랜덤 성분 ϵ_t의 세 가지 성분으로 구성된다고 간주할 수 있다. 물론 경기변동과 같은 주기(cycle)가 추가될 수도 있으나 시계열이 아주 길지 않는 한 주기 성분은 생략되는 경우가 많다. 이 세 가지 성분이 가법적으로 결합된다는 가정에 의한 가법적 모형(additive model)이 있으며, 세 가지 성분이 승법적으로 결합된다는 가정에 의한 승법적 모형(multiplicative model)이 있다.

1.4.1 가법적 모형의 분해법

위에서 언급한 세 가지 성분이 가법적으로 결합되는 다음의 모형을 고려하여 보자.

$$X_t = b_t + s_t + \epsilon_t \tag{1.53}$$

여기서 주기 m의 계절성 성분은 다음 관계를 만족한다.

$$s_t = s_{t-m}, \quad \sum_{i=1}^{m} s_i = 0$$

이 절에서는 Brockwell and Davis(2002)에서 제시한 분해법을 바탕으로 가법적 모형의 분해법을 소개하고자 한다.

계절성 주기가 m인 경우 계절성 성분을 추정하기 위해 우선 추세 성분을 기간 m의 중심이동평균(centered moving average)으로 추정하여 제거한다. 즉, 주기가 짝수인 경우($m = 2q$) 다음과 같이 중심이동평균을 구한다.

$$\widehat{CM}_t = \frac{1}{m}(0.5X_{t-q} + X_{t-q+1} + \ldots + X_{t+q-1} + 0.5X_{t+q}),$$
$$t = q+1, \cdots, n-q \tag{1.54a}$$

주기가 홀수인 경우($m = 2q+1$)에는 통상의 이동평균을 사용한다. 즉,

$$\widehat{CM}_t = \frac{1}{m}(X_{t-q} + X_{t-q+1} + \ldots + X_{t+q}), \quad t = q+1, \cdots, n-q \tag{1.54b}$$

추세를 제거한(detrended) 시계열은 다음과 같다.

$$DX_t^{(T)} = X_t - \widehat{CM}_t, \quad t = q+1, \cdots, n-q \tag{1.55}$$

계절성이 있는 경우 시간 인덱스를 $t = jm + k(j = 0, 1, \cdots, n_Y - 1\,;\ k = 1, 2, \cdots, m)$로 표현하는 것이 편리하다. 예를 들어 1월부터 시작하는 월별 시계열인 경우, 15번째 데이터($t = 15$)는 $t = 12 + 3$, 즉 두 번째 해의 3월을 의미한다. 여기서 n_Y는 가용한 데이터의 연수를 의미한다. 이때, 계절 k의 계절성 성분은 다음과 같이 산출할 수 있다.

$$s_k^0 = \frac{1}{n_Y} \sum_{j=0}^{n_Y - 1} DX_{jm+k}^{(T)}, \quad k = 1, 2, \cdots, m \tag{1.56}$$

그러나 계절성 성분의 합이 0이 되도록 하기 위하여 실제로는 다음과 같이 추정한다.

$$\hat{s}_k = s_k^0 - \frac{1}{m}\sum_{k=1}^{m} s_k^0, \quad k = 1, 2, \cdots, m \tag{1.57}$$

계절성을 제거한(deseasonalized) 시계열은 다음과 같이 산출된다.

$$DX_t^{(S)} = X_t - \hat{s}_t \tag{1.58}$$

추세 추정을 위해, 계절성을 제거한 시계열에 대한 다음의 단순회귀모형을 고려한다. 즉,

$$DX_t^{(S)} = \beta_0 + \beta_1 t + \epsilon_t$$

이 때, 추세는 다음으로 추정한다.

$$\hat{b}_t = \hat{\beta}_0 + \hat{\beta}_1 t \tag{1.59}$$

물론 기울기가 통계적으로 유의하지 않으면 추세를 일정하게 추정할 수도 있다.

$$\hat{b}_t = \frac{1}{n}\sum_{t=1}^{n} DX_t^{(S)}$$

또한, 이차식이 더 적합하면 다음과 같이 추세를 추정할 수도 있다.

$$\hat{b}_t = \hat{\beta}_0 + \hat{\beta}_1 t + \hat{\beta}_2 t^2 \tag{1.60}$$

추세 b_t와 계절성 성분 s_t를 추정한 후, 시점 n에서 h단계 이후 예측값을 아래와 같이 산출할 수 있다.

$$f_{n,h} = \hat{b}_{n+h} + \hat{s}_k \tag{1.61}$$

여기서 k는 시간 $(n+h)$에 해당하는 계절을 나타낸다.

예 1.6

시계열 J04는 우리나라 분기별 가정 및 상업용 전력 소비량을 나타내는데, 1997 ~ 2015년의 데이터를 사용하여 가법적 분해법을 사용하여 2016 ~ 2017년의 분기별 전력 소비량을 예측하라.

풀이 가법적 분해법의 경우 분기별 계절성 성분은 다음으로 추정된다.

$$\hat{s}_1 = 353.97, \ \hat{s}_2 = -225.63, \ \hat{s}_3 = -5.58, \ \hat{s}_4 = -122.76$$

추세 추정을 위한 회귀방정식은 아래와 같다.

$$\widehat{DX}_t^{(S)} = 1528.81 + 39.002t$$

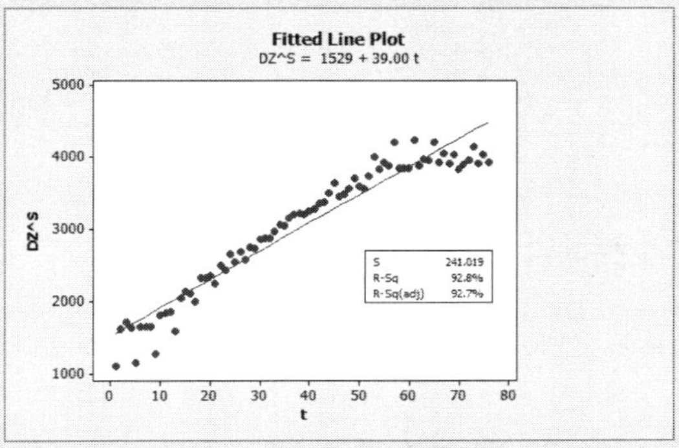

그림 1.5 (예 1.6)에 대한 일차식에 의한 추세선

그러나 위의 그림에서 보듯이 최근 데이터에 대한 추세와 상당히 벗어나므로 일차식보다는 이차식이 더 적절할 것으로 보인다. 아래 그림은 이차식에 적합한 결과이다.

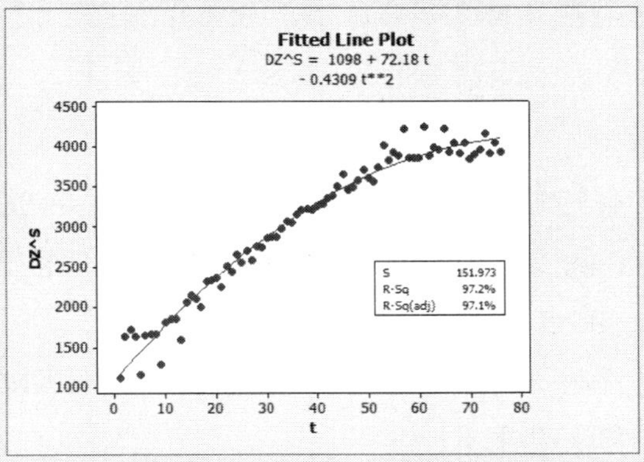

그림 1.6 (예 1.6)에 대한 이차식에 의한 추세선

따라서, 추세를 다음과 같은 이차식으로 추정하고자 한다.

$$\hat{b}_t = 1098 + 72.18t - 0.4309t^2$$

이에 따라 2016 ~ 2017년의 분기별 전력 소비량을 예측하면 아래 표와 같다.

연도	분기	실제 소비량	계절성분	추세	예측값	오차
2016	1	4,610	353.97	4101.05	4455.03	154.97
	2	3,734	−225.63	4106.44	3880.81	−146.81
	3	4,365	−5.58	4110.97	4105.39	259.61
	4	3,943	−122.76	4114.64	3991.88	−48.88
2017	1	4,611	353.97	4117.45	4471.42	139.58
	2	3,789	−225.63	4119.39	3893.76	−104.76
	3	4,448	−5.58	4120.47	4114.89	333.11
	4	4,088	−122.76	4120.69	3997.93	90.07

1.4.2 승법적 모형의 분해법

위에서 언급한 세 가지 성분이 승법적으로 결합되는 다음의 모형을 고려하여 보자.

$$Z_t = b_t \times s_t \times \epsilon_t \qquad (1.62)$$

여기서 주기 m의 계절성 성분은 다음 관계를 만족한다.

$$s_t = s_{t-m}, \quad \sum_{i=1}^{m} s_i = m$$

식 (1.62) 양변에 로그를 취하면 다음과 같은 모형이 되므로

$$\ln Z_t = \ln b_t + \ln s_t + \ln \epsilon_t$$

로그 변환한 데이터에 위에서 언급한 가법적 모형을 적용할 수 있겠다. 그러나 이 절에서는 Makridakis et al.(1983)에서 소개한 승법적 모형기반 전통적 분해법(classical decomposition)을 다루고자 한다.

이 방법에 의하면 우선 식 (1.54)를 사용하여 중심이동평균(CM)을 구한 후 추세를 제거한 시계열은 다음과 같다.

$$DX_t^{(T)} = \frac{X_t}{\widehat{CM}_t}$$

다음과 같이 초기 계절성 지수를 산출한다.

$$s_k^0 = \frac{1}{n_Y}\sum_{j=0}^{n_Y-1} DX_{js+k}^{(T)},\ \ j=0,1,\cdots,n_Y-1;\ \ k=1,2,\cdots,m \tag{1.63}$$

그리고 이 초기 계절성 지수의 평균이 1이 되도록 아래와 같이 조정하여 계절성 지수를 구한다.

$$\hat{s}_k = \frac{s_k^0}{(1/m)\sum_{k=1}^{m} s_k^0},\ \ k=1,2,\cdots,m \tag{1.64}$$

계절성을 제거한 시계열은 다음과 같이 산출된다.

$$DX_t^{(S)} = \frac{X_t}{\hat{s}_t},\ \ t=1,\cdots,n \tag{1.65}$$

추세를 추정하기 위하여 가법적 분해법에서와 동일한 방법으로 일차식 또는 이차식을 사용한 회귀분석을 활용한다.

승법적 분해법의 경우 시점 n에서 h단계 이후 예측값을 다음과 같이 산출할 수 있다.

$$f_{n,h} = \hat{b}_{n+h} \times \hat{s}_k \tag{1.66}$$

예 1.7

시계열 J04에 대하여 승법적 분해법을 적용하라.

풀이 (예 1.6)에서와 유사하게 승법적 분해법을 사용하면 다음과 같다. 우선, 승법적 분해법의 경우 분기별 계절성 성분은 다음으로 추정된다.

$$\hat{s}_1 = 1.1035,\ \ \hat{s}_2 = 0.9292,\ \ \hat{s}_3 = 1.0067,\ \ \hat{s}_4 = 0.9606$$

한편, 이차식으로 추세를 추정하면 다음과 같다.

$$\hat{b}_t = 1116 + 71.19t - 0.4206t^2$$

이에 따라 2016 ~ 2017년의 분기별 전력 소비량을 예측하면 아래 표와 같다. 가법적 분해법과 승법적 분해법의 예측오차를 비교할 때 승법적 분해법이 이 예에 대해서는 다소 좋은 결과를 보여주고 있다.

연도	분기	실제 소비량	계절성분	추세	예측값	오차
2016	1	4,610	1.1035	4103.893	4528.90	81.10
	2	3,734	0.9292	4109.89	3818.77	−84.77
	3	4,365	1.0067	4115.045	4142.65	222.35
	4	3,943	0.9606	4119.36	3956.91	−13.91
2017	1	4,611	1.1035	4122.833	4549.80	61.20
	2	3,789	0.9292	4125.466	3833.24	−44.24
	3	4,448	1.0067	4127.257	4154.94	293.06
	4	4,088	0.9606	4128.206	3965.41	122.59

1.5 예측성능척도

예측성능을 측정하기 위해서 우선적으로 예측오차를 산출하고 이를 바탕으로 한 여러 가지 척도가 사용된다. 주로 일단계 이후 예측값에 대한 예측오차를 시점별로 아래와 같이 산출한다.

$$e_{t,1} = X_{t+1} - f_{t,1}$$

만약 총 n개 시점(관측값)에 대하여 예측오차를 산출한다고 할 때 평균제곱오차(mean squared error; MSE), 제곱근평균제곱오차(root mean squared error; RMSE), 평균절대오차(mean absolute deviation; MAD), 평균절대퍼센트오차(mean absolute percent error; MAPE) 등의 척도가 널리 사용된다.

$$MSE = \frac{1}{n}\sum_{t=1}^{n} e_{t,1}^2 \tag{1.67}$$

$$\text{RMSE} = \sqrt{\frac{1}{n}\sum_{t=1}^{n} e_{t,1}^2} \tag{1.68}$$

$$MAD = \frac{1}{n}\sum_{t=1}^{n} |e_{t,1}| \tag{1.69}$$

$$MAPE = \frac{100}{n}\sum_{t=1}^{n} \left| \frac{e_{t,1}}{X_{t+1}} \right| \tag{1.70}$$

여기서 MSE는 데이터의 단위와 다르므로 이의 크기를 갖고 성능을 판단하기 어려운 면이 있다. 그러나 RMSE 또는 MAD는 데이터의 평균 등과 비교하여 오차의 크고

작음을 알 수 있다. MAPE는 백분율로 표시되는 상대적인 척도이므로 비교적 사용에 용이하다고 할 수 있다.

예 1.8

(예 1.5)의 마지막 2년간 예측결과에 대한 성능척도를 산출하라.

풀이 2년간 예측결과에 대한 위의 4가지 성능 척도를 각각 구하면 다음과 같다.

$$MSE = 10{,}319.05$$
$$RMS = 101.58$$
$$MAD = 63.47$$
$$MAPE = 6.60(\%)$$

예 1.9

(예 1.3)의 데이터에 대하여 이중이동평균법($N=4$), 이중지수평활법($\alpha=0.2$), 홀트지수평활법($\alpha=\beta=0.2$)을 적용하여 2000 ~ 2016년까지 한 단계 예측을 하면서 예측오차를 구하고 4가지 성능 척도를 비교하라. 즉, 1999년에서 2000년을 예측하고 2000년에서 2001년을 예측하는 과정을 거쳐 마지막으로 2015년에서 2016년을 예측하라.

풀이 세 가지 기법에 대한 예측오차를 정리하면 아래와 같다.

연도	X_t	예측오차		
		이중이동평균	이중지수평활	홀트 모형
2000	72.8	3.87	11.12	−6.23
2001	73.7	9.02	4.69	−11.93
2002	76.6	10.74	2.39	−14.01
2003	90.3	10.61	11.62	−4.31
2004	105.3	10.15	18.36	4.91
2005	122.2	15.71	23.84	14.00
2006	125.5	1.4	12.80	7.11
2007	128.7	−10.90	5.12	1.21
2008	127.1	−20.56	−4.80	−8.35
2009	127.3	−18.48	−9.16	−13.87
2010	131.8	−5.49	−7.28	−13.43
2011	138	3.97	−4.09	−10.84
2012	148.1	12.3	2.02	−4.44

연도	X_t	예측오차		
		이중이동평균	이중지수평활	홀트 모형
2013	160	14.54	7.65	2.66
2014	164.1	4.06	3.14	0.44
2015	167.3	−4.34	−0.77	−2.26
2016	163.4	−15.77	−10.34	−11.43

각 모형에 대한 성능척도를 산출하면 아래와 같다.

	이중이동평균	이중지수평활	홀트 모형
MSE	132.47	102.27	81.83
RMSE	11.51	10.11	9.05
MAD	10.11	8.19	7.73
MAPE(%)	8.55	7.24	7.02

위의 세 가지 예측기법을 성능척도로 비교할 때 홀트 모형이 가장 좋다고 할 수 있겠다.

연습문제

1.1 식 (1.32)가 성립함을 보여라.

1.2 식 (1.33)이 성립함을 증명하라.

1.3 1.3.2 절의 Brown 이중지수평활법이 아래와 동일함을 보여라.

$$S_T = \alpha X_T + (1-\alpha) S_{T-1}$$

$$b_T = \alpha(S_T - S_{T-1}) + (1-\alpha) b_{T-1}$$

$$\hat{f}_{T,k} = S_T + \frac{1-\alpha}{\alpha} b_T + k b_T, \ \ k = 1, 2, \cdots$$

1.4 식 (1.1)의 수평적 패턴 데이터에 대하여 기간 N의 단순이동평균이 다음 성질을 가짐을 증명하라.

(a) $Cov[M_t, M_{t-k}] = \sigma_a^2 (N-k)/N^2, \ \ k < N$

(b) $Corr[M_t, M_{t-k}] = 1 - \frac{|k|}{N}, \ \ k = 1, \cdots, N-1$

1.5 시간 t에서의 수요를 X_t라고 하고 분산 σ^2의 수평적 패턴을 따른다고 한다. 예

측을 위해 다음과 같은 가중평균을 사용한다.

$$W_t = 0.4X_t + 0.3X_{t-1} + 0.2X_{t-2} + 0.1X_{t-3}$$

(a) 일단계 이후 예측에 대한 오차 분산을 구하라.

(b) 위의 오차 분산이 단순지수평활의 경우와 동일하게 되는 평활상수 α를 구하라.

1.6 다음은 시계열 J05로서 1978 ~ 2017년의 연도별 금값(미화 달러)을 나타낸 것이다.

연도	가격	연도	가격	연도	가격	연도	가격
1978	193.4	1988	436.9	1998	294.1	2008	872.0
1979	304.7	1989	380.8	1999	278.6	2009	972.4
1980	614.5	1990	383.6	2000	279.1	2010	1,224.5
1981	459.3	1991	362.3	2001	271.0	2011	1,571.5
1982	375.3	1992	344.0	2002	309.7	2012	1,669.0
1983	423.7	1993	359.8	2003	363.3	2013	1,411.2
1984	360.8	1994	384.2	2004	409.2	2014	1,266.4
1985	317.3	1995	384.1	2005	444.5	2015	1,160.1
1986	367.9	1996	387.9	2006	603.8	2016	1,250.8
1987	446.2	1997	331.3	2007	695.4	2017	1,257.2

(a) 이중이동평균($N=3$과 $N=6$)을 구하고 원 시계열과 비교하여 그림으로 나타내라.

(b) 이중지수평활값($\alpha=0.1$과 $\alpha=0.2$)를 구하고 원 시계열과 그림으로 비교하라.

(c) 이중지수평활법($\alpha=0.1$)과 홀트지수평활법($\alpha=\beta=0.1$)을 적용하여 1988 ~ 2017년에 대한 일단계 이후 예측값을 얻고 예측오차를 각각 구하라.

(d) (c)의 예측오차를 바탕으로 예측성능척도들을 산출하여 두 가지 예측기법을 비교하라.

1.7 시계열 J01(1인가구수 데이터)에 대하여 이중지수평활법($\alpha=0.1,\ 0.2,\ 0.3$)을 적용하고 2005 ~ 2017년에 대한 일단계 이후 예측값을 얻고 예측성능척도들을 비교하여 어떤 평활상수를 사용하는 것이 좋은지 판단하라.

1.8 다음은 시계열 J04로서 1997년부터 2017년까지 우리나라 분기별 가정 및 상업용 전력 소비량(단위: 석유환산 천톤)을 나타낸 것이다. 윈터스 모형($\alpha=\beta=\gamma=0.1$)을 적용하여 다음을 구하라.

연도	1분기	2분기	3분기	4분기
1997	1,461	1,406	1,710	1,514
1998	1,501	1,426	1,655	1,540
1999	1,638	1,583	1,843	1,730
2000	1,944	1,827	2,140	1,979
2001	2,346	2,095	2,324	2,239
2002	2,606	2,282	2,436	2,536
2003	2,904	2,470	2,576	2,636
2004	3,095	2,632	2,870	2,755
2005	3,322	2,834	3,048	3,030
2006	3,563	2,990	3,205	3,124
2007	3,634	3,133	3,373	3,373
2008	3,996	3,226	3,477	3,445
2009	4,058	3,372	3,555	3,607
2010	4,361	3,599	3,920	3,757
2011	4,568	3,625	3,847	3,719
2012	4,592	3,654	3,973	3,830
2013	4,563	3,693	4,039	3,780
2014	4,388	3,602	3,881	3,834
2015	4,505	3,684	4,030	3,801
2016	4,610	3,734	4,365	3,943
2017	4,611	3,789	4,448	4,088

(a) 1997년에서 1999년까지 3년간 데이터를 사용하여 Holt-Winters 모형의 초깃값을 산출하라.

(b) 2000년부터 2004년까지 Holt-Winters 모형을 적용하여 수준, 추세, 계절성 지수를 구하라.

(c) 2004년부터 일단계 이후 예측값을 구하고 실제값과 비교하여 예측오차를 구하라.

1.9 다음은 시계열 J06으로서 우리나라 청년(15 ~ 29세)의 2000 ~ 2017년의 분기별 실업률(단위 %)을 나타낸 표이다.

연도	1분기	2분기	3분기	4분기
2000	10.1	7.6	7.3	7.3
2001	9.5	7.5	7.0	7.5
2002	8.4	6.6	6.3	6.5
2003	8.7	7.6	7.4	8.2
2004	9.3	8.0	7.5	8.0

연도	1분기	2분기	3분기	4분기
2005	9.0	7.8	7.6	7.5
2006	8.5	7.7	7.6	7.9
2007	7.6	7.3	7.1	6.9
2008	7.3	7.4	6.8	7.0
2009	8.6	8.0	8.0	7.5
2010	9.4	7.7	7.5	7.1
2011	8.8	7.9	6.8	7.0
2012	8.2	8.0	6.8	7.0
2013	8.4	7.9	7.8	7.9
2014	9.8	9.4	8.6	8.3
2015	10.3	9.9	8.4	8.0
2016	11.3	10.3	9.3	8.3
2017	10.7	10.3	9.3	9.0

(a) 2000 ~ 2014년 사이의 데이터를 사용하여 Holt-Winters 모형을 적용하되 평활상수 α, β, γ의 값이 0.1과 0.2일 때의 모든 조합(총 8가지)에 대하여 일단계 이후 예측오차를 분석하여 최적의 평활상수 조합을 구하라.

(b) 위에서 구한 최적의 평활상수 조합에 대하여 2015 ~ 2017년에 대한 일단계 이후 예측값을 구하고 예측오차와 예측성능척도를 산출하라.

1.10 시계열 J06(청년 실업률 데이터)에 대하여 분해법을 적용하고자 한다. 2014년까지의 데이터를 분해법에 적용하여 계절성 지수 및 추세를 추정하고 2015 ~ 2017년 3년간 분기별 실업률을 예측하고 예측오차를 구한 후 예측성능척도를 산출하라.

참고문헌

Brockwell, P.J. and R.A. Davis(2002), Introduction to Time Series and Forecasting, second edition, Springer, New York.

Holt, C.C.(2004), Forecasting seasonals and trends by exponentially weighted moving averages, International Journal of Forecasting, 20(1), 5-10.

Makridakis, S., S.C. Wheelwright, and V.E. McGee(1983), Forecasting: methods and applications, second edition, Wiley, New York.

Winters, P.R.(1960), Forecasting sales by exponentially weighted moving averages, Management Science, 6(3), 324-342.

2장

정상적 시계열

2.1 정상성

시계열분석에서는 주로 정상적(stationary) 시계열을 다루며 비정상적(non-stationary) 시계열의 경우에는 변환을 통하여 정상적 시계열로 바꾼 후 분석하게 된다. 따라서 시계열분석 전에는 시계열이 정상적인지 여부를 점검하여야 한다. 우선 정상성에 대한 정의는 다음과 같다.

정의 2.1 강 정상성; Strong Stationarity 시계열 $\{Z_t, t \geq 1\}$에 대해 $(Z_1, \cdots, Z_m)$과 $(Z_{1+k}, \cdots, Z_{m+k})(k \geq 1)$이 동일한 결합확률분포를 가질 때 강 정상적(strong stationary) 시계열이라 한다.

강 정상성이 성립하고 1차 및 2차 모멘트가 유한한 경우 다음 성질을 갖는다.

1) 시계열의 기댓값이 일정하다. 즉, $E[Z_t] = \mu$, $t \geq 1$.
2) 시계열의 분산이 일정하다. 즉, $Var[Z_t] = \sigma_Z^2 = \gamma(0)$, $t \geq 1$.
3) 자기공분산 및 자기상관계수가 시간 간격(time lag)에만 의존한다. 즉,

$$Cov[Z_t, Z_{t-k}] = Cov[Z_{t+k}, Z_t] = \gamma(k), \quad t \geq 1$$
$$Corr[Z_t, Z_{t-k}] = Corr[Z_{t+k}, Z_t] = \gamma(k)/\gamma(0) = \rho(k), \quad t \geq 1.$$

한편, 시계열 $(Z_1, \cdots, Z_m)$에 대한 자기공분산행렬(autocovariance matrix)을 다음으로 정의한다.

$$\Gamma = \begin{bmatrix} Var[Z_1] & Cov[Z_1, Z_2] & \cdots & Cov[Z_1, Z_m] \\ Cov[Z_1, Z_2] & Var[Z_2] & \cdots & Cov[Z_2, Z_m] \\ \vdots & \vdots & \ddots & \vdots \\ Cov[Z_1, Z_m] & Cov[Z_2, Z_m] & \cdots & Var[Z_m] \end{bmatrix} = \begin{bmatrix} \gamma(0) & \gamma(1) & \cdots & \gamma(m-1) \\ \gamma(1) & \gamma(0) & \cdots & \gamma(m-2) \\ \vdots & \vdots & \ddots & \vdots \\ \gamma(m-1) & \gamma(m-2) & \cdots & \gamma(0) \end{bmatrix}$$

그리고 자기상관행렬(autocorrelation matrix)은 다음과 같다.

$$R = \begin{bmatrix} 1 & \rho(1) & \cdots & \rho(m-1) \\ \rho(1) & 1 & \cdots & \rho(m-2) \\ \vdots & \vdots & \ddots & \vdots \\ \rho(m-1) & \rho(m-2) & \cdots & 1 \end{bmatrix}$$

정상적 시계열은 다음 성질을 만족한다.

정리 2.1 정상적 시계열 $(Z_1,\cdots,Z_m)$의 모든 m값에 대하여 자기공분산행렬과 자기상관행렬이 양정치(positive definite)이다. 즉, 모든 주마이너(principal minor)의 행렬식이 양이다.

정의 2.2 약 정상성; Weak Stationarity 시계열 $\{Z_t, t \geq 1\}$에 대하여 기댓값이 시간에 대해 일정하고 임의 두 시점의 공분산이 두 시점 간격에만 의존하고 유한(finite)할 때 약 정상적(weak stationary) 또는 공분산 정상적(covariance stationary) 시계열이라 한다.

강 정상성이 성립하면 약 정상성이 성립하나 역은 성립하지 않는다. 그러나 결합확률분포가 다변량정규분포를 따르는 경우에는 강 정상성과 약 정상성이 일치한다. 시계열분석에서는 주로 약 정상성을 가정하며 본 저에서도 약 정상적 시계열을 다루고 있다. 그리고 편의상 시계열의 기댓값은 0으로 가정한다.

2.2 자기상관함수

일반적인 정상적 시계열을 다루기는 어렵기 때문에 특정 형태를 지닌 정상적 시계열, 즉 자기회귀과정(autoregressive process) 또는 이동평균과정(moving average process) 등을 다루게 되는데, 이들의 형태를 구분하는 수단으로 자기상관함수와 다음 절에서 다룰 편자기상관함수를 사용하게 된다.

자기상관함수(autocorrelation function; ACF)의 정의를 위해서는 우선 자기공분산함수(autocovariance function)의 정의가 필요하다. 이는 두 변수의 공분산으로부터 두 변수의 상관계수를 정의하는 것과 동일하다. 우리가 다루는 시계열은 하나의 변수에 대한 시간에 따른 값이기 때문에 여기서 두 변수는 두 개의 다른 시점에서의 변수 값에 대응한다. '자기(auto)'라는 용어를 사용하는 것도 시계열은 하나의 변수이기 때문이다. 또한, 함수라는 용어를 사용하는 이유는 자기공분산 또는 자기상관계수가 시차(lag)에 따라 다르기 때문이다. 즉, 이들은 시차의 함수로 부른다.

정상적 시계열 $\{Z_t, t \geq 0\}$에 대하여 시차 k에 대한 자기공분산은 다음과 같이 산출된다.

$$\gamma(k) = Cov[Z_t, Z_{t-k}] = E[Z_t Z_{t-k}], \quad (k = 1, 2, \cdots) \tag{2.1}$$

여기서 시계열 $\{Z_t, t \geq 0\}$이 정상성을 따름을 가정하기 때문에 $\gamma(k)$가 시점 t와는 무관하게 된다. 그리고 $E[Z_t] = E[Z_{t-k}] = 0$임을 사용하였다. 이때, $\gamma(k)$가 k의 함수이므로 이를 자기공분산함수라 부른다. $\gamma(k) = \gamma(-k)$가 성립하며, $k = 0$일 때는 다음과 같이 분산이 된다.

$$\gamma(0) = Var[Z_t] = E[Z_t^2] \tag{2.2}$$

정의 2.3 자기상관함수; ACF 정상적 시계열 $\{Z_t, t \geq 0\}$에 대하여 시차 k에 대한 자기상관계수는 다음과 같이 정의된다. 이때, k의 함수를 자기상관함수라 한다.

$$\rho(k) = Corr[Z_t, Z_{t-k}] = \frac{Cov[Z_t, Z_{t-k}]}{\sqrt{Var[Z_t]\,Var[Z_{t-k}]}} = \frac{\gamma(k)}{\gamma(0)}, \quad k = 1, 2, \cdots \tag{2.3}$$

여기서도 $\rho(k)$가 시차 k의 함수이기 때문에 자기상관함수라 부른다. 위 식의 분모에서 $Var[Z_t]$와 $Var[Z_{t-k}]$가 동일한 이유도 시계열이 정상적이기 때문이다.

예 2.1

정상적 시계열 $\{Z_t, t \geq 0\}$이 아래와 같은 관계를 갖는다고 하자.

$$Z_t = \phi Z_{t-1} + a_t \tag{2.4}$$

여기서 ϕ는 절대치가 1보다 작은 상수이며 a_t는 시점 t에 추가되는 백색잡음(white noise)이라 불리는 오차항으로 평균 0, 분산 σ_a^2를 갖고 이전 시점의 오차항과는 독립이다. 이때 $\{Z_t, t \geq 0\}$의 자기상관함수를 구하라.

풀이 식 (2.3)에 의하면 우선 자기공분산함수를 구하여야 한다.

1) 시차 $k = 1$에 대한 자기공분산을 구하기 위해 식 (2.4)의 양변에 Z_{t-1}을 곱하고 기댓값을 취하면 다음 식이 된다.

$$E[Z_t Z_{t-1}] = \phi E[Z_{t-1}^2] + E[a_t Z_{t-1}]$$

여기서 오차항 a_t은 Z_t와는 독립이 아니나 Z_{t-1}와는 독립이므로 등식 오른쪽 두 번째 기댓값은 0이 된다. 따라서 위 식은 다음과 같다.

$$\gamma(1) = \phi\gamma(0)$$

그러므로 시차 $k=1$에 대한 자기상관계수는 아래와 같다.

$$\rho(1) = \frac{\gamma(1)}{\gamma(0)} = \frac{\phi\gamma(0)}{\gamma(0)} = \phi$$

2) 시차 $k=2$에 대한 자기공분산을 구하기 위해 다시 식 (2.4)의 양변에 Z_{t-2}를 곱하고 기댓값을 취하면 다음 식을 얻는다.

$$E[Z_t Z_{t-2}] = \phi E[Z_{t-1} Z_{t-2}] + E[a_t Z_{t-2}]$$

이로부터 다음 식이 성립한다.

$$\gamma(2) = \phi\gamma(1) = \phi^2\gamma(0)$$

따라서 시차 $k=2$에 대한 자기상관계수는 다음과 같다.

$$\rho(2) = \frac{\gamma(2)}{\gamma(0)} = \frac{\phi^2\gamma(0)}{\gamma(0)} = \phi^2$$

3) 위와 같은 방식을 계속하면 시차 k에 대한 자기상관함수는 다음과 같음을 알 수 있다.

$$\rho(k) = \frac{\gamma(k)}{\gamma(0)} = \frac{\phi^k\gamma(0)}{\gamma(0)} = \phi^k,\ \ k=1,2,\cdots$$

관측된 시계열 데이터 $(z_1, z_2, \cdots, z_n)$이 있을 때 표본자기상관함수(sample autocorrelation function)는 다음과 같이 추정된다.

$$\hat{\rho}(k) = \frac{\hat{\gamma}(k)}{\hat{\gamma}(0)},\ \ k=1,2,\cdots \tag{2.5}$$

여기서 표본분산은

$$\hat{\gamma}(0) = \frac{1}{n-1}\sum_{i=1}^{n}(z_i - \overline{z})^2 \tag{2.6}$$

시차 k의 표본공분산은

$$\hat{\gamma}(k) = \frac{1}{n-k-1}\sum_{i=k+1}^{n}(z_i - \overline{z})(z_{i-k} - \overline{z}),\ \ k = 1,2,\cdots \tag{2.7}$$

로 추정할 수 있다. 위에서 $\overline{z}$는 표본평균이다. 식 (2.7)에서 표본공분산을 산출할 때 $(n-k-1)$ 대신 시차 k와 상관없는 $(n-1)$을 사용하기도 한다.

예 2.2

다음은 1949 ~ 1998년 동안 세계적으로 발생한 진도 7.0 이상의 지진수(시계열 J08)를 나타낸다.

36	39	21	17	22	17	19	15	34	10
15	22	18	15	20	15	22	19	16	30
27	29	23	20	16	21	21	25	16	18
15	18	14	10	15	8	15	6	11	8
7	13	10	23	16	15	25	22	20	16

이 데이터에 대한 자기상관함수를 산출하라.

풀이 이 데이터에 대한 표본평균과 분산은 다음과 같다.

$$\overline{z} = 18.5,\ \hat{\gamma}(0) = 49.97$$

그리고 자기상관함수는 아래와 같이 산출된다.

k	1	2	3	4	5	6	7	8	9	10
$\hat{\rho}(k)$	0.395	0.311	0.265	0.219	0.151	0.080	0.157	0.074	−0.10	−0.09

2.3 편자기상관함수

시차 k가 있는 두 값 Z_t와 Z_{t-k}의 상관계수 중 많은 부분이 그 사이 시점들 값, 즉

Z_{t-1}, Z_{t-2}, …, Z_{t-k-1}과의 상관계수에 기인할 수 있으므로 중간 시점들 값이 미치는 영향을 뺀 순수한 Z_t와 Z_{t-k}의 상관계수를 편자기상관계수(partial autocorrelation)라 한다. 이는 중간값들 Z_{t-1}, Z_{t-2}, …, Z_{t-k+1}이 조건으로 주어진 다음 식으로 표현된다.

$$P(k) = Corr[Z_t, Z_{t-k}|Z_{t-1}, \cdots, Z_{t-k+1}],\ k = 1,2,... \tag{2.8}$$

이 또한 k의 함수이므로 편자기상관함수(partial autocorrelation function; PACF)라 한다. 시차 $k=1$인 경우는 편자기상관계수와 자기상관계수가 동일하다. 즉,

$$P(1) = \rho(1) \tag{2.9}$$

편자기상관계수는 다음 결과로부터 산출될 수 있다.

정리 2.2 시차 k의 편자기상관계수는 다음의 회귀모형의 계수 ϕ_{kk}와 동일하다.

$$Z_t = \phi_{k1}Z_{t-1} + \ldots + \phi_{kk}Z_{t-k} + b_t,\ k = 1,2,\cdots \tag{2.10}$$

여기서 b_t는 오차항이다.

증명 Schlittgen and Streitberg(2001) 참조

예 2.3

정상적 시계열 $\{Z_t, t \geq 0\}$이 아래와 같은 관계를 갖는다고 하자.

$$Z_t = \phi_1 Z_{t-1} + \phi_2 Z_{t-2} + a_t \tag{2.11}$$

여기서 a_t는 시점 t에 추가되는 오차항으로 평균 0, 분산 σ_a^2를 갖고 이전 시점의 오차항과는 독립이라 하자. 이때 편자기상관함수를 구하여 보자.

풀이 1) 시차 $k=1$일 때는 식 (2.9)에 의해 $P(1)=\rho(1)$이므로 식 (2.11)의 시계열에 대한 자기상관계수를 구하면 된다.

2) 시차 $k=2$인 경우에는 [정리 2.2]에 의하여 $P(2)$는 다음 회귀모형의 계수 ϕ_{22}와 동일하다.

$$Z_t = \phi_{21}Z_{t-1} + \phi_{22}Z_{t-2} + b_t$$

그런데 위 식을 식 (2.11)과 비교할 때 $\phi_{22} = \phi_2$이므로, $P(2) = \phi_2$임을 알 수 있다.

3) 시차 $k = 3$인 경우 [정리 2.2]에 의하여 $P(3)$은 다음 회귀모형의 계수 ϕ_{33}과 동일하다.

$$Z_t = \phi_{31} Z_{t-1} + \phi_{32} Z_{t-2} + \phi_{33} Z_{t-3} + b_t$$

그런데 위 식을 식 (2.11)과 비교할 때 $\phi_{33} = 0$이 됨을 알 수 있다. 마찬가지로 $k \geq 3$인 경우 $P(k) = 0$이 된다. 즉, 식 (2.11) 시계열에 대한 편자기상관함수는 다음과 같다.

$$\begin{aligned} &P(1) = \rho(1) \\ &P(2) = \phi_2 \\ &P(k) = 0, k \geq 3 \end{aligned}$$

위에서 물론 $\rho(1)$는 별도로 산출하여야 한다.

참고로 시차 $k = 2$인 경우 편자기상관계수를 식 (2.8)의 정의를 사용하여 구하여보자. 즉,

$$\begin{aligned} P(2) &= Corr[Z_t, Z_{t-2} | Z_{t-1}] \\ &= \frac{Corr[Z_t, Z_{t-2}] - Corr[Z_t, Z_{t-1}] Corr[Z_{t-2}, Z_{t-1}]}{\sqrt{(1 - Corr^2[Z_t, Z_{t-1}])(1 - Corr^2[Z_{t-2}, Z_{t-1}])}} \end{aligned}$$

여기서

$$Corr[Z_t, Z_{t-2}] = Corr[\phi_1 Z_{t-1} + \phi_2 Z_{t-2} + a_t, Z_{t-2}] = \phi_1 \rho(1) + \phi_2$$

이므로 $P(2)$는 다음과 같다.

$$P(2) = \frac{\phi_1 \rho(1) + \phi_2 - \rho^2(1)}{1 - \rho^2(1)}$$

한편,

$$\begin{aligned} \rho(1) &= Corr[Z_t, Z_{t-1}] = Corr[\phi_1 Z_{t-1} + \phi_2 Z_{t-2} + a_t, Z_{t-1}] \\ &= \phi_1 + \phi_2 \rho(1) \end{aligned}$$

따라서 $\rho(1)$는 다음과 같다.

$$\rho(1) = \frac{\phi_1}{1-\phi_2}$$

이 관계를 위 식에 대입하면 결국 $P(2)$는 다음과 같다.

$$P(2) = \phi_2$$

정리 2.3 시차 $k(k \geq 2)$의 편자기상관계수 $P(k)$는 다음 방정식의 미지수값 ϕ_{kk}과 동일하다.

$$\begin{pmatrix} \rho(1) \\ \rho(2) \\ \cdots \\ \rho(k) \end{pmatrix} = \begin{pmatrix} 1 & \rho(1) & \cdots & \rho(k-1) \\ \rho(1) & 1 & \cdots & \rho(k-2) \\ \cdots & \cdots & \cdots & \cdots \\ \rho(k-1) & \rho(k-2) & \cdots & 1 \end{pmatrix} \begin{pmatrix} \phi_{k1} \\ \phi_{k2} \\ \cdots \\ \phi_{kk} \end{pmatrix} \quad (2.12)$$

즉, $k \geq 2$일 때

$$P(k) = \begin{vmatrix} 1 & \rho(1) & \cdots & \rho(k-2) & \rho(1) \\ \rho(1) & 1 & \cdots & \rho(k-3) & \rho(2) \\ \cdots & \cdots & & \cdots & \cdots \\ \rho(k-1) & \rho(k-2) & \cdots & \rho(1) & \rho(k) \end{vmatrix} \Bigg/ \begin{vmatrix} 1 & \rho(1) & \cdots & \rho(k-2) & \rho(k-1) \\ \rho(1) & 1 & \cdots & \rho(k-3) & \rho(k-2) \\ \cdots & \cdots & & \cdots & \cdots \\ \rho(k-1) & \rho(k-2) & \cdots & \rho(1) & 1 \end{vmatrix} \quad (2.13)$$

여기서 분자 및 분모는 각각 행렬의 행렬식을 의미한다.

증명 [정리 2.2]의 식 (2.10)의 양변에 Z_{t-1}을 곱한 후 기댓값을 취하면 다음과 같다.

$$\gamma(1) = \phi_{k1}\gamma(0) + \phi_{k2}\gamma(1) + \ldots + \phi_{kk}\gamma(k-1)$$

다시 양변을 $\gamma(0)$으로 나누면 다음을 얻는다.

$$\rho(1) = \phi_{k1} + \phi_{k2}\rho(1) + \ldots + \phi_{kk}\rho(k-1)$$

유사하게 식 (2.10)의 양변에 Z_{t-2}를 곱하고 기댓값을 취한 결과의 양변을 $\gamma(0)$으로 나누면 아래 관계식을 얻는다.

$$\rho(2) = \phi_{k1}\rho(1) + \phi_{k2} + \ldots + \phi_{kk}\rho(k-2)$$

이와 같이 반복하면 결국 k개의 방정식인 식 (2.12)를 얻는다. 이로부터 k개의 미지수 ϕ_{k1}, ϕ_{k2}, $\cdots$, ϕ_{kk}를 구할 수 있는데, 편자기상관계수 $P(k) = \phi_{kk}$이며 크래머 공식 (Cramer's rule)을 이용하면 식 (2.13)과 같이 구해진다.

[정리 2.3]의 의미는 자기상관함수로부터 편자기상관함수를 얻을 수 있다는 것이다. 또한, 시계열 데이터로부터 표본편자기상관계수 또는 표본편자기상관함수를 다음과 같이 추정할 수 있다. 즉,

$$\hat{P}(k) = \begin{vmatrix} 1 & \hat{\rho}(1) & \cdots & \hat{\rho}(k-2) & \hat{\rho}(1) \\ \hat{\rho}(1) & 1 & \cdots & \hat{\rho}(k-3) & \hat{\rho}(2) \\ \cdots & \cdots & & \cdots & \cdots \\ \hat{\rho}(k-1) & \hat{\rho}(k-2) & \cdots & \hat{\rho}(1) & \hat{\rho}(k) \end{vmatrix} \Big/ \begin{vmatrix} 1 & \hat{\rho}(1) & \cdots & \hat{\rho}(k-2) & \hat{\rho}(k-1) \\ \hat{\rho}(1) & 1 & & \hat{\rho}(k-3) & \hat{\rho}(k-2) \\ \cdots & \cdots & & \cdots & \cdots \\ \hat{\rho}(k-1) & \hat{\rho}(k-2) & \cdots & \hat{\rho}(1) & 1 \end{vmatrix} \tag{2.14}$$

위에서 각 표본자기상관계수는 식 (2.5)로 추정된다.

소위 Levinson-Durbin 알고리즘은 표본자기상관계수로부터 표본편자기상관계수를 구하는 반복적 알고리즘인데 효율적인 것으로 알려져 있다. 이는 다음과 같으며 Brockwell and Davis(2002)에 보다 자세한 설명이 있다.

$$\hat{P}(1) = \hat{\phi}_{11} = \hat{\rho}(1)$$

$$\hat{P}(s) = \hat{\phi}_{ss} = \frac{\hat{\rho}(s) - \sum_{j=1}^{s-1} \hat{\phi}_{s-1,j}\hat{\rho}(s-j)}{1 - \sum_{j=1}^{s-1} \hat{\phi}_{s-1,j}\hat{\rho}(j)}, \quad s = 2, 3, \cdots$$

여기서

$$\hat{\phi}_{s,j} = \hat{\phi}_{s-1,j} - \hat{\phi}_{ss}\hat{\phi}_{s-1,s-j}, \qquad j = 1, 2, \cdots, s-1$$

예 2.4

(예 2.2)의 지진 데이터에 대한 편자기상관함수를 구하라.

풀이 사차 k에 따른 편자기상관함수는 다음과 같다.

k	1	2	3	4	5	6	7	8	9	10
$\hat{P}(k)$	0.395	0.184	0.113	0.061	−0.00	−0.05	0.110	−0.03	−0.21	−0.06

2.4 시계열 표현방식

시계열 과정(time series process)을 두 가지 방식으로 표현이 가능한데, 하나는 시점 t의 값을 과거 시점들의 값들을 이용한 회귀식으로 표현하는 방식, 즉 자기회귀과정(autoregressive process)으로 표현할 수 있으며, 다른 하나는 시점 t의 값을 현재와 과거 시점들의 오차항으로 표현하는 방식, 즉 이동평균과정(moving average process)이 있다.

2.4.1 자기회귀과정(AR 표현방식)

시계열의 자기회귀(autoregressive; AR) 표현방식은 다음 식으로 기술함을 의미한다.

$$Z_t = \pi_1 Z_{t-1} + \pi_2 Z_{t-2} + \ldots + a_t \tag{2.15}$$

여기서 π_1, π_2 등은 정상성을 만족시키는 상수이며, a_t는 시점 t에 부가되는 오차항으로 과거 시점의 오차항과 독립이나 동일한 분포(주로 정규분포 가정)를 갖는다. 이를 통상 백색잡음이라 부른다.

과거 시점의 시계열 값들을 표현하는데 후진연산자(backward shift operator 또는 backshift operator)를 사용하면 편리하다. 시점 $t-1$의 값을 후진연산자 B를 사용하여 다음과 같이 나타낸다.

$$Z_{t-1} = BZ_t$$

이를 일반화하면 다음이 성립한다.

$$Z_{t-k} = B^k Z_t,\ \ k = 1, 2, \cdots$$

식 (2.15)의 AR 과정을 후진연산자를 이용하여 표현하면 다음과 같다.

$$Z_t = (\pi_1 B + \pi_2 B^2 + \ldots) Z_t + a_t$$

또는

$$(1 - \pi_1 B - \pi_2 B^2 - \ldots) Z_t = a_t \tag{2.16}$$

예를 들어 (예 2.1)의 시계열의 경우 이미 AR 표현방식으로 되어있고 이때 계수들이 다음과 같음을 알 수 있다.

$$\pi_1 = \phi, \ \pi_2 = \pi_3 = \ldots = 0$$

예 2.5

다음과 같은 시계열이 있다고 하자.

$$Z_t = a_t - \theta_1 a_{t-1} - \theta_2 a_{t-2}$$

여기서 a_t 등은 백색잡음이며, θ_1과 θ_2는 모형 상수이다. 이를 AR형태로 표현하라.

풀이 위는 $Z_t = (1-\theta_1 B - \theta_2 B^2)a_t$로 표현되므로 $(1-\theta_1 B - \theta_2 B^2)^{-1}$이 존재하면 다음과 같이 기술할 수 있다.

$$(1-\theta_1 B - \theta_2 B^2)^{-1} Z_t = a_t$$

따라서, 식 (2.15)의 AR 표현방식으로 기술할 수 있다.

$$Z_t = \pi_1 Z_{t-1} + \pi_2 Z_{t-2} + \ldots + a_t$$

즉, 다음이 성립한다.

$$(1-\theta_1 B - \theta_2 B^2)(1 - \pi_1 B - \pi_2 B^2 - \ldots) = 1$$

이때의 계수는 다음과 같다.

$$\pi_1 = -\theta_1, \ \pi_2 = -\theta_1^2 - \theta_2, \ \pi_3 = -\theta_1^3 - 2\theta_1\theta_2, \ \cdots$$

계수간의 다음 식이 성립한다.

$$\pi_k = \theta_1 \pi_{k-1} + \theta_2 \pi_{k-2} \ (k = 1, 2, \cdots), \ \pi_0 = -1, \ \pi_j = 0 (j < 0)$$

본 예제 형태의 시계열을 MA(2)모형이라 하는데 3장에서 다룬다.

2.4.2 이동평균과정(MA 표현방식)

시계열의 이동평균(moving average; MA) 표현방식은 다음 식으로 기술함을 의미한다.

$$Z_t = a_t - \psi_1 a_{t-1} - \psi_2 a_{t-2} - \cdots \quad (2.17a)$$

또는

$$Z_t = (1 - \psi_1 B - \psi_2 B^2 - \cdots) a_t \quad (2.17b)$$

여기서 ψ_1, ψ_2 등은 역시 정상성을 만족시키는 상수이다. 구체적 정상성 조건에 대해서는 3장에서 다룬다.

예 2.6

(예 2.1)의 시계열을 MA 표현방식으로 나타내라.

풀이 (예 2.1)의 시계열은 AR 표현방식으로 되어있는데 이를 후진연산자를 이용하여 다시 표현하면 다음과 같다.

$$(1 - \phi B) Z_t = a_t$$

만약 $(1 - \phi B)^{-1}$이 존재한다면 이를 다시 다음과 같이 표현할 수 있다.

$$Z_t = (1 - \phi B)^{-1} a_t = (1 + \phi B + \phi^2 B^2 + \cdots) a_t$$

즉, $(1 - \phi B)^{-1}$이 존재한다면 이 시계열은 상기와 같은 MA 표현방식으로 기술할 수 있고, 이때의 계수들은 다음과 같다.

$$\psi_1 = -\phi,\ \psi_2 = -\phi^2, \cdots (\psi_k = -\phi^k, k = 1, 2, \cdots)$$

연습문제

2.1 다음의 세 가지 시계열 모형에 대하여 물음에 답하라.

1) $Z_t = Z_{t-1} - 0.5 Z_{t-2} + a_t$

2) $Z_t = (1 - 0.8B + 0.2B^2) a_t$

3) $(1 - 0.5B) Z_t = (1 - 0.8B) a_t$

(a) 위의 각 모형을 AR 표현방식으로 기술하라.

(b) 위의 각 모형을 MA 표현방식으로 기술하라.

2.2 연습문제 2.1의 세 가지 모형에 대하여 ACF 및 PACF를 구하라.

2.3 시계열 $\{X_t, t \geq 1\}$이 평균 0, 분산 σ^2인 정규분포를 따르는 확률변수 시퀀스라 하자. 다음에서 정의되는 새로운 시계열이 정상적인지 여부를 판단하라. 또한 정상적 시계열의 경우 자기공분산함수를 구하라. 여기서 a, b, c는 상수들이다.

(a) $Z_t = a + bX_t + cX_{t-1}$

(b) $Z_t = X_t \cos(ct) + X_{t-1} \sin(ct)$

(c) $Z_t = X_t X_{t-1}$

2.4 다음과 같은 모형을 고려하자.

$$Z_t = \phi Z_{t-1} + a_t - \theta a_{t-1}$$

(a) AR 표현방식으로 나타내라.

(b) MA 표현방식으로 나타내라.

2.5 정상적 시계열 $\{X_t, t \geq 1\}$와 $\{Y_t, t \geq 1\}$가 각각 평균은 0이며 다음과 같은 모형을 따른다.

$$X_t = a_t - \theta a_{t-1}$$
$$Y_t = \phi Y_{t-1} + a_t$$

여기서 a_t는 각 모형에 동일한 기댓값 0, 분산 σ_a^2를 갖는 백색잡음이다. $Z_t = X_t + Y_t$라 할 때 아래 물음에 답하라.

(a) $Var[Z_t]$를 구하라.

(b) $Cov[Z_t, Z_{t-1}]$를 구하라.

(c) $Corr[Z_t, Z_{t-1}]$를 구하라.

2.6 어떤 공정변수 X_t는 시간에 따라 아래와 같이 움직인다고 한다.

$$X_t = a_t - U_t$$

여기서 a_t는 평균 μ_a, 분산 σ_a^2의 백색잡음이며, U_t는 제어량으로 다음과 같은 관계식을 갖는다.

$$U_t = \phi U_{t-1} + (1-\phi)(X_{t-1} - \mu_X),\ \ \mu_X = E[X_t]$$

(a) $\{X_t, t \geq 1\}$는 어떤 프로세스를 따르는지 기술하라.

(b) X_t의 기댓값과 분산을 구하라.

(c) $Cov[X_t, X_{t-1}]$를 구하라.

2.7 수요예측의 잔차 e_t가 시간에 따라 어떻게 변하는지를 알아보기 위해 다음과 같은 기간 3의 이동평균 M_t을 사용한다고 한다. 즉,

$$M_t = (e_t + e_{t-1} + e_{t-2})/3$$

잔차를 백색잡음으로 간주할 때 M_t 프로세스의 ACF를 구하라.

2.8 J06 시계열(분기별 청년 실업률)에 대하여

(a) 시차 1에서 24까지의 표본 ACF를 구하라.

(b) 시차 1에서 24까지의 표본 PACF를 구하라.

2.9 다음은 2007 ~ 2017년 간 화재로 인한 월별 사망자수(시계열 J07)를 나타낸다.

	1	2	3	4	5	6	7	8	9	10	11	12
'07	59	63	55	34	31	25	16	19	21	28	40	33
'08	88	51	52	32	19	21	30	20	42	31	37	45
'09	62	26	50	38	52	32	13	20	9	24	39	44
'10	38	43	30	22	19	16	8	9	11	27	44	37
'11	30	25	39	29	17	12	10	11	14	18	19	39
'12	38	22	28	19	29	20	5	14	10	20	21	41
'13	43	35	33	24	32	18	9	12	22	18	25	36
'14	33	27	37	31	47	13	20	12	16	32	29	28
'15	32	26	44	20	21	13	13	14	9	18	15	28
'16	48	42	22	26	22	10	15	13	22	31	24	31
'17	34	26	36	24	22	18	10	24	23	19	31	78

(a) 시차 1에서 36까지의 표본 ACF를 구하라.

(b) 시차 1에서 36까지의 표본 PACF를 구하라.

참고문헌

Brockwell, P.J. and R.A. Davis(2002), Introduction to Time Series and Forecasting, second edition, Springer, New York.

Schlittgen, R. and Streitberg, B. H. J.(2001). Zeitreihenanalyse. Oldenbourg, München(in German).

3장

ARMA모형

이 장에서는 정상적 시계열의 기본적인 모형으로 널리 사용되는 자기회귀(autoregressive; AR)모형과 이동평균(moving average; MA)모형, 그리고 AR과 MA가 결합된 형태인 ARMA모형의 성질에 대하여 알아본다. 이의 목적은 실제 시계열 데이터가 주어질 때 이러한 모형 중 가장 가까운 모형을 찾아내기 위함이다. ARMA모형은 1951년 뉴질랜드 수학자 P. Whittle의 박사학위 논문에서 처음 제안된 것으로 알려져있으며, 그 후 G. Box와 G. Jenkins의 1970년도 출간된 저서(현재는 1994년의 3판이 있음)로 널리 알려지게 되었다. 따라서 ARMA모형을 통상 Box–Jenkins 모형이라고도 칭한다.

3.1 AR모형

우선 가장 단순한 AR모형은 다음과 같이 현재의 변수값에 직전 시점의 변수값과 백색잡음이 영향을 주는 형태이다.

$$Z_t = \phi_1 Z_{t-1} + a_t \tag{3.1}$$

여기서 ϕ_1은 정상성 조건을 만족시키는 상수이며 a_t는 평균 0, 분산 σ_a^2를 갖는 백색잡음이다. 식 (3.1)은 시차가 1인 AR모형으로 통상 AR(1)모형(또는 과정)이라 부른다. 그리고 시차가 2인 AR(2)모형은 다음과 같다.

$$Z_t = \phi_1 Z_{t-1} + \phi_2 Z_{t-2} + a_t \tag{3.2}$$

이를 확장하여 시차가 p인 AR(p)모형의 형태는 다음과 같다.

$$Z_t = \phi_1 Z_{t-1} + \phi_2 Z_{t-2} + \ldots + \phi_p Z_{t-p} + a_t \tag{3.3}$$

여기서도 $\phi_1, \cdots, \phi_p$는 정상성 조건을 만족시키는 모형의 계수들이다.

본 절에서는 AR(1), AR(2), 그리고 AR(p)모형에 대한 자기상관함수(ACF)와 편자기상관함수(PACF), 그리고 정상성 조건에 대하여 알아보고자 한다.

3.1.1 AR(1)모형

AR(1)모형은 식 (3.1)에 기술된 바와 같다. 다시 쓰면,

$$Z_t = \phi_1 Z_{t-1} + a_t$$

AR(1)모형의 ACF에 대해서는 (예 2.1)에서 구한 바 있다. 즉, AR(1)에서 자기공분산함수는 다음과 같다.

$$\gamma(k) = \phi_1^k \gamma(0), \quad k = 1, 2, \cdots \tag{3.4}$$

여기서 Z_t의 분산 $\gamma(0)$을 구하기 위해 식 (3.1)의 양변에 분산을 취하면 다음과 같다.

$$Var[Z_t] = \phi_1^2 Var[Z_{t-1}] + Var[a_t] + 2\phi_1 Cov[Z_{t-1}, a_t]$$

위 등식의 오른쪽 마지막 항은 0이 되고, 정상성 조건하에서 분산은 시간에 대해 일정하므로 다음 식이 성립한다.

$$\gamma(0) = \phi_1^2 \gamma(0) + \sigma_a^2$$

따라서 Z_t의 분산은 다음과 같다.

$$\gamma(0) = Var[Z_t] = \frac{\sigma_a^2}{1 - \phi_1^2} \tag{3.5}$$

여기서 정상성 조건에 대해 먼저 언급하면, [정의 2.2]에 의거하여 자기공분산함수가 유한하여야 하므로 $|\phi_1| < \infty$ 이고, 식 (3.5)의 분산이 0보다 커야하므로 다음 조건이 만족되어야 한다.

$$|\phi_1| < 1 \tag{3.6}$$

AR(1)모형의 ACF는 (예 2.1)에서와 같이 다음과 같이 산출된다.

$$\rho(k) = \frac{\gamma(k)}{\gamma(0)} = \phi_1^k, \quad k = 1, 2, \cdots \tag{3.7}$$

즉, AR(1)모형의 ACF는 시차가 증가함에 따라 지수적으로 감소(exponentially decaying)함을 알 수 있다.

AR(1)모형의 PACF를 시차별로 구해보자. 먼저 $k=1$인 경우 [정리 2.1]를 적용하면 $P(1)$은 다음 회귀모형의 계수 ϕ_{11}와 동일하다.

$$Z_t = \phi_{11} Z_{t-1} + b_t$$

즉, $P(1) = \phi_{11} = \phi_1$임을 알 수 있다. 시차 $k=2$인 경우 $P(2)$는 다음 회귀모형의 계수 ϕ_{22}와 동일하다.

$$Z_t = \phi_{21} Z_{t-1} + \phi_{22} Z_{t-2} + b_t$$

위 식을 식 (3.1)의 AR모형식과 비교하면, $P(2) = \phi_{22} = 0$이 됨을 알 수 있다. 따라서 AR(1)모형의 PACF는 다음과 같다.

$$P(1) = \phi_1 \tag{3.8a}$$

$$P(k) = 0, \ k = 2,3,\cdots \tag{3.8b}$$

즉, AR(1)모형의 PACF는 시차 1에서 절단(cutoff)되는 성질을 갖는다.

3.1.2 AR(2)모형

AR(2)모형은 다음과 같이 기술된다.

$$Z_t = \phi_1 Z_{t-1} + \phi_2 Z_{t-2} + a_t \tag{3.9}$$

우선 Z_t의 분산을 구하기 위해 양변에 분산을 취하면 다음과 같다.

$$Var[Z_t] = \phi_1^2 Var[Z_{t-1}] + \phi_2^2 Var[Z_{t-2}] + \sigma_a^2 + 2\phi_1\phi_2 Cov[Z_{t-1}, Z_{t-2}]$$

이를 정리하면 다음 식과 같다.

$$(1 - \phi_1^2 - \phi_2^2)\gamma(0) = \sigma_a^2 + 2\phi_1\phi_2\gamma(1) \tag{3.10}$$

즉, 분산을 구하기 위해서는 $\gamma(1)$를 알아야 한다.

시차 $k = 1$인 자기공분산을 구하기 위해 식 (3.9)의 양변에 Z_{t-1}를 곱한 후 기댓값을 취하면 다음과 같다.

$$\gamma(1) = \phi_1\gamma(0) + \phi_2\gamma(1)$$

즉,

$$\gamma(1) = \frac{\phi_1\gamma(0)}{1 - \phi_2} \ \ (\phi_2 \neq 1 \text{일 때}) \tag{3.11}$$

식 (3.11)을 식 (3.10)에 대입하면 분산을 구할 수 있다.

$$\gamma(0) = Var[Z_t] = \frac{1 - \phi_2}{(1 + \phi_2)(1 + \phi_1 - \phi_2)(1 - \phi_1 - \phi_2)}\sigma_a^2 \tag{3.12}$$

시차 $k=2$인 자기공분산을 구하기 위해 식 (3.9)의 양변에 Z_{t-2}를 곱한 후 기댓값을 취하면 다음과 같다.

$$\gamma(2)=\phi_1\gamma(1)+\phi_2\gamma(0)$$

이는 다음 식으로 정리된다.

$$\gamma(2)=\frac{\phi_1^2+\phi_2-\phi_2^2}{1-\phi_2}\gamma(0)$$

AR(2)모형에서 자기공분산함수간 다음 식이 성립한다.

$$\gamma(k)=\phi_1\gamma(k-1)+\phi_2\gamma(k-2),\ \ k\geq 1 \tag{3.13}$$

이를 Yule-Walker 방정식이라 부른다. 이를 풀면 $\gamma(k), k\geq 3$을 구할 수 있다. 위의 자기공분산함수로부터 AR(2)모형의 ACF는 다음과 같음을 알 수 있다.

$$\rho(1)=\frac{\phi_1}{1-\phi_2} \tag{3.14a}$$

$$\rho(2)=\frac{\phi_1^2}{1-\phi_2}+\phi_2 \tag{3.14b}$$

$$\rho(k)=\phi_1\rho(k-1)+\phi_2\rho(k-2),\ \ k\geq 1 \tag{3.14c}$$

AR(2)모형이 정상성을 만족하려면 식 (3.12)의 분산이 양수이어야 된다. 따라서 다음과 같은 조건이 필요하다.

$$-1<\phi_2<1,\ \ \phi_2+\phi_1<1,\ \ \phi_2-\phi_1<1 \tag{3.15}$$

위의 조건을 (ϕ_1, ϕ_2) 공간에 나타내면 [그림 3.1]과 같다.

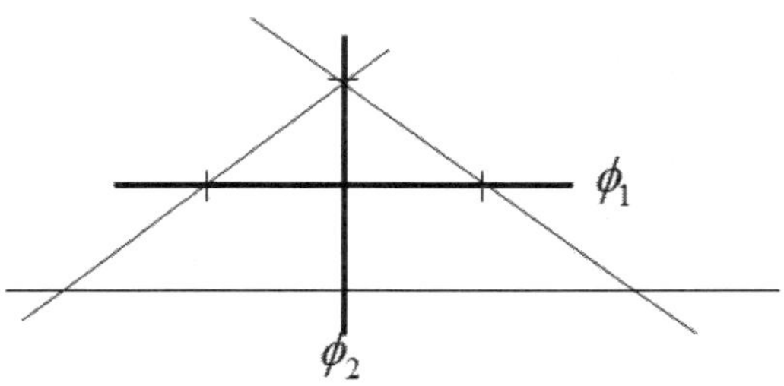

그림 3.1 AR(2)모형의 정상성 조건

식 (3.14c)를 풀어 일반적인 ACF를 유도하기는 어려우나, 정상성 조건하에서 위의 ACF는 시차에 따라 지수적으로 감소하게 된다(예 3.1 참조).

AR(2)모형의 PACF는 [정리 2.2]에 의하여 다음과 같다.

$$P(1) = \rho(1) \tag{3.16a}$$

$$P(2) = \phi_2 \tag{3.16b}$$

$$P(k) = 0,\ \ k \geq 3 \tag{3.16c}$$

즉, AR(2)모형의 PACF는 시차 2 이후 절단되는 현상을 볼 수 있다.

예 3.1

다음과 같은 AR(2)모형을 고려하자.

$$Z_t = 0.7Z_{t-1} - 0.1Z_{t-2} + a_t$$

정상성을 만족하는지 알아보고 ACF를 구하라.

풀이 우선 $\phi_1 = 0.7, \phi_2 = -0.1$이고 식 (3.15)를 만족하므로 정상적 시계열이다. ACF는 식 (3.14)를 사용하면 다음과 같다.

$$\rho(1) = 0.6363, \rho(2) = 0.3455, \rho(3) = 0.1782, \rho(4) = 0.0902, \cdots$$

이를 그림으로 나타내면 [그림 3.2]와 같다.

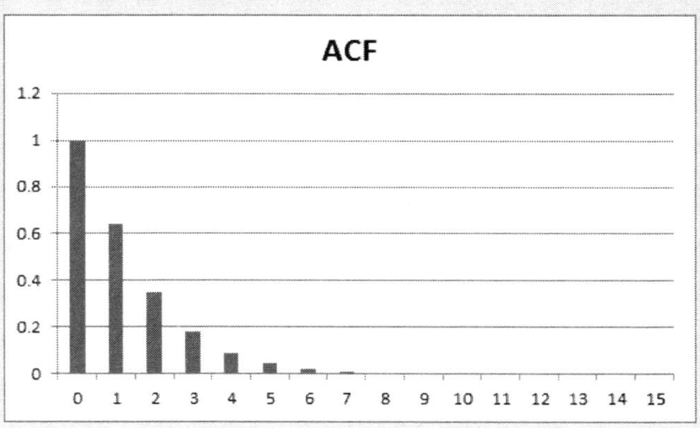

그림 3.2 (예 3.1) 시계열의 ACF

3.1.3 AR(p)모형

AR(1), AR(2) 등을 포함하는 AR(p)모형은 다음과 같이 기술된다.

$$Z_t = \phi_1 Z_{t-1} + \phi_2 Z_{t-2} + \ldots + \phi_p Z_{t-p} + a_t \quad (3.17)$$

후진연산자를 사용하면 다음 식으로 표현된다.

$$(1 - \phi_1 B - \phi_2 B^2 - \ldots - \phi_p B^p) Z_t = a_t \quad (3.18)$$

위에서 괄호 안의 부분을 아래와 같이 후진연산자 B의 다항식으로 정의하면

$$\phi_p(B) = 1 - \phi_1 B - \phi_2 B^2 - \ldots - \phi_p B^p \quad (3.19)$$

식 (3.18)은 다음과 같이 기술된다.

$$\phi_p(B) Z_t = a_t \quad (3.20)$$

식 (3.17)의 양변에 Z_t를 곱하고 기댓값을 취하면 다음 식을 얻는다.

$$Var[Z_t] = \gamma(0) = \phi_1\gamma(1) + \phi_2\gamma(2) + \ldots + \phi_p\gamma(p) + E[a_t Z_t]$$

여기서

$$E[a_t Z_t] = E[a_t^2] = Var[a_t] = \sigma_a^2$$

이므로 위 식은 다시 다음과 같다.

$$\gamma(0) = \phi_1\gamma(1) + \phi_2\gamma(2) + \ldots + \phi_p\gamma(p) + \sigma_a^2 \quad (3.21)$$

또한 AR(p)모형에서 자기공분산함수에 대한 Yule-Walker 방정식을 유도하면 다음과 같다.

$$\gamma(k) = \phi_1\gamma(k-1) + \phi_2\gamma(k-2) + \ldots + \phi_p\gamma(k-p), \ k \geq 1 \quad (3.22)$$

이 모형에 대한 자기상관계수함수에 대한 Yule-Walker 방정식은 다음과 같다.

$$\rho(k) = \phi_1\rho(k-1) + \phi_2\rho(k-2) + \ldots + \phi_p\rho(k-p), \ k \geq 1 \quad (3.23a)$$

또는

$$\phi_p(B)\rho(k) = 0,\ k \ge 1 \tag{3.23b}$$

위 식으로부터 처음 $p-1$개의 자기상관계수를 구하면, 즉 $\rho(1),\cdots,\rho(p-1)$를 알면 모든 ACF를 산출할 수 있다.

AR(p)모형의 정상성 조건은 다음 정리에서와 같다.

> **정리 3.1** AR(p)모형이 정상적 시계열이 되기 위한 충분조건은 다항식 $\phi_p(z)=0$의 p개 근 각각의 크기(modulus)가 1보다 커야 한다. 즉, 모든 근이 단위 원(unit circle) 밖에 있어야 한다.

다항식 $\phi_p(z)=0$의 p개 근을 $r_i,\ i=1,2,\cdots,p$라 하면 다항식을 다음과 같이 쓸 수 있다.

$$\phi_p(z) = (1-z/r_1)(1-z/r_2)\cdots(1-z/r_p) \tag{3.24}$$

이때, 정상성 조건은 다음과 같다.

$$|r_i| > 1,\ i=1,2,\cdots,p \tag{3.25}$$

예 3.2

AR(2)모형의 정상성 조건을 유도하라.

풀이 AR(2)모형에서 다항식은 다음과 같다.

$$\phi_2(z) = 1-\phi_1 z-\phi_2 z^2 = (1-z/r_1)(1-z/r_2)$$

따라서 다음이 성립한다.

$$\phi_1 = \frac{1}{r_1}+\frac{1}{r_2},\ \phi_2 = -\frac{1}{r_1 r_2}$$

$|r_1|>1,\ |r_2|>1$이어야 하므로 $\frac{1}{|r_1|}<1,\ \frac{1}{|r_2|}<1$이고, 다음의 관계가 필요하다.

$$-2<\phi_1=\frac{1}{r_1}+\frac{1}{r_2}<2,\ -1<\phi_2=-\frac{1}{r_1 r_2}<1$$

또한, $|z| \le 1$일 때, $\phi_2(z) \ne 0$이어야 하는데, $\phi_2(0) = 1$이므로 다음이 성립한다.

$$\phi_2(z) > 0, \ |z| \le 1$$

즉, $\phi_2(1) > 0$, $\phi_2(-1) > 0$이어야 하므로 다음이 성립한다.

$$\phi_2(1) = 1 - \phi_1 - \phi_2 > 0$$
$$\phi_2(-1) = 1 + \phi_1 - \phi_2 > 0$$

위의 부등식을 정리하면 정상성 조건은 다음과 같다.

$$-1 < \phi_2 < 1, \ \phi_2 + \phi_1 < 1, \ \phi_2 - \phi_1 < 1$$

AR(p)모형의 ACF에 대하여 아래와 같은 결과가 있다.

정리 3.2 다항식 $\phi_p(z) = 0$의 p개 근 r_i, $i = 1, 2, \cdots, p$이 서로 다를 때, 식 (3.23)의 Yule–Walker 방정식의 해는 다음과 같다.

$$\rho(k) = A_1(1/r_1)^k + \dots + A_p(1/r_p)^k, \ k = 0, 1, 2, \cdots \qquad (3.26)$$

여기서 A_i, $i = 1, 2, \cdots, p$는 초깃값에 의해 결정되는 상수들이다.

AR(p)모형이 정상적 시계열일 때 각 근의 크기는 1보다 크므로, ACF는 k가 증가할 때 지수적으로 감소함을 알 수 있다. 근들이 복소수일 때는 ACF가 점진적으로 감소하는 사인 곡선들의 혼합체(mixture of damped sine waves)라 알려져 있다. 결국 시차에 따라 0으로 감소하는 형태를 띠고 있는 것이다.

예 3.3

AR(2)모형에 대한 ACF를 구하라.

풀이 [정리 3.2]를 사용하면 $k = 0$, $k = 1$일 때 각각 다음 식이 성립한다.

$$\rho(0) = A_1 + A_2$$
$$\rho(1) = A_1(1/r_1) + A_2(1/r_2)$$

그런데, $\rho(0)=1$, $\rho(1)=\dfrac{\phi_1}{1-\phi_2}$임을 알므로 이를 사용하면 위 식에서 상수 A_1, A_2를 구할 수 있다. 즉,

$$A_1 + A_2 = 1$$

$$A_1(1/r_1) + A_2(1/r_2) = \frac{\phi_1}{1-\phi_2} = \frac{1/r_1 + 1/r_2}{1+(1/r_1)(1/r_2)}$$

두 식을 풀면 다음을 얻는다.

$$A_1 = \frac{(1/r_1)(1-(1/r_2)^2)}{(1/r_1 - 1/r_2)(1+(1/r_1)(1/r_2))}$$

$$A_2 = 1 - A_1 = \frac{-(1/r_2)(1-(1/r_1)^2)}{(1/r_1 - 1/r_2)(1+(1/r_1)(1/r_2))}$$

따라서 AR(2)모형에 대하여 다음이 성립한다.

$$\rho(k) = \frac{(1/r_1)(1-(1/r_2)^2)(1/r_1)^k - (1/r_2)(1-(1/r_1)^2)(1/r_2)^k}{(1/r_1 - 1/r_2)(1+(1/r_1)(1/r_2))},$$

$$k = 0, 1, 2, \cdots \qquad (3.27)$$

AR(p)모형의 PACF는 [정리 2.2]와 [정리 2.3]에 의하여 다음과 같다.

$$P(1) = \rho(1) \qquad (3.28a)$$

$$P(2) = \frac{\rho(2) - \rho^2(1)}{1-\rho^2(1)} \qquad (3.28b)$$

$$P(p) = \phi_p \qquad (3.28c)$$

$$P(k) = 0, k \geq p+1 \qquad (3.28d)$$

즉, AR(p)모형의 PACF는 시차 p 이후 절단되는 현상을 볼 수 있다.

참고로 AR(p)모형은 다음과 같은 MA 표현방식으로 기술할 수 있다.

$$Z_t = (1 + \psi_1 B + \psi_2 B^2 + \psi_3 B^3 + \ldots)a_t \qquad (3.29)$$

여기서 계수들은 다음과 같다.

$$\psi_1 = \phi_1$$

$$\psi_2 = \phi_1\psi_1 + \phi_2 = \phi_1^2 + \phi_2$$

$$\psi_j = \phi_1\psi_{j-1} + \phi_2\psi_{j-2} + \cdots + \phi_p\psi_{j-p},\ \ j = 2, 3, \cdots$$

3.2 MA모형

3.2.1 MA(1)모형

MA(1)모형은 MA모형 중 가장 단순한 형태로서 다음과 같다.

$$Z_t = a_t - \theta_1 a_{t-1} \tag{3.30}$$

여기서 θ_1은 모형 상수로서 조건이 필요하다. 이 조건에 대해서는 추후 언급한다. 본 모형에서 Z_t의 분산은 다음과 같다.

$$Var[Z_t] = \gamma(0) = E[(a_t - \theta_1 a_{t-1})^2] = (1 + \theta_1^2)\sigma_a^2 \tag{3.31}$$

그리고 자기공분산함수는 다음과 같다.

$$\gamma(1) = E[Z_t Z_{t-1}] = E[(a_t - \theta_1 a_{t-1})(a_{t-1} - \theta_1 a_{t-2})] = -\theta_1\sigma_a^2 \tag{3.32a}$$

$$\gamma(k) = 0,\ \ k \ge 2 \tag{3.32b}$$

따라서 자기상관함수는 아래와 같다.

$$\rho(1) = \frac{-\theta_1}{1 + \theta_1^2} \tag{3.33a}$$

$$\rho(k) = 0,\ \ k \ge 2 \tag{3.33b}$$

즉, MA(1)모형의 ACF는 시차 1에서 절단되는 형태를 갖는다.

한편, PACF는 [정리 2.3]을 사용하면 다음과 같다.

$$P(1) = \rho(1) = \frac{-\theta_1}{1 + \theta_1^2} \tag{3.34a}$$

$$P(2) = \frac{\rho(2) - \rho^2(1)}{1 - \rho^2(1)} = \frac{-\theta_1^2}{1 + \theta_1^2 + \theta_1^4} = \frac{-\theta_1^2(1 - \theta_1^2)}{1 - \theta_1^6} \tag{3.34b}$$

$$P(k) = \frac{-\theta_1^k(1-\theta_1^2)}{1-\theta_1^{2(k+1)}}, \quad k=1,2,\cdots \tag{3.34c}$$

시차에 따른 PACF의 패턴을 알아보기 위해서는 θ_1에 대한 조건을 알 필요가 있다. 우선 MA(1)모형이 정상적 시계열이 되기 위해서는 식 (3.31)의 분산이 유한하여야 하므로 다음의 조건이 필요하다.

$$\theta_1^2 < \infty$$

실제 다른 조건이 더 필요한데 이를 알아보기 위해 식 (3.30)의 모형을 AR표현식으로 바꾸어보자. 즉, $(1-\theta_1 B)^{-1}$가 존재할 때 식 (3.30)은 아래와 같이 표현된다.

$$(1-\theta_1 B)^{-1} Z_t = a_t \tag{3.35a}$$

또는

$$(1+\theta_1 B+\theta_1^2 B^2 + \ldots)Z_t = a_t \tag{3.35b}$$

또는

$$Z_t = -\sum_{i=1}^{\infty} \theta_1^i Z_{t-i} + a_t \tag{3.35c}$$

이런 식으로 표현되려면 θ_1이 다음 조건을 만족하여야 하는데

$$-1 < \theta_1 < 1 \tag{3.36}$$

이 조건을 가역성(invertibility) 조건이라 한다. 만약 $|\theta_1| > 1$이라면 식 (3.35c)를 볼 때 과거로 갈수록 가중치가 크게 되어 시점 t에서의 값이 무한히 증가됨을 알 수 있다.

MA(1)모형은 $\theta_1^2 < \infty$이면 정상성을 만족하나 가역성 조건이 필요하다. 이 조건하에서 PACF의 패턴을 다시 보면 시차 k가 증가할 때 0으로 점차 감소함을 알 수 있다.

3.2.2 MA(2)모형

MA(2)모형은 다음과 같이 기술된다.

$$Z_t = a_t - \theta_1 a_{t-1} - \theta_2 a_{t-2} \tag{3.37a}$$

또는

$$Z_t = (1 - \theta_1 B - \theta_2 B^2) a_t \tag{3.37b}$$

본 모형에서 Z_t의 분산은 다음과 같다.

$$Var[Z_t] = \gamma(0) = E[(a_t - \theta_1 a_{t-1} - \theta_2 a_{t-2})^2] = (1 + \theta_1^2 + \theta_2^2)\sigma_a^2 \tag{3.38}$$

자기공분산함수는 다음과 같이 유도된다.

$$\begin{aligned}\gamma(1) &= E[(a_t - \theta_1 a_{t-1} - \theta_2 a_{t-2})(a_{t-1} - \theta_1 a_{t-2} - \theta_2 a_{t-3})] \\ &= (-\theta_1 + \theta_1\theta_2)\sigma_a^2\end{aligned} \tag{3.39a}$$

$$\gamma(2) = -\theta_2 \sigma_a^2 \tag{3.39b}$$

$$\gamma(k) = 0, \ k \geq 3 \tag{3.39c}$$

MA(2)모형은 $\theta_1^2 + \theta_2^2 < \infty$를 만족하면 하나의 정상적 시계열이 됨을 알 수 있다.

MA(2)모형 역시 가역성 조건이 필요한데, $\theta_2(z) = 1 - \theta_1 z - \theta_2 z^2 = 0$의 두 근의 크기가 모두 1보다 커야 한다. 이는 결국 AR(2)모형의 정상성 조건과 대응되므로 다음과 같음을 알 수 있다.

$$-1 < \theta_2 < 1, \ \theta_2 + \theta_1 < 1, \ \theta_2 - \theta_1 < 1 \tag{3.40}$$

MA(2)모형의 ACF는 아래와 같다.

$$\rho(1) = \frac{-\theta_1 + \theta_1\theta_2}{1 + \theta_1^2 + \theta_2^2} \tag{3.41a}$$

$$\rho(2) = \frac{-\theta_2}{1 + \theta_1^2 + \theta_2^2} \tag{3.41b}$$

$$\rho(k) = 0, \ k \geq 3 \tag{3.41c}$$

즉, MA(2)모형의 ACF는 시차 2에서 절단되는 모양이다.

PACF를 도출하기 위해 [정리 2.3]을 사용하면 다음과 같다.

$$P(1) = \rho(1) \tag{3.42a}$$

$$P(2) = \frac{\rho(2) - \rho^2(1)}{1 - \rho^2(1)} \tag{3.42b}$$

$$P(3) = \frac{\rho^3(1) - 2\rho(1)\rho(2) + \rho(1)\rho^2(2)}{1 - 2\rho^2(1) + 2\rho^2(1)\rho(2) - \rho^2(2)} \tag{3.42c}$$

$$\cdots$$

MA(2)모형의 PACF를 일반적 수식으로 표현하기 어려우나 시차에 따라 PACF가 0으로 감소하는 형태를 갖는다.

3.2.3 MA(q)모형

MA(1) 및 MA(2)모형을 포함하는 일반적인 MA(q)모형은 다음과 같이 기술된다.

$$Z_t = a_t - \theta_1 a_{t-1} - \theta_2 a_{t-2} - \cdots - \theta_q a_{t-q} \tag{3.43}$$

여기서 다항식을 다음과 같이 정의할 때

$$\theta_q(z) = 1 - \theta_1 z - \theta_2 z^2 - \cdots - \theta_q z^q \tag{3.44}$$

MA(q)모형은 아래와 같다.

$$Z_t = \theta_q(B) a_t \tag{3.45}$$

본 모형에서 Z_t의 분산은 다음과 같다.

$$Var[Z_t] = \gamma(0) = (1 + \theta_1^2 + \theta_2^2 + \cdots + \theta_q^2)\sigma_a^2 \tag{3.46}$$

MA(q)모형의 정상성 및 가역성 조건은 아래 정리에 기술한 바와 같다.

정리 3.3 MA(q)모형은 아래 조건하에서 항상 정상성을 만족하며

$$\sum_{i=1}^{q} \theta_i^2 < \infty$$

가역성 조건은 다음과 같다.

$$\theta_q(z) = 1 - \theta_1 z - \theta_2 z^2 - \ldots - \theta_q z^q = 0$$

의 q개 근 각각의 크기가 1보다 커야 한다.

참고로 AR모형의 경우 가역성 조건을 언급하지 않았는데 AR(p)모형의 경우 아래 조건을 만족하면 가역적이라 할 수 있다.

$$\sum_{i=1}^{p} |\phi_i| < \infty \tag{3.47}$$

즉, 정상성을 만족하는 AR(p)모형은 무조건 가역적이다.

자기공분산함수를 구하면 다음과 같다.

$$\begin{aligned}
\gamma(1) &= E[(a_t - \theta_1 a_{t-1} - \dots - \theta_q a_{t-q})((a_{t-1} - \theta_1 a_{t-2} - \dots - \theta_q a_{t-1-q})] \\
&= (-\theta_1 + \theta_2\theta_1 + \theta_3\theta_2 + \dots + \theta_q\theta_{q-1})\sigma_a^2 \\
\gamma(k) &= E[(a_t - \theta_1 a_{t-1} - \dots - \theta_q a_{t-q})((a_{t-k} - \theta_1 a_{t-k-1} - \dots - \theta_q a_{t-k-q})] \\
&= (-\theta_k + \theta_{k+1}\theta_1 + \theta_{k+2}\theta_2 + \dots + \theta_q\theta_{q-k})\sigma_a^2 \qquad (3.48) \\
&\qquad (k = 1, 2, \cdots, q) \\
\gamma(k) &= 0, \quad k \geq q+1
\end{aligned}$$

따라서, MA(q)모형의 ACF는 다음과 같다.

$$\rho(k) = \begin{cases} \dfrac{-\theta_k + \theta_{k+1}\theta_1 + \dots + \theta_q\theta_{q-k}}{1 + \theta_1^2 + \dots + \theta_q^2}, & k = 1, 2, \cdots, q \\ 0, & k \geq q+1 \end{cases} \tag{3.49}$$

즉, MA(q)모형의 ACF는 시차 q 직후 절단되는 패턴을 갖는다.

MA(q)모형의 PACF는 식 (3.42)와 동일한 방식으로 전개되며, 패턴 또한 유사하게 감소하는 지수함수 또는 사인함수의 혼합체 형태를 가지고, 결국 0으로 떨어지게 된다.

참고로 MA(q)모형은 다음과 같은 AR 표현방식으로 기술할 수 있다.

$$Z_t = (\pi_1 B + \pi_2 B^2 + \pi_3 B^3 + \dots)Z_t + a_t \tag{3.50}$$

여기서 계수들은 다음과 같다.

$$\begin{gathered}
\pi_1 = -\theta_1 \\
\pi_2 = \theta_1\pi_1 - \theta_2 = -\theta_1^2 - \theta_2 \\
\pi_j = \theta_1\pi_{j-1} + \theta_2\pi_{j-2} + \dots + \theta_q\pi_{j-q}, \quad j = 2, 3, \cdots
\end{gathered}$$

3.3 ARMA모형

AR모형과 MA모형을 결합시킨 모형을 ARMA(autoregressive moving average)모형이라고 한다. 다음과 같이 시차(p, q)가 관여된 모형을 ARMA(p, q)라고 부르며 다음과 같이 기술한다.

$$Z_t - \phi_1 Z_{t-1} - \phi_2 Z_{t-2} - \dots - \phi_p Z_{t-p} = a_t - \theta_1 a_{t-1} - \theta_2 a_{t-2} - \dots - \theta_q a_{t-q} \tag{3.51a}$$

또는

$$\phi_p(B) Z_t = \theta_q(B) a_t \tag{3.51b}$$

여기서 두 다항식은 각각 다음과 같다.

$$\phi_p(z) = 1 - \phi_1 z - \phi_2 z^2 - \dots - \phi_p z^p$$
$$\theta_q(z) = 1 - \theta_1 z - \theta_2 z^2 - \dots - \theta_q z^q$$

ARMA모형에 대한 정상성 및 가역성 조건은 다음 정리에서와 같다.

정리 3.4 ARMA(p, q)모형에 대한 정상성 및 가역성 조건은 다음과 같다.
정상성 조건: $\phi_p(z) = 0$의 각 근의 크기가 1보다 커야 한다.
가역성 조건: $\theta_q(z) = 0$의 각 근의 크기가 1보다 커야 한다.
단, $\phi_p(z) = 0$ 및 $\theta_q(z) = 0$에서 공통적인 근이 없어야 한다.

3.3.1 ARMA(1,1)모형

ARMA(1,1)모형은 다음과 같이 기술된다.

$$Z_t = \phi_1 Z_{t-1} + a_t - \theta_1 a_{t-1} \tag{3.52}$$

이 모형이 정상적이고 가역적이려면 다음 조건을 만족하여야 한다.

$$-1 < \phi_1 < 1,\ -1 < \theta_1 < 1,\ \phi_1 \neq \theta_1 \tag{3.53}$$

자기공분산함수를 구하기 위해 양변에 Z_{t-k}를 곱한 후 기댓값을 취하면 아래와 같다.

$$\gamma(k)=\phi_1\gamma(k-1)+E[a_tZ_{t-k}]-\theta_1E[a_{t-1}Z_{t-k}],\ \ k=0,1,\cdots$$

우선 $k=0$인 경우 위 식을 적용하면

$$\gamma(0)=\phi_1\gamma(1)+E[a_tZ_t]-\theta_1E[a_{t-1}Z_t]$$

이고

$$\begin{aligned}E[a_tZ_t]&=E[a_t(\phi_1Z_{t-1}+a_t-\theta_1a_{t-1})]=E[a_t^2]=\sigma_a^2\\E[a_{t-1}Z_t]&=E[a_{t-1}(\phi_1Z_{t-1}+a_t-\theta_1a_{t-1})]=\phi_1E[a_{t-1}Z_{t-1}]-\theta_1\sigma_a^2\\&=(\phi_1-\theta_1)\sigma_a^2\end{aligned}$$

이므로 아래 식이 성립한다.

$$\gamma(0)=\phi_1\gamma(1)+(1-\theta_1(\phi_1-\theta_1))\sigma_a^2 \tag{3.54}$$

$k=1$인 경우에는 다음과 같으므로

$$\gamma(1)=\phi_1\gamma(0)+E[a_tZ_{t-1}]-\theta_1E[a_{t-1}Z_{t-1}]=\phi_1\gamma(0)-\theta_1\sigma_a^2 \tag{3.55}$$

식 (3.53)와 식 (3.54)을 연립으로 풀면 다음을 얻는다.

$$\gamma(0)=\frac{1+\theta_1^2-2\phi_1\theta_1}{1-\phi_1^2}\sigma_a^2 \tag{3.56}$$

$$\gamma(1)=\frac{(\phi_1-\theta_1)(1-\phi_1\theta_1)}{1-\phi_1^2}\sigma_a^2 \tag{3.57}$$

그리고 $k\geq 2$에 대하여 다음이 성립한다.

$$\gamma(k)=\phi_1\gamma(k-1),\ \ k\geq 2 \tag{3.58}$$

따라서 ARMA(1,1)모형의 ACF는 다음과 같다.

$$\rho(1)=\frac{(\phi_1-\theta_1)(1-\phi_1\theta_1)}{1+\theta_1^2-2\phi_1\theta_1} \tag{3.59a}$$

$$\rho(k)=\phi_1\rho(k-1)=\phi_1^{k-1}\rho(1),\ \ k\geq 2 \tag{3.59b}$$

즉, ARMA(1,1)모형의 ACF는 지수적으로 감소하는 형태를 갖게 된다.

ARMA(1,1)모형의 시차 3까지의 PACF를 구하면 다음과 같다.

$$P(1) = \rho(1) \tag{3.60a}$$

$$P(2) = \frac{\rho(2) - \rho^2(1)}{1 - \rho^2(1)} = \frac{\rho(1)(\phi_1 - \rho(1))}{1 - \rho^2(1)} \tag{3.60b}$$

$$P(3) = \frac{\rho^3(1) - 2\rho(1)\rho(2) + \rho(1)\rho^2(2)}{1 - 2\rho^2(1) + 2\rho^2(1)\rho(2) - \rho^2(2)} = \frac{\rho^2(1)(\rho(1) - 2\phi_1 + \phi_1^2\rho(1))}{1 - (2 + \phi_1^2)\rho^2(1) + 2\phi_1\rho^3(1)}$$

3.3.2 ARMA(p,q)모형

자기공분산함수를 구하기 위해 식 (3.51a) 양변에 Z_{t-k}를 곱한 후 기댓값을 취하면 아래와 같다.

$$\gamma(k) = \phi_1\gamma(k-1) + \cdots + \phi_p\gamma(k-p) + E[a_t Z_{t-k}] - \theta_1 E[a_{t-1}Z_{t-k}] - \cdots - \theta_q E[a_{t-q}Z_{t-k}],\ k = 0,1,\cdots \tag{3.61}$$

여기서

$$E[a_{t-i}Z_{t-k}] = 0, i < k$$

따라서, $k \geq \max(p,q+1)$에 대해 다음이 성립한다.

$$\rho(k) = \phi_1\rho(k-1) + \ldots + \phi_p\rho(k-p),\ k \geq \max(p,q+1) \tag{3.62}$$

즉, 시차가 증가할 때 ARMA(p,q)모형의 ACF는 AR(p)모형과 유사하게 지수적으로 감소하는 패턴을 갖게 된다. ARMA(p,q)모형의 ACF는 다음과 같이 p와 q의 크기에 따라 약간 다른 모양을 갖는다.

1) $p \geq q+1$일 때, $\rho(k) = \phi_1\rho(k-1) + \ldots + \phi_p\rho(k-p)$, $k \geq p$ 이므로 초깃값을 고려하면 $k \geq 1$부터 ACF는 AR(p)모형과 유사하게 0으로 감소한다.
2) $p \leq q$일 때, $\rho(k) = \phi_1\rho(k-1) + \ldots + \phi_p\rho(k-p)$, $k \geq q+1$이므로 처음 $q-p$ 값은 별도의 값을 갖고 그 이후 AR(p)모형과 유사하게 0으로 감소한다.

한편, ARMA(p,q)모형의 PACF는 다음 식으로부터 산출할 수 있다.

$$P(1) = \phi_{11} = \rho(1)$$

$$P(2) = \phi_{22} = \frac{\rho(2) - \rho^2(1)}{1 - \rho^2(1)}$$

$$P(s) = \phi_{ss} = \frac{\rho(s) - \sum_{j=1}^{s-1} \phi_{s-1,j}\rho(s-j)}{1 - \sum_{j=1}^{s-1} \phi_{s-1,j}\rho(j)}, \quad s = 2,3,\cdots$$

여기서

$$\phi_{s,j} = \phi_{s-1,j} - \phi_{ss}\phi_{s-1,s-j}, \quad (j = 1,2,\cdots,s-1)$$

PACF의 패턴은 다음의 성질을 갖는다.

1) $p \geq q+1$일 때, 처음 $p-q$개는 별도의 값을 갖고 이후 MA(q)모형과 유사하게 0으로 감소한다.
2) $p \leq q$일 때, 처음부터 MA(q)모형과 유사하게 0으로 감소한다.

예 3.4

ARMA(1,3)모형의 ACF를 구하여 보자.

풀이 식 (3.62)에 의하여 다음이 성립한다.

$$\rho(k) = \phi_1\rho(k-1), \quad k \geq 4$$

식 (3.61)을 $k = 0,\ 1,\ 2,\ 3$에 대하여 기술하면 다음과 같다.

$$\begin{aligned}
\gamma(0) &= \phi_1\gamma(1) + E[a_tZ_t] - \theta_1E[a_{t-1}Z_t] - \theta_2E[a_{t-2}Z_t] - \theta_3E[a_{t-3}Z_t] \\
\gamma(1) &= \phi_1\gamma(0) + E[a_tZ_{t-1}] - \theta_1E[a_{t-1}Z_{t-1}] - \theta_2E[a_{t-2}Z_{t-1}] \\
&\quad - \theta_3E[a_{t-3}Z_{t-1}] \\
\gamma(2) &= \phi_1\gamma(1) + E[a_tZ_{t-2}] - \theta_1E[a_{t-1}Z_{t-2}] - \theta_2E[a_{t-2}Z_{t-2}] \\
&\quad - \theta_3E[a_{t-3}Z_{t-2}] \\
\gamma(3) &= \phi_1\gamma(2) + E[a_tZ_{t-3}] - \theta_1E[a_{t-1}Z_{t-3}] - \theta_2E[a_{t-2}Z_{t-3}] \\
&\quad - \theta_3E[a_{t-3}Z_{t-3}]
\end{aligned}$$

여기서

$$E[a_{t-i}Z_{t-i}] = \sigma_a^2,\ \ i = 0, 1, \cdots$$

$$E[a_{t-1-i}Z_{t-i}] = \phi_1 E[a_{t-1-i}Z_{t-1-i}] - \theta_1\sigma_a^2 = (\phi_1 - \theta_1)\sigma_a^2,\ \ i = 0, 1, \cdots$$

$$E[a_{t-2-i}Z_{t-i}] = \phi_1 E[a_{t-2-i}Z_{t-1-i}] - \theta_2\sigma_a^2 = (\phi_1^2 - \phi_1\theta_1 - \theta_2)\sigma_a^2,$$
$$i = 0, 1, \cdots$$

$$E[a_{t-3-i}Z_{t-i}] = \phi_1 E[a_{t-3-i}Z_{t-1-i}] - \theta_3\sigma_a^2 = (\phi_1^3 - \phi_1^2\theta_1 - \phi_1\theta_2 - \theta_3)\sigma_a^2,$$
$$i = 0, 1, \cdots$$

따라서

$$\gamma(0) = \frac{1}{1-\phi_1^2}[\,1 + \theta_1^2 + \theta_2^2 + \theta_3^2$$
$$- 2\phi_1(\theta_1 - \theta_1\theta_2 - \theta_2\theta_3 + \phi_1\theta_2 - \phi_1\theta_1\theta_3 + \phi_1^2\theta_3)]\sigma_a^2$$

$$\gamma(1) = \frac{1}{1-\phi_1^2}[\,\phi_1(1 + \theta_1^2 + \theta_2^2 + \theta_3^2)$$
$$- (1 + \phi_1^2)(\theta_1 - \theta_1\theta_2 - \theta_2\theta_3 + \phi_1\theta_2 - \phi_1\theta_1\theta_3 + \phi_1^2\theta_3))]\sigma_a^2$$

$$\gamma(2) = \phi_1\gamma(1) - \theta_2\sigma_a^2 - \theta_3(\phi_1 - \theta_1)\sigma_a^2$$

$$\gamma(3) = \phi_1\gamma(2) - \theta_3\sigma_a^2$$

그러므로 ACF는 다음과 같이 산출된다.

$$\rho(1) = \frac{\gamma(1)}{\gamma(0)}$$

$$\rho(2) = \phi_1\rho(1) - \frac{(\theta_2 + \theta_3(\phi_1 - \theta_1))\sigma_a^2}{\gamma(0)}$$

$$\rho(3) = \phi_1\rho(2) - \frac{\theta_3\sigma_a^2}{\gamma(0)}$$

$$\rho(k) = \phi_1\rho(k-1),\ \ k \geq 4$$

연습문제

3.1 AR(2)모형의 분산이 다음과 같음을 보여라.

$$\gamma(0) = \frac{\sigma_a^2}{1 - \rho(1)\phi_1 - \rho(2)\phi_2}$$

3.2 다음과 같은 모형을 고려하자.

$$Z_t = \frac{1}{m+1}(a_t + a_{t-1} + \dots + a_{t-m})$$

(a) 위의 시계열은 정상성을 만족하는가?

(b) 이 시계열의 ACF가 다음과 같음을 보여라.

$$\rho(k) = \begin{cases} \dfrac{m+1-k}{m+1}, & k = 0, 1, \cdots, m \\ 0, & k > m \end{cases}$$

3.3 다음 시계열을 고려하자.

$$Z_t = (1/3)Z_{t-1} + (2/9)Z_{t-2} + a_t$$

(a) 위의 시계열이 정상성과 가역성을 만족하는지 설명하라.

(b) ACF가 아래와 같음을 보여라.

$$\rho(k) = \frac{16}{21}\left(\frac{2}{3}\right)^k + \frac{5}{21}\left(-\frac{1}{3}\right)^k, \ k = 1, 2, \cdots$$

3.4 제품1의 수요를 X_t, 제품2의 수요를 Y_t라 할 때 이들은 각각 다음의 모형을 따른다.

$$X_t = 0.8X_{t-1} + a_t$$
$$Y_t = b_t$$

여기서 a_t와 b_t는 서로 독립인 백색잡음이며 X_t와 Y_t의 기댓값과 분산은 다음과 같다.

$$E[X_t] = Var[X_t] = 10$$
$$E[Y_t] = 5, \ Var[Y_t] = 30$$

두 제품의 수요를 $Z_t = X_t + Y_t$로 나타낼 때 다음을 구하라.

(a) 시계열 $\{Z_t, t \geq 1\}$의 모형을 기술하라.

(b) 시계열 $\{Z_t, t \geq 1\}$의 ACF를 구하라.

3.5 두 시계열 $\{X_t, t = 1,2,\cdots\}$과 $\{Y_t, t = 1,2,\cdots\}$이 다음과 같다.

$$X_t = \phi X_{t-1} + a_t$$
$$Y_t = a_t - \theta_1 a_{t-1} - \theta_3 a_{t-3}$$

여기서 a_t는 평균 0, 분산 σ_a^2를 갖는 백색잡음이며 두 시계열에 동일하게 작용한다.

(a) $Cov[X_t, Y_t]$를 구하라.

(b) $Z_t = X_t + Y_t$라 할 때 $\{Z_t, t=1,2,\cdots\}$이 ARMA(1,4)모형이 됨을 보여라.

(c) $Var[Z_t]$를 구하라.

3.6 두 시계열 $\{X_t, t=1,2,\cdots\}$과 $\{Y_t, t=1,2,\cdots\}$이 다음과 같다.

$$X_t = a_t - \theta a_{t-1}$$
$$Y_t = \phi Y_{t-1} + a_t$$

여기서 a_t는 평균 0, 분산 σ_a^2를 갖는 백색잡음이며 두 시계열에 동일하게 작용한다. $Z_t = X_t + Y_t$라 할 때 아래 물음에 답하라.

(a) $\{Z_t, t=1,2,\cdots\}$는 어떤 모형을 따르는가?

(b) $\{Z_t, t=1,2,\cdots\}$의 가역성 조건을 구하라.

3.7 다음과 같은 AR(2)모형이 있다.

$$Z_t = Z_{t-1} + bZ_{t-2} + a_t$$

정상적 시계열이 될 b에 대한 조건을 구하라.

3.8 시계열 $\{X_t, t=1,2,\cdots\}$가 다음과 같이 세 가지 시계열로 분해된다고 한다.

$$X_t = T_t + S_t + R_t$$

여기서 세 가지 시계열은 각각 다음과 같이 모형화된다고 한다.

$$(1-B)T_t = a_{1t}$$
$$(1+B+B^2)S_t = a_{2t}$$
$$(1-0.7B)R_t = a_{3t}$$

위에서 $a_{it}\,(i=1,2,3)$는 평균 0, 분산 σ_i^2을 갖는 백색잡음을 나타낸다. $\{X_t, t=1,2,\cdots\}$은 어떤 시계열 모형을 따르는가 ?

3.9 어떤 시계열을 분석한 결과 AR(2)모형을 따름을 알았다. 또한, $\rho(5)=0.2$, $\rho(6)=0.4$, $\rho(7)=0$, $\rho(8)=-0.1$로 알려졌다.

(a) AR(2)모형의 계수 ϕ_1과 ϕ_2를 구하라.

(b) 시차 1에서 4까지의 자기상관계수를 구하라.

3.10 어떤 시계열을 분석한 결과 ACF가 시차에 따라 지수적으로 감소함을 관찰하였으며, PACF가 시차 1에서 0.5, 시차 2에서 0.6, 그 후에는 모두 0으로 보임을 알았다.

(a) 이 시계열은 어떤 모형을 따른다고 하겠는가 ?

(b) 시차 3과 4에서의 자기상관계수를 구하라.

3.11 어떤 상품의 연도 t에서의 가격을 P_t라 하자. 이 가격의 전년대비 가격의 자연로그값, 즉 $\ln(P_t/P_{t-1})$이 AR(1)모형을 따른다고 한다. 그리고 이 모형에 관련된 백색잡음은 평균 0, 분산 σ^2의 정규분포를 따른다.

(a) $\ln(P_t)$는 어떤 모형을 따르는가.

(b) $\ln(P_t)$의 모형이 정상적일 관련 계수의 조건을 구하라. 또한 가역적일 조건을 구하라.

3.12 다음과 같은 모형을 고려하자.

$$Z_t = 0.6Z_{t-1} + a_t - 0.3a_{t-1} - 0.18a_{t-2}$$

여기서 a_t는 평균 0, 분산 σ_a^2의 정규분포를 따르는 백색잡음이다.

(a) 시차 1, 2, 3에서의 자기상관계수를 구하라.

(b) 위에서 계산한 자기상관계수를 바탕으로 볼 때, 상기 모형은 어떤 형태인가?

3.13 다음과 같은 모형을 고려하자.

$$(1-\phi B^4)Z_t = a_t$$

여기서 a_t는 평균 0, 분산 σ_a^2의 정규분포를 따르는 백색잡음이다. PACF를 유도하라.

3.14 다음의 모형을 고려하자.

$$Z_t - 0.5Z_{t-1} = a_t - 0.3a_{t-1}$$

여기서 a_t는 평균 0, 분산 σ_a^2의 정규분포를 따르는 백색잡음이다.

(a) 위의 시계열은 정상적인가? 간략히 설명하라.

(b) 위의 시계열은 가역적인가? 간략히 설명하라.

(c) 시차 1, 2, 3에서의 자기상관계수를 구하라.

(d) 시차 1, 2, 3에서의 편자기상관계수를 구하라.

3.15 다음의 ARMA(3, 1)모형을 고려하자(Z_{t-2}항이 없음에 유의).

$$Z_t - \phi_1 Z_{t-1} - \phi_3 Z_{t-3} = a_t - \theta_1 a_{t-1}$$

(a) 시계열의 분산이 다음과 같음을 보여라.

$$\gamma(0) = \frac{1 - \phi_3^2 + \theta_1^2 - \phi_1\phi_3 - 2\phi_1\theta_1 - \phi_1\phi_3\theta_1^2 - \phi_3^2\theta_1^2}{1 - \phi_1^2 - 2\phi_3^2 + \phi_3^4 - \phi_1\phi_3 + \phi_1\phi_3^3 - \phi_1^2\phi_3^2 - \phi_1^3\phi_3}\sigma_a^2$$

(b) ACF가 다음과 같음을 보여라.

$$\rho(1) = \gamma(1)/\gamma(0),\ \ \gamma(1) = \frac{\gamma(0)\phi_1 - \theta_1\sigma_a^2}{1 - \phi_1\phi_3 - \phi_3^2}$$

$$\rho(2) = (\phi_1 + \phi_3)\rho(1)$$

$$\rho(k) = \phi_1\rho(k-1) + \phi_3\rho(k-3),\ k \geq 3$$

참고문헌

Box, G.E.P., G.M. Jenkins, and G.C. Reinsel(1994), Time Series Analysis: Forecasting and Control, 3rd edition, Prentice Hall, New Jersey.

4장

ARMA모형의 식별 및 추정

3장에서는 정상적 ARMA모형의 성질, 특히 ACF 및 PACF에 대하여 알아보았다. 이 장에서는 이를 활용하여 실제 시계열이 어떤 ARMA모형에 가장 근접한지를 식별(identification)하는 방법을 알아보고자 한다. 추세 또는 계절성이 포함된 비정상적 모형은 6장에서 다루는데, 본 장에서는 어떤 변환을 통하여 실제 시계열이 정상적이 되었다고 가정한다.

4.1 모형의 식별 과정

일반적으로 시계열 모형의 식별을 위해 다음과 같은 단계를 거친다.

단계 1. 시계열 데이터를 그래프로 나타내어 시각적으로 관찰하고 정상성 여부를 검토한다. 비정상적인 경우에는 추세제거, 계절성제거, 분산안정화 등을 통하여 정상적 시계열로 변환한다.

단계 2. 시계열 데이터에 대한 표본 ACF 및 표본 PACF를 산출하고 정상성 여부를 확인한다. 비정상적인 경우 단계 1을 반복한다.

단계 3. 표본 ACF 및 표본 PACF를 다양한 ARMA모형들의 이론적 ACF 및 PACF와 비교하여 ARMA모형의 차수인 p와 q를 구한다.

단계 4. 단계 3에서 얻은 모형에 대한 계수들을 추정하고 잔차(residual)를 구한다.

단계 5. 잔차가 백색잡음을 따르는지 검정한다. 잔차가 백색잡음을 따르면 단계 3의 모형이 제대로 식별되었으며, 아니면 다른 차수 p와 q를 구한 후 과정을 반복한다.

단계 1에서 언급한 비정상적 시계열은 6장에서 다루는데 추세제거를 위해서는 주로 인근 시계열값의 차분(difference)을 사용하며, 계절성제거 및 분산안정화에 대해서도 6장에서 언급한다. 3장에서 보았듯이 정상적 ARMA모형의 이론적 ACF 및 PACF는 시차에 따라 급격히 0으로 감소한다. 만약 단계 2에서 구한 표본 ACF 및 표본 PACF가 아주 천천히 감소한다면 시계열이 아직 비정상적임을 시사하므로 추가적인 차분 등이 필요할 수 있다. ARMA모형의 이론적 ACF와 PACF의 패턴을 비교하여 [표 4.1]에 나타내었다. 단계 4의 모형 추정은 4.2절에서 다루며, 단계 5의 잔차 검정은 4.3절에서 다루고자 한다.

한편 실제 시계열 데이터에 대한 표본 ACF와 표본 PACF를 산출하는 방법에 대하여 알아보자. 표본 ACF를 구하기 위해서 표본분산과 표본공분산을 산출하여야 한다. 시계열 데이터 $\{Z_1,\cdots,Z_n\}$이 주어질 때, 표본분산은 다음으로 구한다.

표 4.1 ARMA모형의 이론적 ACF와 PACF의 패턴

모형	ACF	PACF
AR(p)	지수적으로 감소하거나 진폭이 감소하는 사인파 형태	시차 p 이후에 절단되는 형태
MA(q)	시차 q 이후에 절단되는 형태	지수적으로 감소하거나 진폭이 감소하는 사인파 형태
ARMA(p,q)	$p>q$인 경우: 처음부터 지수적으로 감소하거나 진폭이 감소하는 사인파 형태 (AR항이 MA항보다 많으므로 전체적으로 AR모형의 ACF형태를 갖는다) $p<q$인 경우: 처음 $q-p+1$개의 별도값을 갖고 그 이후 감소하는 형태(MA항이 AR항보다 많으므로 전체적으로 MA모형의 ACF형태를 갖는다)	$p>q$인 경우: 처음 $p-q+1$개의 별도값을 갖고 그 이후 감소하는 형태(AR항이 MA항보다 많으므로 전체적으로 AR모형의 PACF형태를 갖는다) $p<q$인 경우: 처음부터 지수적으로 감소하거나 진폭이 감소하는 사인파 형태(MA항이 AR항보다 많으므로 전체적으로 MA모형의 PACF형태를 갖는다)

$$\hat{\gamma}(0)=\frac{1}{n}\sum_{t=1}^{n}(Z_t-\overline{Z})^2 \tag{4.1}$$

여기서 $\overline{Z}$는 표본평균이며, 보다 명확히는 자유도$(n-1)$로 나누어야 하나 관측수가 클 경우 차이가 적으므로 편의상 n을 사용한다. 그리고 시차 k의 자기공분산을 다음과 같이 산출한다.

$$\hat{\gamma}(k)=\frac{1}{n}\sum_{t=1}^{n-k}(Z_t-\overline{Z})(Z_{t+k}-\overline{Z}) \tag{4.2}$$

여기서도 편의상 n을 사용한다. 이에 따라 표본 ACF는 다음으로 추정한다.

$$\hat{\rho}(k)=\frac{\hat{\gamma}(k)}{\hat{\gamma}(0)}=\frac{\sum_{t=1}^{n-k}(Z_t-\overline{Z})(Z_{t+k}-\overline{Z})}{\sum_{t=1}^{n}(Z_t-\overline{Z})^2},\quad k=1,2,\cdots \tag{4.3}$$

표본 ACF와 함께 유의 한계를 나타낼 수 있는데 이를 위해 표본 ACF에 대한 바틀렛 근사식(Bartlett, 1946)을 사용한다. 즉, $\rho(k)=0$, $k>m$을 가정할 때

$$Var[\hat{\rho}(k)]\simeq\frac{1}{n}[1+2\rho^2(1)+2\rho^2(2)+\ldots+2\rho^2(m)] \tag{4.4}$$

따라서 표본 ACF의 표준오차를 다음으로 구할 수 있다.

$$se(\hat{\rho}(k)) = \sqrt{\frac{1}{n}[1+2\hat{\rho}^2(1)+\ldots+2\hat{\rho}^2(m)]} \tag{4.5}$$

다음으로 표본 PACF 산출에 대하여 알아보자. 2장에서 정상적 시계열의 PACF는 ACF값으로 표현됨을 보았다. 따라서 위와 같이 ACF를 표본 ACF로 추정하면 표본 PACF를 구할 수 있다. 그러나 차수가 높은 경우 행렬식 계산이 복잡하므로 Durbin (1960)이 제안하는 다음의 반복적 기법을 사용하고 있다.

$$\hat{P}(1) = \hat{\phi}_{11} = \hat{\rho}(1) \tag{4.6a}$$

$$\hat{P}(k) = \hat{\phi}_{kk} = \frac{\hat{\rho}(k) - \sum_{j=1}^{k-1} \hat{\phi}_{k-1,j}\hat{\rho}(k-j)}{1 - \sum_{j=1}^{k-1} \hat{\phi}_{k-1,j}\hat{\rho}(j)}, \quad k = 2,3,\cdots \tag{4.6b}$$

여기서 $\hat{\phi}_{k,j}\,(j=1,\ldots,k-1)$값은 다음으로 구한다.

$$\hat{\phi}_{k,j} = \hat{\phi}_{k-1,j} - \hat{\phi}_{k,k}\hat{\phi}_{k-1,k-j}, \quad j = 1,\cdots,k-1$$

예 4.1

다음과 같이 15개의 시계열 데이터가 있다. 이에 대한 표본 ACF와 표본 PACF를 구하라.

−1.01, −0.81, −0.33, −0.40, −0.95, −1.33, 0.72, 0.63, 1.30, 1.08
−0.33, 0.31, 0.10, −0.41, −0.22

풀이 우선 표본평균과 표본분산은 다음과 같이 산출된다.

$$\overline{Z} = -0.11, \quad \hat{\gamma}(0) = \frac{8.6382}{15} = 0.5759$$

그리고 식 (4.3)을 이용하여 ACF를 추정하면 아래와 같다.

$$\hat{\rho}(1) = \frac{4.1431}{8.6382} = 0.4796$$

$$\hat{\rho}(2) = \frac{1.3848}{8.6382} = 0.1603$$

$$\hat{\rho}(3)=\frac{0.2217}{8.6382}=0.0257$$

한편, 식 (4.6)을 이용하면 PACF는 다음으로 추정된다.

$$\hat{P}(1)=0.4796$$
$$\hat{P}(2)=-0.0906$$
$$\hat{P}(3)=-0.0193$$

예 4.2

시계열 J09는 1872년부터 1970년까지의 나일강 연간 평균 유량 데이터로서 시계열도는 [그림 4.1]과 같이 정상적 시계열로 간주된다(엄밀히 말하면 시점 28부터 평균 수준이 감소한 것으로 관측된다). 이 데이터에 대한 표본 ACF와 표본 PACF를 그려보라.

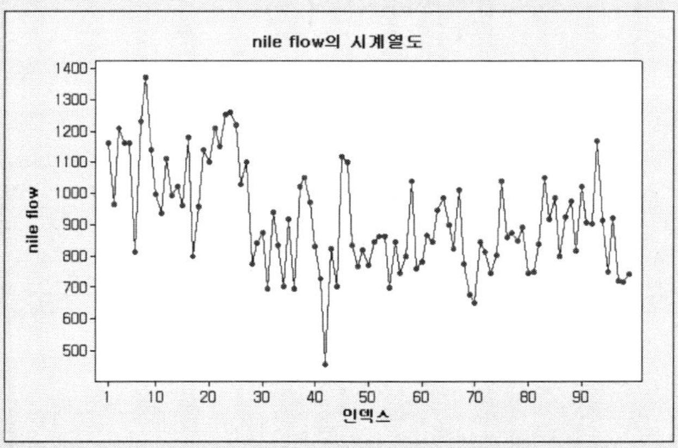

그림 4.1 나일강 유량에 대한 시계열도

풀이 미니탭을 사용하여 ACF와 PACF를 산출하면 [그림 4.2]와 같다.

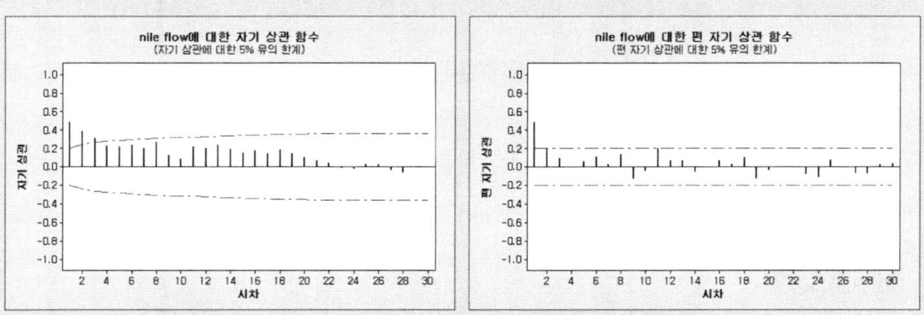

그림 4.2 나일강 유량에 대한 ACF(왼쪽)과 PACF(오른쪽)

ACF의 패턴은 지수적을 감소하는 형태이며, PACF는 시차 1 또는 2 이후에 절단되는 양상을 보이고 있다. 따라서 본 시계열은 AR(1) 또는 AR(2) 모형을 따른다고 할 수 있다.

예 4.3

아래 그림은 특정 ARMA모형으로부터 랜덤하게 생성한 데이터를 나타낸 것이다.

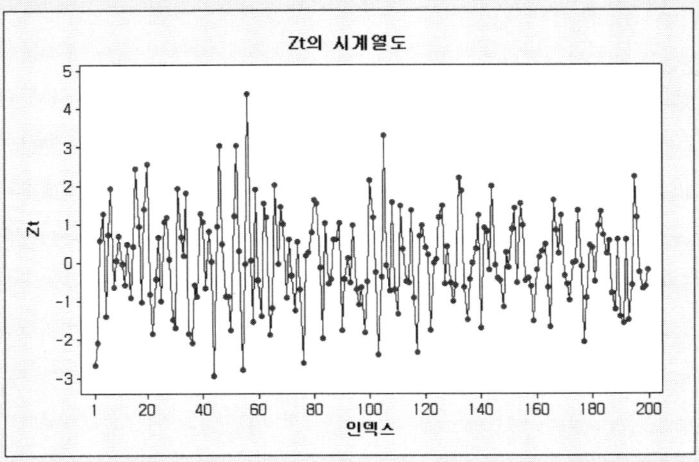

[그림 4.3]는 이에 대한 ACF와 PACF를 보인 것이다. 모형을 식별하라.

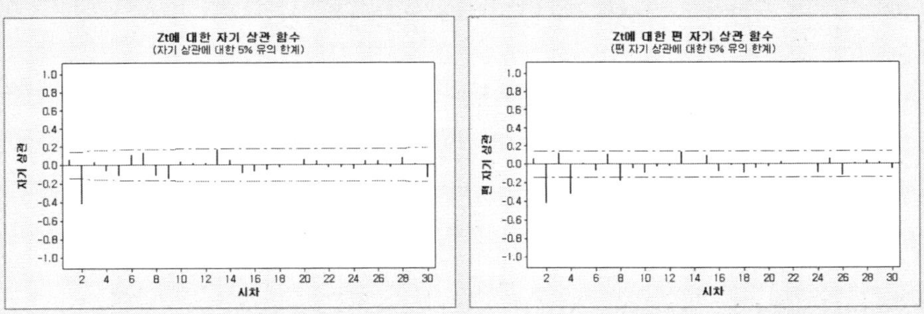

(a) ACF (b) PACF

그림 4.3 가공데이터의 ACF 및 PACF

풀이 여기서는 ACF가 시차 2 이후 절단되는 모습을 볼 수 있고 PACF는 지수적으로 감소하는 형태를 띠고 있으므로 MA(2)모형으로 간주된다.

예 4.4

다음 그림은 특정 ARMA모형으로부터 랜덤하게 생성한 데이터를 나타낸 것이다.

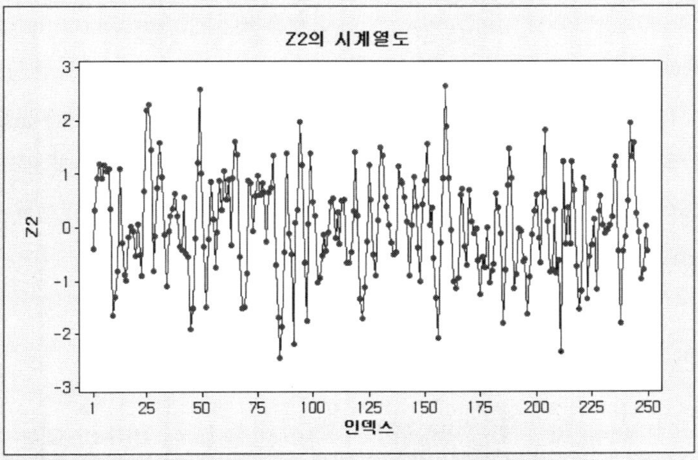

[그림 4.4]는 이에 대한 ACF와 PACF를 보인 것이다. 모형을 식별하라.

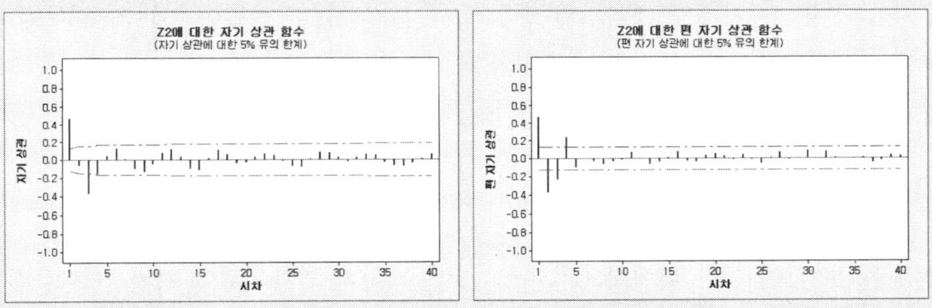

그림 4.4 ACF(왼쪽), PACF(오른쪽)

풀이 위의 ACF와 PACF의 형태를 볼 때, ACF는 AR모형과 유사하게 전체적으로 지수적으로 감소하는 것으로 보이며 PACF는 절단되는 형태를 보인다. 즉, AR모형 또는 ARMA모형이라 할 수 있다. AR모형이라 하면 AR(4)가 적절하고, ARMA모형이라면 $p > q$인 ARMA모형으로 볼 수 있는데 적절한 p, q값을 선정하기 쉽지 않은 것을 알 수 있다. 실제 위의 데이터는 시계열 J15로서 평균이 0, 오차분산이 0.5인 ARMA(3,1)에서 250개의 데이터를 생성한 것이다.

4.2 모형의 추정

시계열 모형의 추정을 위해서 적률법(method of moments), 보통선형최소제곱법

(ordinary least squares method), 비선형최소제곱법(nonlinear least squares method), 최대우도법(maximum likelihood method) 등을 사용할 수 있는데, 최대우도법이 널리 사용되므로 이 절에서도 이를 설명하고자 한다. 최대우도법은 우도함수를 구하여 이를 최대로 하는 미지의 모수들을 추정하는 것이다. 복잡한 모형에 대해서는 정확한 우도함수를 구하기 어려우므로 조건 우도함수 또는 무조건 우도함수를 구하는 방법을 사용한다.

4.2.1 정확한 우도함수

변수가 하나이고 이에 대한 확률밀도함수가 주어진 경우 이 변수의 표본 관측값 n개는 서로 독립이기 때문에 n개 관측값에 대한 결합확률밀도함수는 곱의 형태로 표현된다. 결합확률밀도함수를 미지 모수의 함수로 간주하는 것을 우도함수(likelihood function)라 한다. 시계열 데이터의 경우 인근 시점값들이 독립이 아니기 때문에 정확한 우도함수의 표현이 어려울 수 있다.

예로서 시계열이 아래의 AR(1)모형을 따르는 경우 정확한 우도함수를 유도해 보자.

$$Z_t = \phi Z_{t-1} + a_t, \qquad a_t \sim Nor(0, \sigma_a^2)$$

만약 처음 두 값에 대한 데이터 $(Z_1 = z_1,\ Z_2 = z_2)$가 관측되었다 하자. 이때, 결합확률밀도함수는 다음과 같다.

$$f_{Z_1, Z_2}(z_1, z_2; \phi, \sigma_a^2) = f_{Z_1}(z_1; \phi, \sigma_a^2) f_{Z_2|Z_1}(z_2|z_1; \phi, \sigma_a^2)$$

여기서 등식 오른쪽 두 번째 항은 조건부확률밀도함수로서 $Z_2|Z_1 = z_1$의 분포가 다음과 같으므로

$$Z_2|Z_1 = z_1 \sim Nor(\phi z_1, \sigma_a^2)$$

아래와 같이 산출된다.

$$f_{Z_2|Z_1}(z_2|z_1; \phi, \sigma_a^2) = \frac{1}{\sqrt{2\pi}\,\sigma_a} \exp\left[-\frac{(z_2 - \phi z_1)^2}{2\sigma_a^2} \right]$$

처음 n개의 시계열 데이터 $(z_1, z_2, \cdots, z_n)$이 관측되는 경우 AR(1)모형의 우도함수는 다음과 같다.

$$f_{Z_1,\cdots,Z_n}(z_1,,,z_n;\phi,\sigma_a^2)=f_{Z_1}(z_1;\phi,\sigma_a^2)\prod_{t=2}^{n}f_{Z_t|Z_{t-1}}(z_t|z_{t-1};\phi,\sigma_a^2) \tag{4.7}$$

여기서

$$f_{Z_t|Z_{t-1}}(z_t|z_{t-1};\phi,\sigma_a^2)=\frac{1}{\sqrt{2\pi}\,\sigma_a}\exp\left[-\frac{(z_t-\phi z_{t-1})^2}{2\sigma_a^2}\right],\ t=2,\cdots,n \tag{4.8}$$

그리고 Z_1의 분포는 별도로 필요한데 통상 수렴된 후의 분포, 즉 다음과 같은 분포를 사용한다.

$$Z_1 \sim Nor(0,\sigma_a^2/(1-\phi^2))$$

통상적으로 우도함수는 로그변환을 취하는 로그우도함수를 고려하여 최적화하는데 AR(1)모형의 로그우도함수는 다음과 같다.

$$\begin{aligned}\log L(\phi,\sigma_a^2;z_1,\cdots z_n)&=\log f_{Z_1}(z_1;\phi,\sigma_a^2)+\sum_{t=2}^{n}\log f_{Z_t|Z_{t-1}}(z_t|z_{t-1};\phi,\sigma_a^2)\\ &=-\frac{n}{2}\log(2\pi)+\frac{1}{2}\log(1-\phi^2)-\frac{n}{2}\log\sigma_a^2-\frac{S(\phi)}{2\sigma_a^2}\end{aligned}$$

위에서 $S(\phi)$는 다음과 같다.

$$S(\phi)=z_1^2(1-\phi^2)+\sum_{t=2}^{n}(z_t-\phi z_{t-1})^2 \tag{4.9}$$

그러나 일반적인 ARMA모형에 대하여 정확한 우도함수를 구하기는 어렵고 Z_t와 a_t에 대한 초깃값을 가정해야 한다.

4.2.2 조건있는 우도함수(conditional likelihood function)

AR(1)모형의 예에서 보듯이 시계열 데이터 Z_t들은 서로 독립이 아니기 때문에 이를 바탕으로 결합확률밀도함수를 유도하고 우도함수를 산출하기는 어렵다. 대신 오차항인 a_t들은 서로 독립이므로 이들을 바탕으로 우도함수를 구성하고자 한다. 즉, 오차항 $a_t(t=1,2,\cdots,n)$들이 관측된다고 하면 결합확률밀도함수는 아래와 같이 기술된다.

$$f_{a_1,\cdots,a_n}(a_1,\cdots,a_n;\boldsymbol{\theta}) = (2\pi\sigma_a^2)^{-n/2}\exp\left(-\frac{1}{2\sigma_a^2}\sum_{t=1}^{n}a_t^2\right) \tag{4.10}$$

여기서 $\boldsymbol{\theta}$는 모형과 관련되어 추정할 모수벡터를 의미한다.

ARMA(p,q)모형의 경우 다음 식이 성립하므로

$$a_t = \theta_1 a_{t-1} + \ldots + \theta_q a_{t-q} + Z_t - \phi_1 Z_{t-1} - \ldots - \phi_p Z_{t-p} \tag{4.11}$$

오차항 $a_t(t=1,2,\cdots,n)$들을 산출하려면 다음과 같은 초깃값이 필요하다.

$$\boldsymbol{a_*} = (a_{1-q},\cdots,a_{-1},a_0)$$
$$\boldsymbol{z_*} = (z_{1-p},\cdots,z_{-1},z_0)$$

이때 첫 시계열 z_1이 관측되면 오차항 a_1은 다음과 같이 산출된다.

$$a_1 = \theta_1 a_0 + \ldots + \theta_q a_{1-q} + z_1 - \phi_1 z_0 - \ldots - \phi_p z_{1-p}$$

또한 z_2가 관측되면 오차항 a_2은 다음과 같다.

$$a_2 = \theta_1 a_1 + \ldots + \theta_q a_{2-q} + z_2 - \phi_1 z_1 - \ldots - \phi_p z_{2-p}$$

이와 같이 모수값이 정해지면 오차항들을 구할 수 있다. 따라서 위의 초기조건 하에서의 로그우도함수는 다음과 같다.

$$\log L_*(\phi,\sigma_a^2;z_1,\cdots,z_n) = -\frac{n}{2}\log(2\pi) - \frac{n}{2}\log\sigma_a^2 - \frac{S_*(\boldsymbol{\theta})}{2\sigma_a^2} \tag{4.12}$$

여기서 $S_*(\boldsymbol{\theta})$는 아래와 같은데

$$S_*(\boldsymbol{\theta}) = \sum_{t=1}^{n} a_t^2(\boldsymbol{\theta}|\boldsymbol{z_*},\boldsymbol{a_*},z_1,\cdots,z_n) \tag{4.13}$$

데이터와 관계된 항은 이것뿐이므로 로그우도함수를 최대로 하는 것은 위의 $S_*(\boldsymbol{\theta})$를 최소화시키는 것과 같다.

초깃값에 대한 가정으로 여러 가지 방안을 고려할 수 있다. 한 방안은 과거 오차항을 모두 0으로, 과거 시계열 값을 모두 표본평균으로 대체하는 방법이다. 즉,

$$a_{1-q} = \ldots = a_0 = 0$$

$$z_{1-p} = \ldots = z_0 = \bar{z}$$

이보다 더 단순한 방안은 $a_t = 0$, $t = p, p-1, \cdots$ 으로 가정한 후 $t \geq p+1$에 대하여 오차항을 구하는 방법이다. 즉,

$$S_*(\boldsymbol{\theta}) = \sum_{t=p+1}^{n} a_t^2(\boldsymbol{\theta}|z_1, \cdots, z_n) \tag{4.14}$$

$S_*(\boldsymbol{\theta})$를 최소로 하는 모형 파라미터를 추정한 후 오차항 분산은 별도로 다음과 같이 추정한다.

$$\widehat{\sigma_a^2} = \frac{S_*(\hat{\boldsymbol{\theta}})}{d.f} \tag{4.15}$$

여기서 $d.f$는 해당 제곱합과 관련된 모형의 자유도(degree of freedom)로서 식 (4.14)의 제곱합을 사용하는 경우 자유도는 다음과 같다.

$$d.f = (n-p) - (p+q+1) = n - 2p - q - 1$$

예 4.5

다음과 같은 10개의 시계열 데이터가 관측되었다.

−0.17, 0.24, −0.51, 1.10, 0.08, 0.32, −0.44, −1.16, −0.58, −0.28

이 시계열이 다음의 AR(1)모형을 따른다고 할 때 식 (4.14)의 조건제곱합을 산출하라($\phi = 0.4$).

$$Z_t = \phi Z_{t-1} + a_t$$

풀이 $z_0 = 0$을 가정하고 오차항을 다음 식으로 산출하면

$$a_t = Z_t - \phi Z_{t-1}, \ t = 2, 3, \cdots, 10$$

시간별 관련 항목은 아래 표에서와 같이 산출된다.

t	Z_t	$a_t = Z_t - 0.4Z_{t-1}$	a_t^2
1	−0.17	−0.17	0.0289
2	0.24	0.308	0.094864
3	−0.51	−0.606	0.367236
4	1.10	1.304	1.700416
5	0.08	−0.36	0.1296
6	0.32	0.288	0.082944
7	−0.44	−0.568	0.322624
8	−1.16	−0.984	0.968256
9	−0.58	−0.116	0.013456
10	−0.28	−0.048	0.002304

따라서 제곱합은 다음과 같다.

$$S_*(\phi = 0.4) = 3.7106$$

만약 $\phi = 0.2$에 대하여 제곱합을 산출하면 $S_*(\phi = 0.2) = 3.5234$이므로 ϕ의 추정치는 0.4보다는 0.2에 가깝다.

4.2.3 조건없는 우도함수(unconditional likelihood function)

오차항들을 산출하기 위해 이전 절에서는 초깃값을 설정하는 방안을 사용하였는데, 이 대신 과거값들을 예측하여 우도함수를 산출하는 방안을 고려할 수 있다. 과거값을 예측하는 것을 후방예측(back forecasting)이라 하는데 이를 위해 시간축을 반대방향으로 생각하여 모형을 다시 기술한다. 즉, ARMA(p,q)모형을 후방형태(backward form)로 다시 쓰면 다음과 같다.

$$Z_t - \phi_1 Z_{t+1} - \dots - \phi_p Z_{t+p} = b_t - \theta_1 b_{t+1} - \dots - \theta_q b_{t+q} \tag{4.16a}$$

또는

$$Z_t = \phi_1 Z_{t+1} + \dots + \phi_p Z_{t+p} + b_t - \theta_1 b_{t+1} - \dots - \theta_q b_{t+q} \tag{4.16b}$$

여기서 b_t 등은 a_t등과 동일한 백색잡음이며 원 모형과 구분하기 위하여 다른 기호를 사용한 것이다. 과거 시계열 값이 후방형태에서는 미래값을 나타내므로 식 (4.16b)를 통하여 과거값의 시계열을 예측할 수 있다.

Box et al.(1994)는 다음과 같은 조건없는 우도함수 사용을 추천하고 있다.

$$\log L(\phi,\sigma_a^2;z_1,\cdots,z_n)=-\frac{n}{2}\log(2\pi)-\frac{n}{2}\log\sigma_a^2-\frac{S(\boldsymbol{\theta})}{2\sigma_a^2} \tag{4.17}$$

여기서 $S(\boldsymbol{\theta})$는 다음과 같은 제곱합이다.

$$S(\boldsymbol{\theta})=\sum_{t=-M}^{n}E^2[a_t|\boldsymbol{\theta},z_1,\cdots,z_n] \tag{4.18}$$

이때 M은 과거 시계열 후방예측값의 변화가 매우 작아지는(예를 들어 0.005 이하) 충분히 큰 정수를 사용한다.

예 4.6

다음과 같은 10개의 시계열 데이터가 관측되었다.

−0.17, 0.24, −0.51, 1.10, 0.08, 0.32, −0.44, −1.16, −0.58, −0.28

이 시계열이 다음의 AR(1)모형을 따르고 $\phi=0.4$인 경우에 식 (4.18)를 이용하여 조건없는 제곱합을 산출하라.

$$Z_t=\phi Z_{t-1}+a_t$$

풀이 $E[a_t|\phi;z_1,\cdots,z_n]=z_t-\phi z_{t-1}$이므로 $t=2,\cdots,10$인 경우 문제없이 산출할 수 있다. 그러나 $t\le 1$인 경우에는 관측되지 않은 과거 시계열 값을 예측하여야 한다.

1) $t=1$일 때 다음과 같이 Z_0를 예측할 필요가 있다.

$$E[a_1|\phi;z_1,\cdots,z_n]=z_1-\phi E[Z_0|z_1,\cdots,z_n]$$

이를 위해 AR(1)모형의 후방형태를 고려하면 다음과 같다.

$$Z_t=\phi Z_{t+1}+b_t$$

또한 다음이 성립한다.

$$E[Z_0|z_1,\cdots,z_n]=\phi z_1+E[b_0|z_1,\cdots,z_n]$$

$E[b_t|z_1,\cdots,z_n]=0\ (t\le 0)$으로 가정하면(후방형태에서는 $t\le 0$인 경우

가 미래 오차항을 의미하므로), 결국 $t=1$인 경우 오차항 기댓값은 다음과 같다.

$$E[a_1|\phi;z_1,\cdots,z_n]=z_1-\phi(\phi z_1)=(1-\phi^2)z_1$$

2) $t=0$인 경우는 다음과 같다.

$$E[a_0|\phi;z_1,\cdots,z_n]=E[Z_0|z_1,\cdots,z_n]-\phi E[Z_{-1}|z_1,\cdots,z_n]$$

여기서 등호 이후 두 번째 항을 구하기 위해 다시 후방형태를 사용하면 다음과 같다.

$$E[Z_{-1}|z_1,\cdots,z_n]=\phi E[Z_0|z_1,\cdots,z_n]+E[b_{-1}|z_1,\cdots,z_n]=\phi^2 z_1$$

따라서

$$E[a_0|\phi;z_1,\cdots,z_n]=\phi z_1-\phi^3 z_1=\phi(1-\phi^2)z_1$$

3) 일반적인 경우는 다음이 성립한다.

$$\begin{aligned} E[Z_{-j}|z_1,\cdots,z_n]&=\phi^{j+1}z_1,\ j=0,1,\cdots \\ E[a_{-j}|z_1,\cdots,z_n]&=E[Z_{-j}|z_1,\cdots,z_n]-\phi E[Z_{-(j+1)}|z_1,\cdots,z_n] \\ &=\phi^{j+1}(1-\phi^2)z_1,\ j=0,1,\cdots \end{aligned}$$

4) 식 (4.18)에서 M은 이 경우 다음과 같이 구할 수 있다. 인근 변화량이 다음과 같으므로

$$\left|E[Z_{-j}|z_1,\cdots,z_n]-E[Z_{-(j+1)}|z_1,\cdots,z_n]\right|=\phi^{j+1}(1-\phi)|z_1|$$

$\phi=0.4$인 경우 $j=2$에서 0.00653이고 $j=3$에서 0.00261이므로 경계치 0.005를 기준으로 할 때 $M=4$로 정할 수 있다. 결국 오차항에 대한 기댓값 등은 아래 표와 같이 산출된다.

t	$E[Z_t\|z_1,\cdots,z_n]$	$E[a_t\|z_1,\cdots,z_n]$	$E^2[a_t\|z_1,\cdots,z_n]$
−4	−0.00174		
−3	−0.00435	−0.00366	1.3364E−05

t	$E[Z_t\|z_1,...,z_n]$	$E[a_t\|z_1,...,z_n]$	$E^2[a_t\|z_1,...,z_n]$
−2	−0.01088	−0.00914	8.3525E−05
−1	−0.0272	−0.02285	0.000522031
0	−0.068	−0.05712	0.003262694
1	−0.17	−0.1428	0.02039184
2	0.24	0.308	0.094864
3	−0.51	−0.606	0.367236
4	1.10	1.304	1.700416
5	0.08	−0.36	0.1296
6	0.32	0.288	0.082944
7	−0.44	−0.568	0.322624
8	−1.16	−0.984	0.968256
9	−0.58	−0.116	0.013456
10	−0.28	−0.048	0.002304

$\phi = 0.4$인 경우 제곱합은 다음과 같다.

$$S(\phi = 0.4) = 3.70597$$

예 4.7

(예 4.1)의 이집트 나일강 연평균 유량 데이터(시계열 J09)가 AR(2)모형을 따른다고 보고 조건없는 최대우도법으로 모형을 추정하라.

풀이 미니탭에서 ARMA모형 추정에 조건없는 최대우도법을 사용하므로 미니탭을 적용하면 모형의 모수 추정치를 아래와 같이 얻을 수 있다.

	계수추정치	표준오차	T값	p−값
상수	357.49	14.55	24.56	0.000
AR1	0.4039	0.1000	4.04	0.000
AR2	0.2064	0.1006	2.05	0.043

한편, 후방예측을 제외할 경우 잔차제곱합은 2,010,544이며 따라서 오차분산 추정치는 아래와 같다.

$$\widehat{\sigma^2} = \frac{2,010,544}{96} = 20,943$$

후방예측에서 경계치를 0.001로 하고 $M = 33$을 사용하였다. 후방예측잔차의 일부 값은 아래와 같다.

시차	0	−1	−2	−3	...	−32	−33
예측잔차	57.246	60.252	36.155	27.042		0.001	0.001

4.3 잔차검정

시계열 모형에서는 오차항이 백색잡음이라고 가정하고 있기 때문에 이 가정이 부합한지 여부를 검정하여야 한다. 오차항은 직접 관측되지 않으므로 잔차(residual)를 구하여 검정에 사용한다. 다음과 같은 ARMA(p,q)모형에 대하여

$$\phi_p(B)Z_t = \theta_q(B)a_t$$

잔차는 아래와 같이 구할 수 있다.

$$\hat{a_t} = \hat{\theta}_q^{-1}(B)\hat{\phi_p}(B)Z_t \tag{4.19}$$

위의 식은 복잡하므로 실제 잔차는 다음으로 산출한다.

$$\hat{a_t} = z_t - (t\text{시점 예측값})$$

여기서 t시점 예측값은 5장에서 다룬다.

잔차가 정규분포를 따르는지를 보기 위해서는 통상적으로 정규확률도표를 활용하고 등분산성 및 패턴 유무를 확인하기 위해서는 잔차 산점도를 이용한다. 잔차 시계열이 백색잡음을 따르는지 여부를 판정하기 위해서는 ACF와 PACF를 구하여 확인할 수도 있으나 보통 포트맨토 검정(portmanteau lack of fit test)을 사용한다. 이에 대한 귀무가설은 다음과 같이 잔차 시계열의 시차 K까지의 ACF가 모두 0이라는 것이다.

$$H_0 : \rho_1 = \rho_2 = \ldots = \rho_K = 0$$

이를 위해 우선 시차 k의 표본자기상관계수를 다음으로부터 구한다.

$$r_k = \frac{\sum_{t=k+1}^{n} \hat{a}_t \hat{a}_{t-k}}{\sum_{t=k+1}^{n} \hat{a}_t^2}, \quad k = 1, 2, \cdots, K \tag{4.20}$$

Box-Pierce 검정통계량은 다음과 같다(Box and Pierce, 1970).

$$Q = n\sum_{k=1}^{K} r_k^2 \tag{4.21}$$

위의 검정통계량이 근사적으로 자유도($K-p-q$)의 카이제곱분포를 따른다는 것을 이용하여 귀무가설 기각여부를 판정한다. 이후 Ljung and Box(1978)은 다음과 같은 검정통계량을 제안하였다.

$$Q = n(n+2)\sum_{k=1}^{K} \frac{r_k^2}{n-k} \tag{4.22}$$

위의 Q 역시 귀무가설하에서 근사적으로 자유도($K-p-q$)의 카이제곱분포를 따름이 증명되었다. 시계열의 평균(상수항)을 추가로 추정하는 경우 자유도는 $K-p-q-1$ 이다.

예 4.8

나일강 유량 데이터에 대하여 AR(2)모형을 가정하여 추정한 후 잔차검정을 실시하라.

풀이 잔차에 대한 몇 가지 시차별 Ljung and Box 검정량은 아래와 같으며 모든 시차에서 가설을 기각할 수 없음을 알 수 있다. 즉, 가정한 AR(2)모형이 적절하다고 판단된다.

시차(K)	12	24	36	48
검정통계량	11.9	16.6	25.0	37.3
p-값	0.222	0.735	0.841	0.787

연습문제

4.1 어떤 시계열의 표본 ACF와 표본 PACF가 다음과 같다.

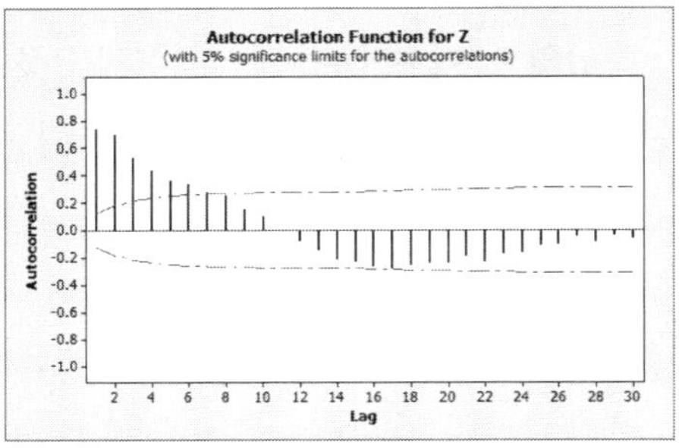

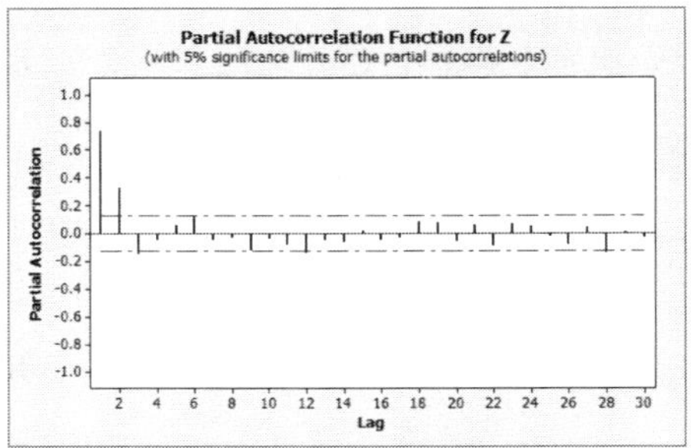

(a) ACF와 PACF의 패턴을 간단히 기술하라.

(b) 적절한 모형으로 식별하라.

4.2 표본 ACF와 표본 PACF가 다음과 같은 시계열의 모형을 식별하라.

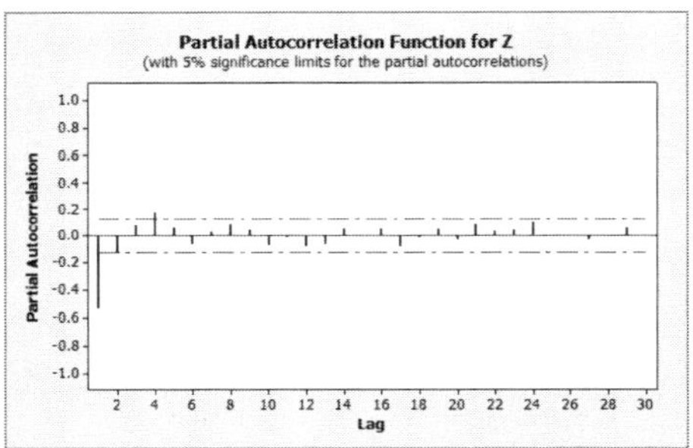

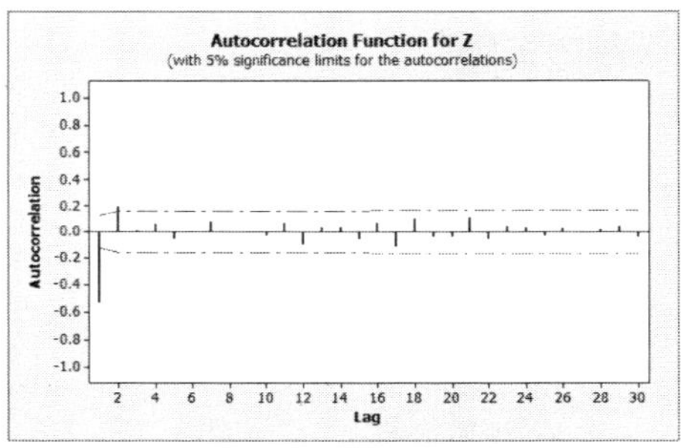

4.3 (연습문제 4-1 계속) 표본 ACF를 볼 때 $\rho(1), \rho(2)$가 아래와 같이 추정된다.

$$\hat{\rho}(1) = 0.75,\ \hat{\rho}(2) = 0.65$$

모형의 관련 모수를 추정하라.

4.4 다음은 어떤 시계열의 표본 ACF와 표본 PACF를 나타낸 것이다.

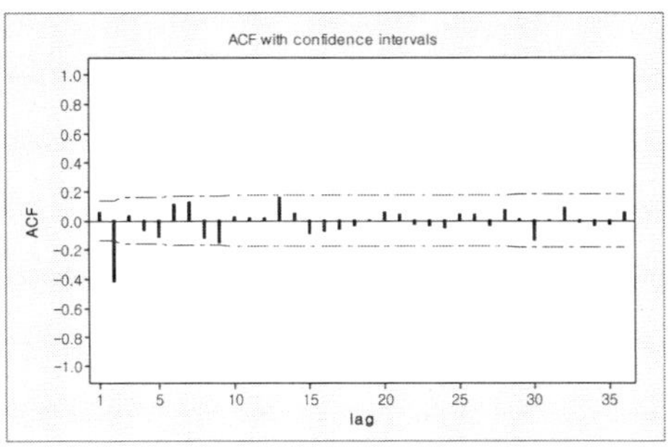

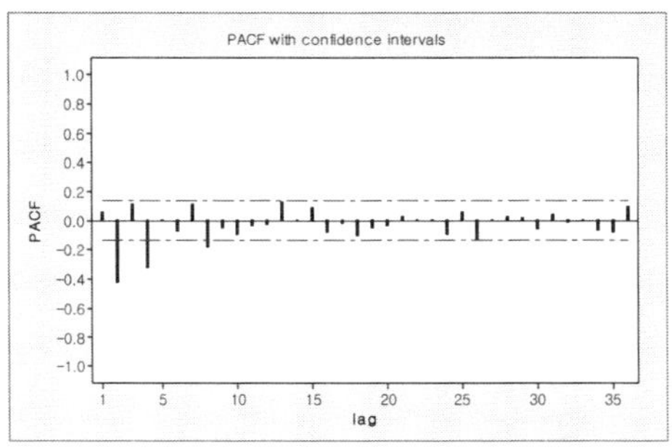

(a) ACF와 PACF의 패턴을 간단히 기술하라.

(b) 이 시계열이 어떤 모형을 따른다고 하겠는가?

4.5 시계열 J08(연도별 세계적으로 발생한 진도 7이상의 지진수)을 고려하자.

(a) 표본 ACF와 표본 PACF를 구하라.

(b) 이를 바탕으로 적절한 모형을 식별하라.

(c) 모형의 관련 모수를 추정하라.

4.6 시계열 J05(연도별 평균 금 가격)와 관련하여 다음 물음에 답하라.

(a) 차수 1의 차분 시계열에 대한 표본 ACF와 표본 PACF를 구하라.

(b) 다음의 3가지 모형에 대하여 모수를 추정하고 가장 적절한 모형을 제시하라.
AR(1)모형, MA(1)모형, ARMA(1,1)모형

4.7 시계열 J12(월별 서울시 교통사고 사망자수)에 대하여 로그변환을 취한 후 모형을 식별하고 관련 모수를 추정하라. 잔차에 대하여 Ljung and Box 검정을 실시하라.

4.8 연습문제 4.1의 시계열 J13($\phi_1 = 0.6$, $\phi_2 = 0.2$, $\mu = 0$, $\sigma^2 = 0.5$의 AR(2)모형에서 250개를 랜덤하게 생성한 가상데이터)에 대하여 모수를 추정하라.

4.9 연습문제 4.2의 시계열 J14($\theta_1 = 0.7$, $\theta_2 = -0.4$, $\mu = 0$, $\sigma^2 = 0.5$의 MA(2) 모형에서 250개를 랜덤하게 생성한 가상데이터)에 대하여 모수를 추정하라.

4.10 시계열 J15에 대하여 표본 ACF와 표본 PACF의 패턴을 관찰하여 모형을 식별하라. 모형 모수를 추정한 후 실제값과 비교하라.

4.11 시계열 J16에 대하여 표본 ACF와 표본 PACF의 패턴을 관찰하여 모형을 식별하라. 모형 모수를 추정한 후 실제값과 비교하라.

참고문헌

Bartlett, M.S.(1946), On the theoretical specification of sampling properties of autocorrelated time series, J. Royal Stat. Soc., B8, 27-41.

Box, G.E.P. and D.A. Pierce(1970), Distribution of residual autocorrelation in autoregressive-integrated moving average time series models, Journal of the American Statistical Association, 64(332), 1509-1526.

Durbin, J.(1960), The fitting of time series models, Review of the Institute of International Statistics, 28, 233-244.

Ljung, G.M. and G.E.P. Box(1978), On a measure of lack of fit in time series models, Biometrika, 65, 297-303.

5장

ARMA모형의 예측

5.1 최소평균제곱오차예측값

시점 n까지의 시계열 관측값이 있을 때 이후 시점의 시계열 값을 예측하는 문제를 알아보자. 시점 n에서 바로 다음 시점인 $n+1$의 예측값을 $f_{n,1}$으로 표시하고 k 시점 이후의 예측값을 $f_{n,k}$ $(k=1,2,\cdots)$로 표시하자. 보통 $f_{n,1}$을 일단계 이후 예측값(one-step ahead forecast)이라고 하고 $f_{n,k}$를 k단계 이후(k-step ahead) 예측값이라 부른다.

$f_{n,k}$를 다음과 같이 과거 시계열 관측값의 선형결합으로 예측한다고 하자.

$$f_{n,k} = b_k Z_n + b_{k+1} Z_{n-1} + \dots \qquad (5.1)$$

여기서 b_k, b_{k+1} 등은 상수이다. 한편, ARMA모형의 MA 표현방식은 다음과 같음을 2장에서 보았다.

$$Z_t = a_t - \psi_1 a_{t-1} - \psi_2 a_{t-2} - \dots = \sum_{j=0}^{\infty} \psi_j a_{t-j} (\psi_0 = 0) \qquad (5.2)$$

따라서 식 (5.1)을 다음과 같이 표현할 수 있다.

$$f_{n,k} = c_k a_n + c_{k+1} a_{n-1} + \dots = \sum_{j=k}^{\infty} c_j a_{n+k-j} \qquad (5.3)$$

여기서 c_k, c_{k+1} 등은 추정하여야 할 상수이다.

이때 예측 관련 평균제곱오차(mean squared error)는 다음과 같다.

$$Q = E[(Z_{n+k} - f_{n,k})^2] = E\left[\left(\sum_{j=0}^{\infty} \psi_j a_{n+k-j} - \sum_{j=k}^{\infty} c_j a_{n+k-j}\right)^2\right] \qquad (5.4)$$

식 (5.4)는 다음과 같이 산출된다.

$$Q = Var\left[\sum_{j=0}^{\infty} \psi_j a_{n+k-j} - \sum_{j=k}^{\infty} c_j a_{n+k-j}\right] + E^2\left[\sum_{j=0}^{\infty} \psi_j a_{n+k-j} - \sum_{j=k}^{\infty} c_j a_{n+k-j}\right]$$

위 식에서 두 번째 항은 0이 되므로 다음과 같다.

$$Q = Var\left[\sum_{j=0}^{\infty} \psi_j a_{n+k-j}\right] + Var\left[\sum_{j=k}^{\infty} c_j a_{n+k-j}\right] - 2Cov\left[\sum_{j=0}^{\infty} \psi_j a_{n+k-j}, \sum_{j=k}^{\infty} c_j a_{n+k-j}\right]$$

여기서

$$Var\left[\sum_{j=0}^{\infty}\psi_j a_{n+k-j}\right] = \sigma_a^2 \sum_{j=0}^{\infty}\psi_j^2$$

$$Var\left[\sum_{j=k}^{\infty}c_j a_{n+k-j}\right] = \sigma_a^2 \sum_{j=k}^{\infty}c_j^2$$

$$Cov\left[\sum_{j=0}^{\infty}\psi_j a_{n+k-j}, \sum_{j=k}^{\infty}c_j a_{n+k-j}\right] = \sigma_a^2 \sum_{j=k}^{\infty}\psi_j c_j$$

따라서 Q는 다음과 같이 유도된다.

$$Q = \sigma_a^2 \sum_{j=0}^{k-1}\psi_j^2 + \sigma_a^2 \sum_{j=k}^{\infty}(\psi_j - c_j)^2 = \sigma_a^2 \sum_{j=0}^{k-1}\psi_j^2 + \sigma_a^2 \sum_{j=0}^{\infty}(\psi_{j+k} - c_{j+k})^2 \qquad (5.5)$$

위의 식을 최소로 하는 상수 c_{j+k}의 추정치는 다음과 같다.

$$\hat{c}_{j+k} = \psi_{j+k} \qquad (5.6)$$

그러므로 식 (5.3)의 $f_{n,k}$는 다음과 같다.

$$f_{n,k} = \psi_k a_n + \psi_{k+1} a_{n-1} + \ldots = \sum_{j=k}^{\infty}\psi_j a_{n+k-j} \qquad (5.7)$$

한편, Z_{n+k}는 다음과 같이 표현되므로

$$Z_{n+k} = \sum_{j=0}^{\infty}\psi_j a_{n+k-j} = a_{n+k} + \psi_1 a_{n+k-1} + \ldots + \psi_{k-1} a_{n+1} + \sum_{j=k}^{\infty}\psi_j a_{n+k-j}$$

다음의 조건부 기댓값이 $f_{n,k}$와 동일하다.

$$E[Z_{n+k}|Z_n, Z_{n-1}, \cdots] = \psi_k a_n + \psi_{k+1} a_{n-1} + \ldots = \sum_{j=k}^{\infty}\psi_j a_{n+k-j}$$

여기서 미래의 오차항은 확률변수지만 과거 시계열이 주어진 경우 과거 오차항은 실현된(realized) 것이기 때문에 상수로 간주하여야 한다. 따라서 k단계 이후 예측값은 다음과 같은 조건부 기댓값으로부터 산출할 수 있다.

$$f_{n,k} = E[Z_{n+k}|Z_n, Z_{n-1}, \cdots], \ k = 1, 2, \cdots \qquad (5.8)$$

다음으로 예측오차를 알아보자. k단계 이후 예측값에 대한 예측오차(forecast error)는 다음과 같다.

$$e_{n,k} = Z_{n+k} - f_{n,k} = a_{n+k} + \psi_1 a_{n+k-1} + \dots + \psi_{k-1} a_{n+1} \tag{5.9}$$

따라서 예측오차의 분산은 아래와 같이 조건부 분산과 동일하게 된다.

$$v_{n,k} = Var[e_{n,k}] = \sigma_a^2 \sum_{j=0}^{k-1} \psi_j^2 = Var[Z_{n+k} | Z_n, Z_{n-1}, \cdots] \tag{5.10}$$

이를 바탕으로 예측구간(prediction interval)을 구할 수 있다. 참고로 일단계 이후 예측오차는 아래와 같으며

$$e_{n,1} = Z_{n+1} - f_{n,1} = a_{n+1} \tag{5.11}$$

이의 분산은 모형과 관계없이 다음과 같음을 알 수 있다.

$$v_{n,1} = \sigma_a^2 \tag{5.12}$$

5.2 ARMA모형의 예측

5.2.1 AR모형의 예측

다음과 같은 AR(p)모형을 생각해 보자.

$$Z_t = \phi_1 Z_{t-1} + \dots + \phi_p Z_{t-p} + a_t$$

우선, 시점 n까지의 관측값이 주어질 때, 일단계 이후 예측값은 다음과 같다.

$$\begin{aligned} f_{n,1} &= E[Z_{n+1} | Z_n, Z_{n-1}, \cdots] = E[\phi_1 Z_n + \dots + \phi_p Z_{n+1-p} + a_{n+1} | Z_n, Z_{n-1}, \cdots] \\ &= \phi_1 Z_n + \dots + \phi_p Z_{n+1-p} \end{aligned} \tag{5.13}$$

그리고 이에 대한 예측오차분산은 아래와 같이 식 (5.12)와 일치함을 볼 수 있다.

$$\begin{aligned} v_{n,1} &= Var[Z_{n+1} | Z_n, Z_{n-1}, \cdots] = Var[\phi_1 Z_n + \dots + \phi_p Z_{n+1-p} + a_{n+1} | Z_n, Z_{n-1}, \cdots] \\ &= Var[a_{n+1}] = \sigma_a^2 \end{aligned} \tag{5.14}$$

이단계 이후 예측값은 다음과 같이 산출된다.

$$f_{n,2} = E[Z_{n+2}|Z_n, Z_{n-1}, \cdots] = E[\phi_1 Z_{n+1} + \ldots + \phi_p Z_{n+2-p} + a_{n+2}|Z_n, Z_{n-1}, \cdots]$$
$$= \phi_1 f_{n,1} + \phi_2 Z_n + \ldots + \phi_p Z_{n+2-p} \tag{5.15}$$

k단계 이후 예측값은 아래와 같다.

$$f_{n,k} = E[Z_{n+k}|Z_n, Z_{n-1}, \cdots] = E[\phi_1 Z_{n+k-1} + \ldots + \phi_p Z_{n+k-p}|Z_n, Z_{n-1}, \cdots],$$
$$k = 2, 3, \cdots$$

여기서

$$E[Z_j|Z_n, \cdots] = \begin{cases} f_{n,j-n}, & j \geq n+1 \\ Z_j, & j \leq n \end{cases}$$

그리고 k단계 이후 예측에 대한 예측오차는 다음과 같다.

$$\begin{aligned} v_{n,k} &= Var[Z_{n+k}|Z_n, Z_{n-1}, \cdots] \\ &= Var[\phi_1 Z_{n+k-1} + \ldots + \phi_p Z_{n+k-p} + a_{n+k}|Z_n, Z_{n-1}, \cdots] \end{aligned}$$

따라서 이는 다음과 같이 도출된다.

$$v_{n,k}$$
$$= \sigma_a^2 + \sum_{i=1}^{p} \phi_i^2 Var[Z_{n+k-i}|Z_n, \cdots] + 2 \sum_{1 \leq i < j \leq p} \phi_i \phi_j Cov[Z_{n+k-i}, Z_{n+k-j}|Z_n, \cdots]$$

여기서

$$Var[Z_{n+k-i}|Z_n, \cdots] = \begin{cases} v_{n,k-i}, & k-i \geq 1 \\ 0 & k-i \leq 0 \end{cases}$$

이며, 필요시 공분산 항목의 산출이 추가된다.

예 5.1

다음의 AR(4)모형에 대하여 k단계 이후 예측값과 예측오차분산을 유도하라.

$$Z_t = \phi_1 Z_{t-1} + \ldots + \phi_4 Z_{t-4} + a_t$$

풀이 우선 일단계 이후 예측값은 아래와 같으며,

$$f_{n,1} = \phi_1 Z_n + \dots + \phi_4 Z_{n-3}$$

k값에 따른 k단계 이후 예측값은 다음과 같다.

$$\begin{aligned} f_{n,2} &= \phi_1 f_{n,1} + \phi_2 Z_n + \phi_3 Z_{n-1} + \phi_4 Z_{n-2} \\ &= (\phi_1^2 + \phi_2) Z_n + (\phi_1\phi_2 + \phi_3) Z_{n-1} + (\phi_1\phi_3 + \phi_4) Z_{n-2} + \phi_1\phi_4 Z_{n-3} \end{aligned}$$

$$f_{n,3} = \phi_1 f_{n,2} + \phi_2 f_{n,1} + \phi_3 Z_n + \phi_4 Z_{n-1}$$

k(=1, 2, 3)단계 이후 예측에 대한 예측오차분산은 다음과 같다.

$$v_{n,1} = \sigma_a^2$$

$$v_{n,2} = \sigma_a^2 + \phi_1^2 v_{n,1} = (1+\phi_1^2)\sigma_a^2$$

$$\begin{aligned} v_{n,3} &= \sigma_a^2 + \phi_1^2 v_{n,2} + \phi_2^2 v_{n,1} + 2\phi_1\phi_2 Cov[Z_{n+2}, Z_{n+1} | Z_n, \dots] \\ &= (1 + \phi_1^2 + \phi_1^4 + \phi_2^2 + 2\phi_1^2\phi_2)\sigma_a^2 \end{aligned}$$

예 5.2

다음과 같이 시점 1 ~ 20까지의 시계열이 있다.

시점 1 ~ 10: −1.356, −1.567, −0.994, −0.417, 0.840, −0.991, 0.166, 0.889, 0.514, −0.491

시점 11 ~ 20: −0.766, −1.936, −2.223, −1.395, −1.512, −0.582, 1.204, 1.706, −0.768, −0.313

데이터를 바탕으로 모형이 아래와 같이 AR(2)를 따르는 것으로 추정되었다.

$$Z_t = 0.7Z_{t-1} - 0.2Z_{t-2} + a_t (\sigma_a^2 = 1.0)$$

시점 10에서부터 일단계 이후 예측값을 구하고 다음 시점의 실제값과 비교하여 예측오차를 산출하라.

풀이 AR(2)모형에 식 (5.13)을 적용하면 다음과 같다.

$$f_{n,1} = 0.7Z_n - 0.2Z_{n-1}$$

이를 바탕으로 예측값을 표로 정리하면 아래와 같다.

n	Z_n	$f_{n-1,1}$	$e_{n-1,1}$
10	−0.491	−	−
11	−0.766	−0.4465	−0.3195
12	−1.936	−0.438	−1.498
13	−2.223	−1.202	−1.021
14	−1.395	−1.1689	−0.2261
15	−1.512	−0.5319	−0.9801
16	−0.582	−0.7794	0.1974
17	1.204	−0.105	1.309
18	1.706	0.9592	0.7468
19	−0.768	0.9534	−1.7214
20	−0.313	−0.8788	0.5658

예측오차의 제곱합은 9.9937로 계산되며 평균제곱을 구하면 약 1.11이 되므로 추정된 오차항분산과 비슷함을 알 수 있다.

5.2.2 MA모형의 예측

가장 단순한 다음의 MA(1)모형의 경우를 고려해 보자.

$$Z_t = a_t - \theta_1 a_{t-1}$$

k단계 이후 예측값은 다음과 같이 산출된다.

$$\begin{aligned} f_{n,k} &= E[Z_{n+k}|Z_n, Z_{n-1}, \cdots] = E[a_{n+k} - \theta_1 a_{n+k-1}|Z_n, Z_{n-1}, \cdots] \\ &= \begin{cases} -\theta_1 a_n, & k=1 \\ 0, & k \geq 2 \end{cases} \end{aligned} \tag{5.16}$$

여기서 a_n은 실현된 것이므로 상수로 간주되며 과거 시계열 값으로 추정할 수 있다. 즉, 다음의 식으로부터 산출할 수 있다.

$$a_n = (1-\theta_1 B)^{-1} Z_n = \sum_{j=0}^{\infty} (\theta_1)^j Z_{n-j}$$

그러나 식 (5.11)의 관계를 이용하여 예측오차(잔차)로 추정하는 것이 편리하다.

$$\hat{a}_n = e_{n-1,1} = Z_n - f_{n-1,1} \tag{5.17}$$

일단계 이후 예측에 대한 예측오차분산은 식 (5.12)와 같으며 k단계 이후 예측에 대한 예측오차분산은 다음과 같다.

$$\begin{aligned} v_{n,k} &= Var[Z_{n+k}|Z_n, Z_{n-1}, \cdots] = Var[a_{n+k} - \theta_1 a_{n+k-1}|Z_n, Z_{n-1}, \cdots] \\ &= (1+\theta_1^2)\sigma_a^2,\ k \geq 2 \end{aligned} \tag{5.18}$$

다음과 같은 MA(q)모형의 경우를 살펴보자.

$$Z_t = a_t - \theta_1 a_{t-1} - \ldots - \theta_q a_{t-q}$$

우선 MA(q)모형의 일단계 이후 예측값은 다음과 같다.

$$\begin{aligned} f_{n,1} &= E[Z_{n+1}|Z_n, Z_{n-1}, \cdots] = E[a_{n+1} - \theta_1 a_n - \ldots - \theta_q a_{n+1-q}|Z_n, Z_{n-1}, \cdots] \\ &= -\theta_1 a_n - \ldots - \theta_q a_{n+1-q} \end{aligned} \tag{5.19}$$

또한 k단계 이후 예측값은 다음과 같이 표현된다.

$$\begin{aligned} f_{n,k} &= E[Z_{n+k}|Z_n, Z_{n-1}, \cdots] = E[a_{n+k} - \theta_1 a_{n+k-1} - \ldots - \theta_q a_{n+k-q}|Z_n, Z_{n-1}, \cdots] \\ &= E[-\theta_1 a_{n+k-1} - \ldots - \theta_q a_{n+k-q}|Z_n, Z_{n-1}, \cdots] \end{aligned} \tag{5.20}$$

여기서 오차항에 대한 조건부 기댓값은 아래와 같다.

$$E[a_j|Z_n, Z_{n-1}, \cdots] = \begin{cases} 0, & j \geq n+1 \\ a_j, & j \leq n \end{cases}$$

MA(q)모형에서 k단계 이후 예측에 대한 예측오차분산은 다음과 같이 산출된다.

$$\begin{aligned} v_{n,k} &= Var[a_{n+k} - \theta_1 a_{n+k-1} - \ldots - \theta_q a_{n+k-q}|Z_n, Z_{n-1}, \cdots] \\ &= \sigma_a^2 + \sum_{i=1}^{q} \theta_i^2 Var[a_{n+k-i}|Z_n, \cdots] \end{aligned}$$

여기서

$$Var[a_{n+k-i}|Z_n, \cdots] = \begin{cases} \sigma_a^2, & k-i \geq 1 \\ 0, & k-i \leq 0 \end{cases}$$

예 5.3

다음과 같이 시점 1 ~ 20까지의 시계열이 있다.

시점 1 ~ 10: −1.377, 1.856, −0.655, −0.587, −0.188, 1.414, 0.731, −1.628, −0.511, −0.294

시점 11 ~ 20: 0.499, −0.442, 1.019, −1.705, −0.139, 0.219, 1.131, −0.508, 0.541, −0.809

데이터를 바탕으로 모형이 아래와 같이 MA(2)를 따르는 것으로 추정되었다.

$$Z_t = a_t - 0.6a_{t-1} - 0.2a_{t-2}(\sigma_a^2 = 1.0)$$

시점 10에서부터 일단계 이후 예측값을 구하고 다음 시점의 실제값과 비교하여 예측오차를 산출하라.

풀이 MA(2)모형에 식 (5.19)를 적용하면 일단계 이후 예측식은 아래와 같다.

$$f_{n,1} = -0.6a_n - 0.2a_{n-1}$$

과거 오차항은 식 (5.17)로부터 추정한다.

n	Z_n	a_n	$f_{n-1,1}$	$e_{n-1,1}$
9	−0.511	−0.71364		
10	−0.294	−0.86839		
11	0.499	−0.16476	0.663763	−0.16476
12	−0.442	−0.71454	0.272536	−0.71454
13	1.019	0.557326	0.461674	0.557326
14	−1.705	−1.51351	−0.19149	−1.51351
15	−0.139	−0.93564	0.796642	−0.93564
16	0.219	−0.64509	0.864087	−0.64509
17	1.131	0.556819	0.574181	0.556819
18	−0.508	−0.30293	−0.20507	−0.30293
19	0.541	0.470608	0.070392	0.470608
20	−0.809	−0.58722	−0.22178	−0.58722

5.2.3 ARMA모형의 예측

우선, 다음과 같은 ARMA(1,1)모형을 고려해 보자.

$$Z_t = \phi Z_{t-1} + a_t - \theta a_{t-1}$$

이 모형에서 일단계 이후 예측값은 아래와 같이 산출된다.

$$\begin{aligned} f_{n,1} &= E[Z_{n+1}|Z_n, Z_{n-1}, \cdots] = E[\phi Z_n + a_{n+1} - \theta a_n | Z_n, Z_{n-1}, \cdots] \\ &= \phi Z_n - \theta a_n \end{aligned}$$

또한 k단계 이후 예측값은 다음과 같다.

$$f_{n,k} = E[Z_{n+k}|Z_n, Z_{n-1}, \cdots] = E[\phi Z_{n+k-1} + a_{n+k} - \theta a_{n+k-1} | Z_n, Z_{n-1}, \cdots]$$

즉,

$$f_{n,k} = \phi f_{n,k-1} = \phi^{k-1} f_{n,1}, \ \ k = 2, 3, \cdots$$

그리고 k단계 이후 예측에 대한 예측오차분산은 다음과 같이 구해진다.

$$v_{n,k} = Var[Z_{n+k}|Z_n, Z_{n-1}, \cdots] = Var[\phi Z_{n+k-1} + a_{n+k} - \theta a_{n+k-1} | Z_n, Z_{n-1}, \cdots]$$

따라서 ARMA(1,1)모형의 예측오차분산은 다음과 같다.

$$\begin{aligned} v_{n,1} &= \sigma_a^2 \\ v_{n,2} &= [1 + (\phi - \theta)^2]\sigma_a^2 \\ v_{n,k} &= \phi^2 v_{n,k-1} + (1 + \theta^2 - 2\phi\theta)\sigma_a^2, \ \ k = 2, 3, \cdots \end{aligned}$$

다음과 같은 일반적인 ARMA(p, q)모형을 고려해 보자.

$$Z_t - \phi_1 Z_{t-1} - \phi_2 Z_{t-2} - \ldots - \phi_p Z_{t-p} = a_t - \theta_1 a_{t-1} - \theta_2 a_{t-2} - \ldots - \theta_q a_{t-q}$$

일단계 이후 예측값은 아래와 같다.

$$f_{n,1} = \phi_1 Z_n + \phi_2 Z_{n-1} + \ldots + \phi_p Z_{n-p+1} - \theta_1 a_n - \theta_2 a_{n-1} - \ldots - \theta_q a_{n-q+1}$$

그리고, k단계 이후 예측값은 다음과 같이 산출된다.

$$\begin{aligned} f_{n,k} = E[\ &\phi_1 Z_{n+k-1} + \phi_2 Z_{n+k-2} + \ldots + \phi_p Z_{n+k-p} + a_{n+k} \\ &- \theta_1 a_{n+k-1} - \theta_2 a_{n+k-2} - \ldots - \theta_q a_{n+k-q} | Z_n, \cdots] \end{aligned}$$

참고로 $k \geq q+1$일 때 다음이 성립한다.

$$f_{n,k} = E[\phi_1 Z_{n+k-1} + \phi_2 Z_{n+k-2} + \ldots + \phi_p Z_{n+k-p} | Z_n, \cdots]$$

여기서

$$E[Z_j | Z_n, \cdots] = \begin{cases} f_{n,j-n}, & j \geq n+1 \\ Z_j, & j \leq n \end{cases}$$

$$E[a_j | Z_n, Z_{n-1}, \cdots] = \begin{cases} 0, & j \geq n+1 \\ a_j, & j \leq n \end{cases}$$

ARMA(p,q)모형에서 k단계 이후 예측에 대한 예측오차분산은 다음과 같다.

$$v_{n,1} = \sigma_a^2$$

$$v_{n,2} = [1 + (\phi_1 - \theta_1)^2]\sigma_a^2$$

$$\begin{aligned} v_{n,3} &= Var[\phi_1 Z_{n+2} + \phi_2 Z_{n+1} + a_{n+3} - \theta_1 a_{n+2} - \theta_2 a_{n+1} | Z_n, \cdots] \\ &= \phi_1^2 v_{n,2} + \phi_2^2 v_{n,1} + (1 + \theta_1^2 + \theta_2^2)\sigma_a^2 + 2\phi_1\phi_2 Cov[Z_{n+2}, Z_{n+1}] \\ &\quad - 2\phi_1\theta_1 Cov[Z_{n+2}, a_{n+2}] - 2\phi_1\theta_2 Cov[Z_{n+2}, a_{n+1}] - 2\phi_2\theta_2 Cov[Z_{n+1}, a_{n+1}] \end{aligned}$$

위에서

$$Cov[Z_{n+2}, Z_{n+1}] = \phi_1 v_{n,1} - \theta_1 \sigma_a^2 = (\phi_1 - \theta_1)\sigma_a^2$$

$$Cov[Z_{n+1}, a_{n+1}] = Cov[Z_{n+2}, a_{n+2}] = \sigma_a^2$$

$$Cov[Z_{n+2}, a_{n+1}] = (\phi_1 - \theta_1)\sigma_a^2$$

이므로 $v_{n,3}$는 다음과 같다.

$$\begin{aligned} v_{n,3} = &\ \phi_1^2 v_{n,2} + \phi_2^2 v_{n,1} + (1 + \theta_1^2 + \theta_2^2 + 2\phi_1\phi_2(\phi_1 - \theta_1) \\ &- 2\phi_1\theta_1 - 2\phi_2\theta_2 - 2\phi_1\theta_2(\phi_1 - \theta_1))\sigma_a^2 \end{aligned}$$

일반적인 k단계 이후 예측에 대한 예측오차분산은 다음과 같이 구해진다.

$$\begin{aligned} v_{n,k} = Var[&\phi_1 Z_{n+k-1} + \ldots + \phi_p Z_{n+k-p} + a_{n+k} - \theta_1 a_{n+k-1} \\ &- \ldots - \theta_q a_{n+k-q} | Z_n, \cdots] \end{aligned}$$

$$= \sum_{i=1}^{p}\phi_i^2 Var[Z_{n+k-i}] + \sigma_a^2 + \sum_{j=1}^{q}\theta_j^2 Var[a_{n+k-j}]$$
$$+ 2\sum_{1\le i<j\le p}\phi_i\phi_j Cov[Z_{n+k-i}, Z_{n+k-j}] - 2\sum_{i=1}^{p}\sum_{j=1}^{q}\phi_i\theta_j Cov[Z_{n+k-i}, a_{n+k-j}]$$

여기서

$$Var[Z_{n+k-i}] = \begin{cases} v_{n,k-i}, & k-i \ge 1 \\ 0, & k-i \le 0 \end{cases}$$
$$Var[a_{n+k-j}] = \begin{cases} \sigma_a^2, & k-j \ge 1 \\ 0, & k-j \le 0 \end{cases}$$

그리고 $Cov[Z_{n+k-i}, a_{n+k-j}]$는 다음과 같다. 우선 $i > j$일 때 이 공분산은 0이며 $i \le j$일 때 $h_{n,k}(j-i) = Cov[Z_{n+k-i}, a_{n+k-j}]$라 하면 다음이 성립한다.

$$h_{n,k}(j-i) = \sum_{m=1}^{p}\phi_a h_{n,k}(j-i-\dot{m}) - \theta_{j-i}\sigma_a^2$$

위에서 $h_{n,k}(0) = \sigma_a^2$이며,

$$h_{n,k}(1) = \phi_1 h_{n,k}(0) - \theta_1\sigma_a^2$$

등으로 산출된다.

한편, $i < j$일 때 $\gamma_{n,k}(j-i) = Cov[Z_{n+k-i}, Z_{n+k-j}]$라 하면 다음이 성립한다.

$$\gamma_{n,k}(j-i) = \sum_{m=1}^{p}\phi_a\gamma_{n,k}(j-i-m) - \sum_{m=1}^{q}\theta_m h_{n,k}(j-i-m)$$

이때 $\gamma_{n,k}(0) = v_{n,k}$이고, $k+j-i-m \le 0$에 대한 $\gamma_{n,k}(j-i-m) = 0$이며,

$$\gamma_{n,k}(1) = \phi_1 v_{n,k} + \phi_2\gamma_{n,k}(-1) + \ldots + \phi_p\gamma_{n,k}(-(p-1)) - \theta_1 h_{n,k}(0)$$
$$\gamma_{n,k}(2) = \phi_1\gamma_{n,k}(1) + \phi_2\gamma_{n,k}(0) + \ldots + \phi_p\gamma_{n,k}(-(p-2)) - \theta_1 h_{n,k}(1) - \theta_2 h_{n,k}(0)$$

등으로 산출된다.

예 5.4

다음의 ARMA(3,1)모형에 대하여 k단계 이후 예측값과 예측오차분산을 구하라.

풀이 우선 일단계 이후 예측값은 아래와 같다.

$$f_{n,1} = \phi_1 Z_n + \phi_2 Z_{n-1} + \phi_3 Z_{n-2} - \theta_1 a_n$$

$k \geq 2$일 때 다음과 같으므로

$$f_{n,k} = E[\phi_1 Z_{n+k-1} + \phi_2 Z_{n+k-2} + \phi_3 Z_{n+k-3} | Z_n, \cdots]$$

k단계 이후($k \geq 2$) 예측값은 다음과 같다.

$$\begin{aligned} f_{n,2} &= \phi_1 f_{n,1} + \phi_2 Z_n + \phi_3 Z_{n-1} \\ f_{n,3} &= \phi_1 f_{n,2} + \phi_2 f_{n,1} + \phi_3 Z_n \\ f_{n,k} &= \phi_1 f_{n,k-1} + \phi_2 f_{n,k-2} + \phi_3 f_{n,k-3} \quad (k \geq 4) \end{aligned}$$

한편, k단계 이후 예측에 대한 예측오차분산은 다음과 같다.

$$\begin{aligned} v_{n,1} &= \sigma_a^2 \\ v_{n,2} &= [1 + (\phi_1 - \theta_1)^2] \sigma_a^2 \\ v_{n,3} &= \phi_1^2 v_{n,2} + \phi_2^2 v_{n,1} + (1 + \theta_1^2 + 2\phi_1 \phi_2 (\phi_1 - \theta_1) - 2\phi_1 \theta_1) \sigma_a^2 \end{aligned}$$

$k \geq 4$일 때는 다음과 같다.

$$\begin{aligned} v_{n,k} = {} & \phi_1^2 v_{n,k-1} + \phi_2^2 v_{n,k-2} + \phi_3^2 v_{n,k-3} + (1 + \theta_1^2) \sigma_a^2 \\ & + 2\phi_1 \phi_2 Cov[Z_{n+k-1}, Z_{n+k-2}] + 2\phi_1 \phi_3 Cov[Z_{n+k-1}, Z_{n+k-3}] \\ & + 2\phi_2 \phi_3 Cov[Z_{n+k-2}, Z_{n+k-3}] \\ & - 2\phi_1 \theta_1 Cov[Z_{n+k-1}, a_{n+k-1}] \end{aligned}$$

5.3 예측식의 갱신

매시점마다 일단계 이후 또는 k단계 이후 값을 예측하는 경우 과거 시계열 값을 반복적으로 예측값에 대입하는 것이 번거울 수 있다. 따라서 어떤 시점에서 미래를 예측할 때 이전 시점에서 산출된 예측값과 새로운 관측값만을 사용하는 갱신식(updating formula)이 있다면 편리할 수 있을 것이다.

우선 일단계 이후 예측식에 대한 갱신식을 알아보자. 식 (5.7)로부터 시점 n에서 일단계 이후 예측값은 다음과 같고

$$f_{n,1} = \psi_1 a_n + \psi_2 a_{n-1} + \dots \tag{5.21}$$

이단계 이후 예측값은 다음과 같다.

$$f_{n,2} = \psi_2 a_n + \psi_3 a_{n-1} + \dots \tag{5.22}$$

한편, 시점 $n+1$에서의 일단계 이후 예측값은 아래와 같이 기술된다.

$$f_{n+1,1} = \psi_1 a_{n+1} + \psi_2 a_n + \dots \tag{5.23}$$

따라서 식 (5.23)을 다음과 같이 쓸 수 있다.

$$f_{n+1,1} = \psi_1 a_{n+1} + f_{n,2} \tag{5.24}$$

여기에 식 (5.11)을 사용하면 결국 일단계 이후 예측식에 대한 갱신식은 다음과 같다.

$$f_{n+1,1} = f_{n,2} + \psi_1 (Z_{n+1} - f_{n,1}) \tag{5.25}$$

즉, 시점 n에서 일단계 이후 및 이단계 이후 예측값이 있다면 시점 $n+1$에서의 일단계 이후 예측값은 식 (5.25)에 의하여 산출할 수 있다.

예 5.5

다음과 같은 AR(4)모형에 대한 예측식의 갱신식을 유도하라.

$$Z_t = \phi_1 Z_{t-1} + \phi_2 Z_{t-2} + \phi_3 Z_{t-3} + \phi_4 Z_{t-4} + a_t$$

풀이 이 모형에 대하여 $\psi_1 = \phi_1$이므로 식 (5.25)에 의해 갱신식은 다음과 같다.

$$f_{n+1,1} = f_{n,2} + \phi_1 (Z_{n+1} - f_{n,1}) \tag{5.26}$$

k단계 이후 예측식에 대한 갱신식을 유도하기 위하여 위의 과정을 반복하면 다음과 같은 관계식을 얻는다.

$$f_{n+1,k} = f_{n,k+1} + \psi_k (Z_{n+1} - f_{n,1}),\ \ k = 1, 2, \cdots \tag{5.27}$$

예 5.6

아래의 ARMA(1,1)모형에 대한 예측식의 갱신식을 유도하라.

$$Z_t = \phi_1 Z_{t-1} + a_t - \theta_1 a_{t-1}$$

풀이 본 모형의 경우 $\psi_1 = \phi_1 - \theta_1$이므로 식 (5.25)에 의하면 갱신식은 다음과 같다.

$$f_{n+1,1} = f_{n,2} + (\phi_1 - \theta_1)(Z_{n+1} - f_{n,1}) \tag{5.28}$$

ARMA(1,1)모형에 대한 k단계 이후 예측식은 다음과 같으므로

$$\begin{aligned} f_{n,k} &= E[Z_{n+k}|Z_n, Z_{n-1},\cdots] \\ &= E[\phi_1 Z_{n+k-1} + a_{n+k} - \theta_1 a_{n+k-1}|Z_n, Z_{n-1},\cdots] \\ &= \phi_1 f_{n,k-1} = \phi_1^{k-1} f_{n,1}, \qquad k = 2,3,\cdots \end{aligned}$$

식 (5.28)은 다음과 같이 정리된다.

$$f_{n+1,1} = (\phi_1 - \theta_1)Z_{n+1} + \theta_1 f_{n,1} \tag{5.29}$$

이 수식을 사용하면 예측을 위해 매번 과거 오차항을 산출할 필요는 없다.

예 5.7

시계열 J13은 AR(2)모형을 따른다. 처음 200개의 관측값으로부터 모형을 추정하고 그 이후부터 일단계 이후 예측값을 산출하고 실제값과 비교하여 예측오차를 구하라. 또한 이를 바탕으로 예측성능척도인 RMSE, MAD, MAPE를 계산하라.

풀이 우선 AR(2)모형에서 예측식의 갱신식을 얻기 위해 (예 5.5)의 결과를 이용하면 다음과 같다.

$$f_{n+1,1} = f_{n,2} + \phi_1(Z_{n+1} - f_{n,1})$$

여기서

$$f_{n,2} = \phi_1 f_{n,1} + \phi_2 Z_n$$

따라서 갱신식은 다음과 같다.

$$f_{n+1,1} = \phi_1 Z_{n+1} + \phi_2 Z_n$$

이 경우 갱신식은 아니고 예측식에서 최근 두 관측값을 사용하고 있다.

처음 200개의 관측값을 사용하여 모형을 추정하면 다음과 같다. 즉 계수 추정치는 아래와 같다.

$$\hat{\phi}_1 = 0.4811,\ \hat{\phi}_2 = 0.3465,\ \hat{\sigma}^2 = 0.6211$$

Variable	Coefficient	Std. Error	t-Statistic	Prob.
AR(1)	0.481071	0.058179	8.268797	0.0000
AR(2)	0.346457	0.065573	5.283541	0.0000
SIGMASQ	0.621148	0.061610	10.08196	0.0000

R-squared	0.591207	Mean dependent var	0.023675
Adjusted R-squared	0.587057	S.D. dependent var	1.235761
S.E. of regression	0.794108	Akaike info criterion	2.396873
Sum squared resid	124.2296	Schwarz criterion	2.446348
Log likelihood	-236.6873	Hannan-Quinn criter.	2.416894

일단계 이후 예측값에 대한 예측성능척도를 산출하면 다음과 같다.

RMSE=0.5814, MAD=0.4706, MAPE=238.79(%)

연습문제

5.1 다음과 같은 시계열 모형을 고려하자.

$$Z_t = \phi Z_{t-1} + a_t - \theta_1 a_{t-1} - \theta_2 a_{t-2}$$

1) 시점 n에서 일단계 이후 예측값을 구하라.
2) 시점 n에서 이단계 이후 예측값을 구하라.
3) 시점 n에서 일단계 이후 예측오차의 분산을 구하라.
4) 시점 n 또는 이전의 일단계 이후 예측값을 사용하여 $(n+1)$시점의 일단계 이후 예측값에 대한 갱신식을 유도하라.

5.2 ARMA(1,3)모형에서 일단계 이후 예측값과 예측오차분산을 구하라. 또한 최소한의 정보를 이용한 예측값 갱신식을 유도하라.

5.3 ARMA(3,1)모형에서 일단계 이후 예측값과 예측오차분산을 구하라. 또한 최소

한의 정보를 이용한 예측값 갱신식을 유도하라.

5.4 어느 공항에 부는 바람의 시간별 풍속 S_t는 다음의 모형을 따른다고 한다.

$$\ln S_{t+1} = 0.8\ln S_t + a_{t+1} + w_{t+1}$$

여기서 a_t는 평균 2, 분산 9의 정규분포를 따르는 백색잡음이며, w_t는 다른 것들과 독립인 풍향인자로 다음과 같은 확률변수이다.

$$w_t = \begin{cases} 2, & \text{북풍일 때 (확률 0.75)} \\ -1, & \text{남풍일 때 (확률 0.25)} \end{cases}$$

오후 1시의 풍속이 $e\,(=2.718)$일 때, 오후 3시의 로그풍속($\ln S_t$)를 예측하라. 오차분산은 얼마인가?

5.5 어떤 과일가게에 매일 과일이 입고되는데 입고량은 독립적으로 평균이 100인 포아송분포를 따른다고 한다. 하루 전 들어온 과일의 60%가 재고로 남으며, 이틀 전 들어온 과일은 20%가 재고로 남고, 사흘 전 들어온 과일은 팔고 남으면 폐기처분한다고 한다.

(a) 과일의 누적 재고를 입고되는 양으로 모형화하라.

(b) 시점 t에서 누적 재고의 일단계 및 이단계 이후 예측값과 오차분산을 구하라.

(힌트: 포아송분포를 따르는 확률변수의 분산은 평균과 동일하다.)

5.6 어떤 제품의 시점 t의 수요는 시점 $t-1$의 수요의 상수배와 시점 t에서의 랜덤 오차항의 합으로 결정된다고 한다. 한 시점의 수요의 기댓값은 50이고 수요에 대한 시차 2의 자기상관계수는 0.25이다. 랜덤오차항의 평균은 분산의 1/2이다.

(a) 이 제품의 수요는 어떤 모형을 따르는가?

(b) 어느 해 9월의 수요가 90이다. 이 해의 11월 및 12월 수요를 예측하고 오차분산을 구하라.

5.7 두 시계열 $\{X_t, t=1,2,\cdots\}$과 $\{Y_t, t=1,2,\cdots\}$이 다음과 같다.

$$X_t = \phi X_{t-1} + a_t$$

$$Y_t = a_t - \theta_1 a_{t-1} - \theta_2 a_{t-2}$$

여기서 a_t는 평균 0, 분산 σ_a^2를 갖는 백색잡음이며 두 시계열에 동일하게 작용한다. $Z_t = X_t + Y_t$라 할 때 다음 물음에 답하라.

(a) $\{Z_t, t=1,2,\cdots\}$이 ARMA(1,3)모형이 됨을 보여라.

(b) $\{Z_t, t=1,2,\cdots\}$의 시점 n에서의 일단계 이후 예측값과 오차분산을 구하라.

(c) 일단계 이후 예측값에 대한 갱신식을 유도하라.

5.8 다음과 같은 모형을 생각해보자.

$$Z_t = \phi_1 Z_{t-1} + \phi_2 Z_{t-2} + a_t - \theta_1 a_{t-1}$$

여기서 a_t는 평균 0, 분산 σ_a^2를 갖는 백색잡음이다.

(a) 시점 n에서 일단계 이후 예측값을 구하라.

(b) 시점 n에서 일단계 이후 예측에 대한 오차분산을 구하라.

(c) 시점 $n+1$에서 일단계 이후 예측값을 시점 n에서의 일단계 예측값으로 표현하는 갱신식을 유도하라. 단, 백색잡음은 포함되지 않게 하라.

5.9 ARMA(1,1)모형에 대한 k단계 이후 예측에 대한 예측오차분산을 k=3,4,5에 대하여 구하라.

5.10 시계열 J14는 MA(2)모형을 따른다. 처음 200개 관측값으로부터 모형을 추정하고, 그 이후부터 일단계 이후 예측값을 산출한 뒤 실제값과 비교하여 예측오차를 구하라. 또한 이를 바탕으로 예측성능척도인 RMSE, MAD, MAPE를 계산하라.

5.11 시계열 J15는 ARMA(3,1)모형을 따른다. 처음 200개 관측값으로부터 모형을 추정하고, 그 이후부터 일단계 이후 예측값을 산출한 뒤 실제값과 비교하여 예측오차를 구하라. 또한 이를 바탕으로 예측성능척도인 RMSE, MAD, MAPE를 계산하라.

5.12 시계열 J16은 ARMA(1,3)모형을 따른다. 처음 200개 관측값으로부터 모형을 추정하고, 그 이후부터 일단계 이후 예측값을 산출한 뒤 실제값과 비교하여 예측오차를 구하라. 또한 이를 바탕으로 예측성능척도인 RMSE, MAD, MAPE를 계산하라.

5.13 (예 5.7)에서는 AR(2)모형을 사용하였다. 시계열이 AR(1)모형을 따른다고 가정하여 모형을 추정한 후 동일한 계산을 하고 결과를 비교하라.

6장

비정상적 시계열

6.1 시계열의 비정상성

실제 많은 시계열에는 추세(trend) 및 계절성(seasonality) 등이 포함되어 있는데, 이러한 시계열은 정상성을 만족하지 못한다. 시계열을 그림으로 그려보면 쉽게 정상성 여부를 알 수 있다. 비정상적 시계열에 대하여 ACF를 구하면 시차에 대하여 매우 서서히 감소하는 패턴을 볼 수 있는데 이를 통해 시계열의 정상성 여부를 판단할 수도 있다. 이 장에서는 차분을 통하여 정상적 시계열을 얻을 수 있다는 전제를 갖는 모형을 소개하고 분산안정화 기법, 분해법에 의한 추세 및 계절성제거, 그리고 정상성 여부를 검정하는 단위근검정 등을 기술하고자 한다.

6.2 ARIMA모형

시계열에 추세가 있는 경우 간단한 해결방안의 하나는 차분(differencing)이다. 1차 차분은 바로 인근한 두 값의 차를 산출하는 것으로 다음과 같이 표현된다.

$$\Delta Z_t = Z_t - Z_{t-1} = (1-B)Z_t \tag{6.1}$$

일반적으로 d차 차분은 다음과 같다.

$$\Delta^d Z_t = (1-B)^d Z_t, \ d = 1, 2, \cdots \tag{6.2}$$

예를 들어 2차 차분은 아래와 같이 쓸 수 있다.

$$\Delta^2 Z_t = (Z_t - Z_{t-1}) - (Z_{t-1} - Z_{t-2}) = (1 - 2B + B^2)Z_t = (1-B)^2 Z_t$$

만약 시계열이 1차 차분 후 정상적이 된다면 원 시계열을 1차 누적시계열(과정)(integrated process of order 1)이라 한다. 일반적 차수의 누적시계열을 다음과 같이 정의한다.

> **정의 6.1 d차 누적시계열; Integrated process of order d** d차 차분 후 시계열이 처음으로 정상적이 될 때, 원 시계열을 d차 누적시계열이라 하며, I(d)로 표현한다.

적절한 차수(order)를 찾는 것도 실제로 중요한 문제인데 추후에 다루고자 한다.

ARIMA(Autoregressive integrated moving average)모형을 다음과 같이 정의한다.

> **정의 6.2** d차 차분 후 시계열이 정상적 ARMA(p, q)모형을 따를 때, 원 시계열이 ARIMA(p, d, q)모형을 따른다고 한다.

즉, ARIMA(p, d, q)모형을 다음과 같이 기술할 수 있다.

$$\phi_p(B)(1-B)^d Z_t = \theta_q(B) a_t \qquad (6.3)$$

예를 들어 ARIMA(1, 1, 1)모형을 다음과 같이 쓸 수 있다.

$$(1-\phi_1 B)(1-B)Z_t = (1-\theta_1 B)a_t, \quad -1 < \phi_1 < 1; -1 < \theta_1 < 1 \qquad (6.4a)$$

또는

$$Z_t = (1+\phi_1)Z_{t-1} - \phi_1 Z_{t-2} + a_t - \theta_1 a_{t-1} \qquad (6.4b)$$

6.3 IMA모형

ARIMA모형 중에서 특히 AR 부분이 없는 모형을 IMA모형이라 한다. 이는 실제에 많이 활용되는데 추후 살펴보듯이 지수가중이동평균(EWMA)과 연관되어 있기 때문이다.

> **정의 6.3** ARIMA(p, d, q)모형에서 $p=0$인 경우를 IMA(d, q)모형이라 한다. 즉,
>
> $$(1-B)^d Z_t = \theta_q(B) a_t \qquad (6.5)$$

아래와 같은 IMA(1, 1)모형을 살펴보자.

$$(1-B)Z_t = (1-\theta B)a_t, \quad -1 < \theta < 1 \qquad (6.6)$$

이를 AR형태로 표현하면 다음과 같다.

$$Z_t = \sum_{j=1}^{\infty} \pi_j Z_{t-j} + a_t \tag{6.7}$$

여기서 계수들은 다음과 같다.

$$\pi_j = (1-\theta)\theta^{j-1}, \; j = 1, 2, \cdots \tag{6.8}$$

다시 $\lambda = 1-\theta$로 정의하고 $0 < \lambda < 1$인 경우를 고려하면 식 (6.8)의 계수들은 다음과 같이 EWMA에서의 가중치와 동일하다.

$$\pi_j = \lambda(1-\lambda)^{j-1} \tag{6.9}$$

또한, 다음과 같이 시점 T에서의 시계열 수준을 정의하면

$$L_T = \sum_{j=1}^{\infty} \pi_j Z_{T+1-j} = \lambda \sum_{j=1}^{\infty} (1-\lambda)^{j-1} Z_{T+1-j} \tag{6.10}$$

시점 $t+1$에서의 수준은 다음과 같이 표현되는데 시점 $T+1$의 시계열 값이 관측된 후의 EWMA의 갱신식(updating formula)과 동일하다.

$$L_{T+1} = \lambda Z_{T+1} + (1-\lambda) L_T \tag{6.11}$$

예 6.1

$\{Z_t, t \geq 1\}$가 IMA(1,1)모형을 따를 때 Z_t의 분산을 구하라.

풀이 시계열의 관측값이 총 n_0개 있다고 할 때, 식 (6.6)을 다음으로 나타낼 수 있다. $t > n_0$에 대하여

$$\begin{aligned} Z_t &= Z_{t-1} + a_t - \theta a_{t-1} \\ &= Z_{t-2} + a_t + (1-\theta)a_{t-1} - \theta a_{t-2} \\ &= \ldots \\ &= Z_{n_0} + a_t + (1-\theta)a_{t-1} + \ldots + (1-\theta)a_{n_0+1} - \theta a_{n_0} \end{aligned}$$

따라서 $t > n_0$일 때 $(1-\theta)$항을 포함하는 미래 백색잡음이 $(t-n_0-1)$개 있으므로, Z_t의 분산은 다음과 같다.

$$Var[Z_t] = [1 + (t - n_0 - 1)(1 - \theta)^2]\sigma_a^2 \quad (6.12)$$

이 분산을 살펴보면 시점 t에 따라 계속적으로 증가함을 볼 수 있다. 비정상적 시계열에서는 이와 같이 분산이 시간에 따라 변하게 된다.

예 6.2

$\{Z_t, t \geq 1\}$가 IMA(1,1)모형을 따를 때, ACF를 구하라.

풀이 Z_t와 Z_{t-k}의 자기공분산은 다음과 같이 산출된다.

$$\begin{aligned} Cov[Z_t, Z_{t-k}] & \\ &= Cov[a_t + (1-\theta)a_{t-1} + \ldots + (1-\theta)a_{n_0+1},\ a_{t-k} \\ &\quad + (1-\theta)a_{t-k-1} + \ldots + (1-\theta)a_{n_0+1}] \\ &= [1 - \theta + (t-k-n_0-1)(1-\theta)^2]\sigma_a^2 \end{aligned}$$

따라서 $t-k > n_0$일 때, 시점 t에서 시차 k의 자기상관계수는 다음과 같이 산출된다.

$$Corr[Z_t, Z_{t-k}] = \frac{Cov[Z_t, Z_{t-k}]}{\sqrt{Var[Z_t]}\sqrt{Var[Z_{t-k}]}} \quad (6.13)$$

$$= \frac{1 - \theta + (t-k-n_0-1)(1-\theta)^2}{\sqrt{[1 + (t-n_0-1)(1-\theta)^2]}\sqrt{[1 + (t-k-n_0-1)(1-\theta)^2]}}$$

이를 볼 때 자기상관계수는 시간에 의존하며, 시간이 커질 때 1에 가까운 값이 됨을 알 수 있다(분자 및 분모가 무한대가 되나 상관계수는 절댓값이 1보다 작거나 같으므로). 즉, 비정상적 시계열의 ACF는 시차에 따라 매우 서서히 감소한다는 예를 IMA(1,1)모형으로부터 볼 수 있다.

6.4 계절성 ARIMA모형

월별 데이터 또는 분기별 데이터를 다룰 때 종종 주기적 패턴을 발견할 수 있다. 추세가 없는 시계열에서 다음을 만족하는 경우

$$E[Z_t] = E[Z_{t+s}]$$

이 시계열이 주기(period) s의 계절성(seasonality)을 갖는다고 한다. 예를 들어 월별 데이터의 경우 주기는 $s=12$가 되며, 추세가 없다면 특정연도에서 다른 월의 평균값은 서로 다르지만 특정 월의 다른 연도에서의 평균값은 동일하다고 볼 수 있다. 계절성을 갖는 시계열은 추세가 없더라도 기댓값이 동일하지 않기 때문에 비정상적 시계열이라고 할 수 있다. 추세가 없는 계절성 시계열을 정상적인 것으로 변환하기 위해서는 계절성 차분(seasonal differencing)이 필요하다. 주기 s의 계절성 차분은 다음과 같이 정의된다.

$$\nabla_s Z_t = (1-B^s)Z_t = Z_t - Z_{t-s} \tag{6.14}$$

다음의 예를 통하여 계절성 모형을 표현하는 방식을 알아보자. 주기 12를 가지며, 추세가 없는 월별 시계열이 있다고 하자. 이때 1월의 데이터들이 MA(1)모형을 따른다고 하면 아래와 같이 기술할 수 있다.

$$Z_t = (1-\Theta B^{12})\alpha_t \tag{6.15}$$

여기서 α_t들은 오차항으로 α_t, α_{t-12}, α_{t-24}, $\cdots$, 등은 서로 상관관계가 없다. 2월 데이터들만 볼 때도 동일한 모형을 따른다고 하면 역시 식 (6.15)로 기술할 수 있다. 즉, 월이 고정되면 해당 오차항들은 서로 상관관계가 없다. 그러나 인접한 월간에는 상관관계가 있을 수 있으므로 오차항들에 대한 새로운 모형이 필요하다. 오차항 α_t가 다음과 같은 MA(1)모형을 따른다고 하면 아래와 같으므로

$$\alpha_t = (1-\theta B)a_t \tag{6.16}$$

결국 해당 시계열모형을 아래와 같이 기술할 수 있다.

$$Z_t = (1-\theta B)(1-\Theta B^{12})a_t \tag{6.17}$$

즉, 위의 모형은 비계절성 MA(1)모형과 계절성 MA(1)모형이 결합된 형태이다.

만약, 1월 데이터들이 식 (6.15) 대신 아래와 같은 IMA(1,1)모형을 따르고 오차항 α_t가 다시 IMA(1,1)모형을 따른다고 하면 다음 식으로 기술할 수 있다.

$$(1-B^{12})Z_t = (1-\Theta B^{12})\alpha_t$$
$$(1-B)\alpha_t = (1-\theta B)a_t$$

이를 결합하면 원 시계열모형을 다음과 같이 쓸 수 있는데

$$(1-B)(1-B^{12})Z_t = (1-\theta B)(1-\Theta B^{12})a_t \quad (6.18)$$

이 모형을 계절성 ARIMA$(0,1,1)\times(0,1,1)_{12}$모형이라고 부른다. 즉, 처음 (0,1,1)은 비계절성 ARIMA(0,1,1)모형을 의미하며 다음 $(0,1,1)_{12}$는 주기 12의 계절성 ARIMA (0,1,1)모형을 나타낸다.

이를 일반화하여 주기 s를 갖는 시계열에 대하여 특정 계절별 시계열이 아래와 같이 ARIMA(P,D,Q)를 따르고

$$\Phi_P(B^s)(1-B^s)^D Z_t = \Theta_Q(B^s)\alpha_t \quad (6.19)$$

오차항들이 다음의 ARIMA(p,d,q)를 따른다면

$$\phi_p(B)(1-B)^d\alpha_t = \theta_q(B)a_t \quad (6.20)$$

원 시계열모형을 다음과 같이 기술하고

$$\phi_p(B)\Phi_P(B^s)(1-B)^d(1-B^s)^D Z_t = \theta_q(B)\Theta_Q(B^s)a_t \quad (6.21)$$

계절성 ARIMA$(p,d,q)\times(P,D,Q)_s$모형이라고 부른다.

계절성 및 비계절성 차분을 취한 시계열을 다음으로 정의할 때

$$W_t = (1-B)^d(1-B^s)^D Z_t$$

계절성 ARIMA$(p,d,q)\times(P,D,Q)_s$모형에 대응하는 $\{W_t, t\ge 1\}$는 계절성 ARMA $(p,q)\times(P,Q)_s$모형을 따른다고 기술할 수 있다. 즉, 다음과 같다.

$$\phi_p(B)\Phi_P(B^s)W_t = \theta_q(B)\Theta_Q(B^s)a_t$$

우선 비계절성 부분이 없는 경우$(p=q=0)$를 알아보자. 이 경우 계절성 ARIMA 모형은 차분을 취한 시계열로 표현할 때 다음과 같이 기술된다.

$$\Phi_P(B^s)W_t = \Theta_Q(B^s)a_t$$

따라서 계절성 주기별 시점을 다시 정의하면 비계절성 ARIMA모형과 동일한 것을 알 수 있다.

예 6.3

계절성 ARIMA$(0,d,0)\times(1,D,0)_{12}$모형(또는 차분 시계열이 계절성 ARMA $(0,0)\times(1,0)_{12}$)에 대한 ACF와 PACF를 구하라.

풀이 본 모형을 다시 기술하면 다음과 같다.

$$W_t = \Phi_1 W_{t-12} + a_t(\text{단, } -1 < \Phi_1 < 1)$$

양변에 W_{t-1}를 곱한 후 기댓값을 취하면 다음과 같다.

$$\gamma(1) = \Phi_1 \gamma(11)$$

유사한 과정을 거치면 다음의 결과를 얻는다.

$$\gamma(k) = \Phi_1 \gamma(12-k),\ \ k = 1,2,\cdots,12$$

$\gamma(11) = \Phi_1 \gamma(1)$이므로 다음이 성립한다.

$$\gamma(1) = \Phi_1^2 \gamma(1)$$

따라서 $\Phi_1 \neq 0$일 때 $\gamma(1) = 0$이다. 마찬가지로

$$\gamma(k) = 0,\ \ k = 1,\cdots,11$$

이고

$$\gamma(12k) = \Phi_1^k \gamma(0),\ \ k = 1,2,\cdots$$

이다. 즉, ACF는 다음과 같다.

$$\rho(12k) = \begin{cases} \Phi_1^k, & k = 1,2,\ \cdots \\ 0, & \text{그밖의 경우} \end{cases}$$

한편, PACF는 다음과 같다.

$$P(k) = \begin{cases} \Phi_1, & k = 12 \\ 0, & \text{그밖의 경우} \end{cases}$$

다시 말하면 주기 12의 배수가 되는 시점들만 고려하면 AR(1)모형과 유사

함을 알 수 있다. 따라서 표본 ACF 및 표본 PACF가 위와 유사하다면 $P=1$로 결정할 수 있다.

예 6.4

다음과 같은 계절성 $\text{ARIMA}(0,d,1)\times(0,D,1)_{12}$모형에 대한 차분 시계열의 ACF를 구해보라.

$$W_t=(1-\theta B)(1-\Theta B^{12})a_t$$

풀이 즉, 차분 시계열은 아래와 같다.

$$W_t=a_t-\theta a_{t-1}-\Theta a_{t-12}+\theta\Theta a_{t-13}$$

이므로 MA(13)모형의 특수한 형태와 같다고 할 수 있다. 먼저, W_t의 분산은 다음과 같다.

$$\gamma(0)=Var[W_t]=(1+\theta^2+\Theta^2+\theta^2\Theta^2)\sigma_a^2=(1+\theta^2)(1+\Theta^2)\sigma_a^2$$

시차 k의 자기공분산은 다음과 같다.

$$\begin{aligned}\gamma(k)&=E[W_tW_{t-k}]\\&=E[(a_t-\theta a_{t-1}-\Theta a_{t-12}+\theta\Theta a_{t-13})(a_{t-k}-\theta a_{t-k-1}\\&\quad-\Theta a_{t-k-12}+\theta\Theta a_{t-k-13})]\end{aligned}$$

따라서 Z_t의 ACF는 다음과 같다.

$$\rho(1)=\frac{\gamma(1)}{\gamma(0)}=\frac{-(\theta+\theta\Theta^2)\sigma_a^2}{(1+\theta^2)(1+\Theta^2)\sigma_a^2}=\frac{-\theta}{1+\theta^2}$$

$$\rho(11)=\frac{\gamma(11)}{\gamma(0)}=\frac{\theta\Theta\sigma_a^2}{(1+\theta^2)(1+\Theta^2)\sigma_a^2}=\frac{\theta\Theta}{(1+\theta^2)(1+\Theta^2)}$$

$$\rho(12)=\frac{\gamma(12)}{\gamma(0)}=\frac{-(\Theta+\theta^2\Theta)\sigma_a^2}{(1+\theta^2)(1+\Theta^2)\sigma_a^2}=\frac{-\Theta}{1+\Theta^2}$$

$$\rho(13)=\frac{\gamma(13)}{\gamma(0)}=\frac{\theta\Theta\sigma_a^2}{(1+\theta^2)(1+\Theta^2)\sigma_a^2}=\frac{\theta\Theta}{(1+\theta^2)(1+\Theta^2)}=\rho(11)$$

그리고 다른 시차에 대해서는 0이다.

계절성이 확실하게 존재하면 계절성 차분이 필요하므로 실제 사용하는 계절성 ARIMA모형에서는 대부분 계절성 차분이 있는($D \neq 0$) 모형이 사용된다. 계절성 ARIMA모형의 식별을 위해서는 우선 적절한 차분을 결정하여야 하며 차분 시계열 $W_t = (1-B)^d(1-B^s)^D Z_t$에 대한 ACF 및 PACF를 통하여 p, q, P, Q를 정하여야 한다.

예 6.5

계절성 ARIMA$(1,0,0)\times(1,1,0)_{12}$모형의 ACF 및 PACF에 대하여 설명하라.

풀이 이 경우에는 다음과 같은 차분 시계열 W_t을 고려할 때,

$$W_t = (1-B^{12})Z_t$$

다음과 같은 모형이 된다.

$$(1-\phi B)(1-\Phi B^{12})W_t = a_t$$

또는

$$W_t = \phi W_{t-1} + \Phi W_{t-12} - \phi\Phi W_{t-13} + a_t$$

ACF를 구하기 위해서는 Yule–Walker 방정식 형태의 근을 구하여야 하므로 AR모형의 형태라 할 수 있겠다. PACF는 $(1,0,0)\times(1,0,0)_{12}$이 $(0,0,1)\times(0,0,1)_{12}$와 쌍대관계가 있으므로 $(0,0,1)\times(0,0,1)_{12}$모형의 ACF와 유사할 것으로 추정된다.

현실적으로 복잡한 계절성 ARIMA모형의 식별은 불가능하며 비교적 단순한 경우만 가능하다. 계절성 ARIMA모형 식별을 위한 절차는 다음과 같다.

단계 1. 시계열도를 그려보고 추세 및 계절성의 존재 여부를 판단한다.

단계 2. 아래 사항을 고려하여 적절히 차분한다.

1) 추세는 없고 계절성이 있는 경우: 해당 주기에 대한 계절성 차분을 실시한다.
2) 추세는 있고 뚜렷한 계절성이 없는 경우: 선형추세가 있는 경우 1차 차분을 하고, 곡선형태의 추세가 있는 경우 차분 전에 변환을 시도한다.

3) 추세와 계절성이 있는 경우: 우선 계절성 차분을 실시하고 추세를 다시 조사한다. 추세가 여전이 남아있는 경우 1차 차분을 추가로 실시한다.

단계 3. 차분 시계열에 대한 ACF 및 PACF를 바탕으로 p, q, P, Q를 결정한다.

1) 비계절성 계수인 p, q는 ARMA모형의 경우와 동일한 요령으로 결정한다.

2) 계절성 계수인 P, Q는 주기의 배수에서 나타나는 ACF 및 PACF의 패턴을 보고 결정한다.

단계 4. 모형을 추정한다.

단계 5. 잔차검정을 실시한다.

예 6.6

시계열 J17은 2016년 1월 1일부터 2016년 12월 31일 1년간 일별 경부선 1종 차량운행수를 나타내고 있다. [그림 6.1]에서 보듯이 추세는 없으나 계절성이 뚜렷하다. 주기 7에 대해 차분한 시계열의 ACF와 PACF를 그려보면 [그림 6.2]와 같다. 모형을 식별하라.

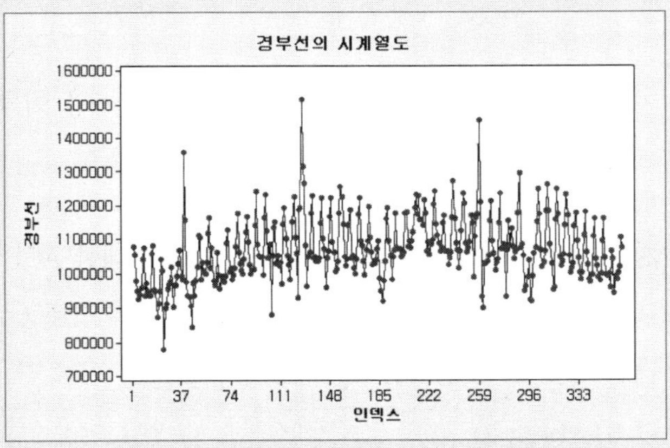

그림 6.1 2016년 일별 경부선 1종 차량운행수

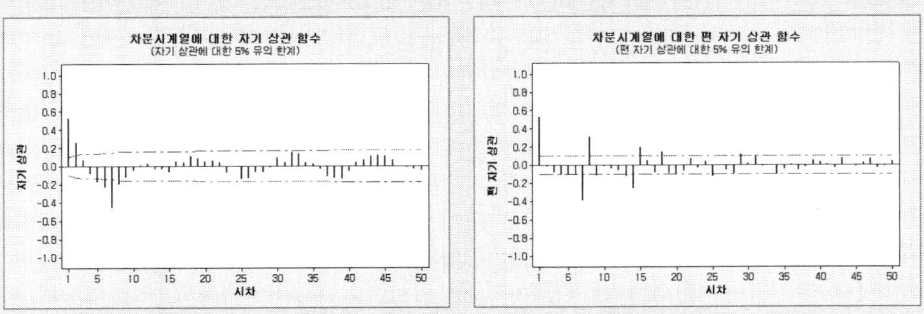

그림 6.2 [그림 6.1]을 주기 7에 대해 차분한 ACF(왼쪽)과 PACF(오른쪽).

풀이 ACF를 볼 때, 비계절성 부분은 지수적으로 감소하는 AR(1)모형의 패턴을 보이며, PACF를 보면 주기 7의 배수에서 지수적으로 감소하므로 계절성 부분은 MA(1)모형을 따르는 것으로 보인다. 따라서 본 시계열은 다음의 $(1,0,0)\times(0,1,1)_7$모형을 따르는 것으로 식별된다.

$$(1-\phi B)(1-B^7)Z_t=(1-\Theta B^7)a_t$$

상기 모형의 추정결과는 아래와 같다.

	계수추정치	표준오차	T값	p값
AR1	0.6052	0.0428	14.15	0.000
SMA12	0.8721	0.0264	32.99	0.000

본 모형에 대한 잔차의 Ljung-Box 검정결과는 다음과 같다.

시차	12	24	36	48
카이제곱통계량	16.6	36.4	49.9	59.9
p-값	0.084	0.028	0.039	0.081

따라서 비교적 높은 시차에서 유의수준 5%일 때 잔차가 백색잡음을 따른다고 할 수 있다. 즉, 위에서 식별한 모형은 타당하다.

계절성 ARIMA모형에서 자주 사용되는 몇 개의 모형에 대한 ACF 특성을 요약하면 아래와 같다(Box et al, 1994 참조). 여기서 모형은 차분 시계열 $W_t=(1-B)^d(1-B^s)^D Z_t$에 대한 것으로 $(p,q)\times(P,Q)_s$로 표기한다.

모형 $(0,0)\times(1,0)_s$ $(s\geq 2)$

$$\rho(sk)=\Phi_1^k,\ k=1,2,\cdots$$
$$\rho(j)=0,\ \text{그밖의 경우}$$

모형 $(0,0)\times(1,1)_s$

$$\rho_s=-\left[\Theta_1-\Phi_1-\frac{\Phi_1(\Theta_1-\Phi_1)^2}{1-\Phi_1^2}\right]/\gamma_0=-\frac{(\Theta_1-\Phi_1)(1-\Phi_1\Theta_1)}{1+\Theta_1^2-2\Phi_1\Theta_1}$$
$$\rho_j=\Phi_1\rho_{j-s},\ j=2s,3s,\cdots$$

$$\rho(j) = 0, \text{ 그밖의 경우}$$

$$\gamma(0) = \left[1 + \frac{(\Theta_1 - \Phi_1)^2}{1 - \Phi_1^2}\right]\sigma_a^2$$

모형 $(0,s)\times(0,0)_s$ $(s \geq 3)$ $(\theta_2 = \ldots = \theta_{s-1} = 0)$

$$\rho(1) = -\theta_1/\gamma(0)$$

$$\rho(s-1) = \theta_1\theta_s/\gamma(0)$$

$$\rho(s) = -\theta_s/\gamma(0)$$

$$\rho(j) = 0, \text{ 그밖의 경우}$$

$$\gamma(0) = (1 + \theta_1^2 + \theta_s^2)\sigma_a^2$$

모형 $(0,s+1)\times(0,0)_s$ $(s \geq 3)$ $(\theta_2 = \ldots = \theta_{s-1} = 0)$

$$\rho(1) = (-\theta_1 + \theta_s\theta_{s+1})/\gamma(0)$$

$$\rho(s-1) = \theta_1\theta_s/\gamma(0)$$

$$\rho(s) = (\theta_1\theta_{s+1} - \theta_s)/\gamma(0)$$

$$\rho(s+1) = -\theta_{s+1}/\gamma(0)$$

$$\rho(j) = 0, \text{ 그밖의 경우}$$

$$\gamma(0) = (1 + \theta_1^2 + \theta_s^2 + \theta_{s+1}^2)\sigma_a^2$$

모형 $(0,s)\times(1,0)_s$ $(s \geq 3)$ $(\theta_2 = \ldots = \theta_{s-1} = 0)$

$$\rho(1) = -\theta_1\left[1 - \Phi_1\frac{\theta_s - \Phi_1}{1 - \Phi_1^2}\right]/\gamma(0)$$

$$\rho(s-1) = \frac{\theta_1(\theta_s - \Phi_1)}{1 - \Phi_1^2}/\gamma(0)$$

$$\rho(s) = \frac{\Phi_1\theta_1^2 - (\theta_s - \Phi_1)(1 - \Phi_1\theta_s)}{1 - \Phi_1^2}/\gamma(0)$$

$$\rho(j) = \Phi_1\rho(j-s), \ j \geq s+1$$

$$s \geq 4\text{일 때, } \rho(2) = \ldots = \rho(s-2) = 0$$

$$\gamma(0) = \left[1 + \frac{\theta_1^2 + (\theta_s - \Phi_1)^2}{1 - \Phi_1^2}\right]\sigma_a^2$$

모형 $(0,s+1)\times(1,0)_s$ $(s\geq 3)$ $(\theta_2=\ldots=\theta_{s-1}=0)$

$$\rho(1)=\left[-\theta_1+\frac{(\theta_s-\Phi_1)(\theta_{s+1}+\theta_1\Phi_1)}{1-\Phi_1^2}\right]/\gamma(0)$$

$$\rho(s-1)=(\theta_s-\Phi_1)\left[\theta_1+\Phi_1\frac{\theta_{s+1}+\theta_1\Phi_1}{1-\Phi_1^2}\right]/\gamma(0)$$

$$\rho(s)=-(\theta_s-\Phi_1)\left[1-\Phi_1\frac{\theta_s-\Phi_1}{1-\Phi_1^2}\right]/\gamma(0)+(\theta_{s+1}+\theta_1\Phi_1)\left[\theta_1+\Phi_1\frac{\theta_{s+1}+\theta_1\Phi_1}{1-\Phi_1^2}\right]/\gamma(0)$$

$$\rho(s+1)=-(\theta_{s+1}-\theta_1\Phi_1)\left[1-\Phi_1\frac{\theta_s-\Phi_1}{1-\Phi_1^2}\right]/\gamma(0)$$

모형 $(0,1)\times(0,1)_s$ $(s\geq 3)$

$$\rho_1=-\theta_1(1+\Theta_1^2)/\gamma_0$$

$$\rho_{s-1}=\theta_1\Theta_1/\gamma_0=\rho_{s+1}=\rho_1\rho_s$$

$$\rho_s=-\Theta_1(1+\theta_1^2)/\gamma_0$$

$$\rho_j=0,\ \text{그밖의 경우}$$

$$\gamma_0=(1+\theta_1^2)(1+\Theta_1^2)$$

모형 $(0,1)\times(1,1)_s$ $(s\geq 3)$

$$\rho_1=-\theta_1\left[1+\frac{(\Theta_1-\Phi_1)^2}{1-\Phi_1^2}\right]/\gamma_0$$

$$\rho_{s-1}=\theta_1\left[\Theta_1-\Phi_1-\frac{\Phi_1(\Theta_1-\Phi_1)^2}{1-\Phi_1^2}\right]/\gamma_0=\rho_{s+1}$$

$$\rho_s=-(1+\theta_1^2)\left[\Theta_1-\Phi_1-\frac{\Phi_1(\Theta_1-\Phi_1)^2}{1-\Phi_1^2}\right]/\gamma_0$$

$$\rho_j=\Phi_1\rho_{j-s},\ j\geq s+2$$

$$s\geq 4\text{인 경우 }\rho_2=\rho_3=\ldots=\rho_{s-2}=0$$

$$\gamma(0)=(1+\theta_1^2)\left[1+\frac{(\Theta_1-\Phi_1)^2}{1-\Phi_1^2}\right]$$

모형 $(0,2)\times(0,1)_s$ $(s\geq 5)$

$$\rho_1 = -\theta_1(1-\theta_2)(1+\Theta_1^2)/\gamma_0$$
$$\rho_2 = -\theta_2(1+\Theta_1^2)/\gamma_0$$
$$\rho_{s-2} = \theta_2\Theta_1/\gamma_0 = \rho_{s+2}$$
$$\rho_{s-1} = \theta_1\Theta_1(1-\theta_2)/\gamma_0 = \rho_{s+1}$$
$$\rho_s = -\Theta_1(1+\theta_1^2+\theta_2^2)/\gamma_0$$
$$\rho_j = 0,\ \text{그밖의 경우}$$
$$\gamma_0 = (1+\theta_1^2+\theta_2^2)(1+\Theta_1^2)$$

모형 $(0,1)\times(0,2)_s\ (s \geq 3)$

$$\rho_1 = -\theta_1(1+\Theta_1^2+\Theta_2^2)/\gamma_0$$
$$\rho_{s-1} = \theta_1\Theta_1(1-\Theta_2)/\gamma_0 = \rho_{s+1}$$
$$\rho_s = -\Theta_1(1+\theta_1^2)(1-\Theta_2)/\gamma_0$$
$$\rho_{2s-1} = \theta_1\Theta_2/\gamma_0 = \rho_{2s+1}$$
$$\rho_{2s} = -\Theta_2(1+\theta_1^2)/\gamma_0$$
$$\rho_j = 0,\ \text{그밖의 경우}$$
$$\gamma_0 = (1+\theta_1^2)(1+\Theta_1^2+\Theta_2^2)$$

모형 $(0,2)\times(0,2)_s(s \geq 5)$

$$\rho_1 = -\theta_1(1-\theta_2)(1+\Theta_1^2+\Theta_2^2)/\gamma_0$$
$$\rho_2 = -\theta_2(1+\Theta_1^2+\Theta_2^2)/\gamma_0$$
$$\rho_{s-2} = \theta_2\Theta_1(1-\Theta_2)/\gamma_0 = \rho_{s+2}$$
$$\rho_{s-1} = \theta_1\Theta_1(1-\theta_2)(1-\Theta_2)/\gamma_0 = \rho_{s+1}$$
$$\rho_s = -\Theta_1(1+\theta_1^2+\theta_2^2)(1-\Theta_2)/\gamma_0$$
$$\rho_{2s-2} = \theta_2\Theta_2/\gamma_0 = \rho_{2s+2}$$
$$\rho_{2s-1} = \theta_1\Theta_2(1-\theta_2)/\gamma_0 = \rho_{2s+1}$$
$$\rho_{2s} = -\Theta_2(1+\theta_1^2+\theta_2^2)/\gamma_0$$
$$\rho_j = 0,\ \text{그밖의 경우}$$
$$\gamma_0 = (1+\theta_1^2+\theta_2^2)(1+\Theta_1^2+\Theta_2^2)$$

6.5 ARIMA모형의 예측

ARIMA모형의 예측은 ARMA모형의 경우와 동일한 방식이 적용된다. 즉, 시점 n에서 k단계 이후 예측값과 예측오차분산은 아래식으로 산출된다.

$$f_{n,k} = E[Z_{n+k}|Z_n, Z_{n-1},\cdots],\ \ k=1,2,\cdots \tag{6.22}$$

$$v_{n,k} = Var[Z_{n+k}|Z_n, Z_{n-1},\cdots],\ \ k=1,2,\cdots \tag{6.23}$$

예 6.7

다음의 IMA(1,1)모형에 대하여 시점 n에서 k단계 이후 예측식과 예측오차분산을 구하라.

$$Z_t = Z_{t-1} + a_t - \theta a_{t-1}$$

풀이 우선 일단계 이후 예측식은 다음과 같다.

$$f_{n,1} = E[Z_{n+1}|Z_n,\cdots] = E[Z_n + a_{n+1} - \theta a_n|Z_n,\cdots] = Z_n - \theta a_n$$

그리고 k단계 이후 예측식은 아래와 같다.

$$\begin{aligned} f_{n,k} &= E[Z_{n+k}|Z_n,\cdots] = E[Z_{n+k-1} + a_{n+k} - \theta a_{n+k-1}|Z_n,\cdots],\ \ k=2,3,\cdots \\ &= E[Z_{n+k-1}|Z_n,\cdots] = f_{n,k-1} \end{aligned}$$

즉, k단계 이후 예측식은 시차 k와 상관없이 일단계 이후 예측식과 동일하다.

$$f_{n,k} = f_{n,1} = Z_n - \theta a_n,\ \ k=2,3,\cdots$$

IMA(1,1)모형에서 일단계 이후 예측식에 대한 갱신식이 다음과 같다(연습문제 6.1 참조).

$$f_{n,1} = \lambda Z_n + (1-\lambda) f_{n-1,1}\ \ (\lambda = 1-\theta) \tag{6.24}$$

한편, 예측오차분산은 다음과 같다.

$$v_{n,1} = Var[Z_{n+1}|Z_n,\cdots] = Var[a_{n+1}|Z_n,\cdots] = \sigma_a^2$$
$$v_{n,k} = Var[Z_{n+k}|Z_n,\cdots] = (1+(k-1)(1-\theta)^2)\sigma_a^2,\ \ k=1,2,\cdots$$

예 6.8

ARIMA(1, 1, 1)에 대한 예측식과 예측오차분산을 구하라. 다음과 같은 모형을 고려하라.

$$Z_t = (1+\phi)Z_{t-1} - \phi Z_{t-2} + a_t - \theta a_{t-1}$$

풀이 일단계 이후 예측식은 다음과 같다.

$$\begin{aligned} f_{n,1} &= E[(1+\phi)Z_n - \phi Z_{n-1} + a_{n+1} - \theta a_n | Z_n, \cdots] \\ &= (1+\phi)Z_n - \phi Z_{n-1} - \theta a_n \end{aligned}$$

그리고 2단계 이후 예측식은 아래와 같다.

$$\begin{aligned} f_{n,2} &= E[(1+\phi)Z_{n+1} - \phi Z_n + a_{n+2} - \theta a_{n+1} | Z_n, \cdots] \\ &= (1+\phi)f_{n,1} - \phi Z_n \end{aligned}$$

k단계 이후 예측식은 아래와 같다.

$$f_{n,k} = (1+\phi)f_{n,k-1} - \phi f_{n,k-2},\ k \geq 3$$

한편, 예측오차분산은 다음과 같이 구할 수 있다.

$$\begin{aligned} v_{n,1} &= \sigma_a^2 \\ v_{n,2} &= Var[(1+\phi)Z_{n+1} - \phi Z_n + a_{n+2} - \theta a_{n+1} | Z_n, \cdots] \\ &= (1+\phi)^2 v_{n,1} + (1+\theta^2)\sigma_a^2 - 2(1+\phi)\theta\, Cov[Z_{n+1}, a_{n+1} | Z_n, \cdots] \end{aligned}$$

즉, $v_{n,2}$는 아래와 같다.

$$v_{n,2} = (1+\phi)^2 v_{n,1} + (1+\theta^2 - 2(1+\phi)\theta)\sigma_a^2$$

또한, $v_{n,k}\,(k \geq 3)$는 다음으로부터 구할 수 있다.

$$\begin{aligned} v_{n,k} &= Var[(1+\phi)Z_{n+k-1} - \phi Z_{n+k-2} + a_{n+k} - \theta a_{n+k-1} | Z_n, \cdots] \\ &= (1+\phi)^2 v_{n,k-1} + \phi^2 v_{n,k-2} + (1+\theta^2)\sigma_a^2 \\ &\quad - 2\phi(1+\phi)Cov[Z_{n+k-1}, Z_{n+k-2}] - 2\theta(1+\phi)\sigma_a^2 \end{aligned}$$

여기서 다음식

$$Cov[Z_{n+k-1}, Z_{n+k-2}] = (1+\phi)v_{n,k-2} - \phi Cov[Z_{n+k-3}, Z_{n+k-2}] - \theta\sigma_a^2$$

이 성립하므로, $\gamma_{k-1,k-2} = Cov[Z_{n+k-1}, Z_{n+k-2}]$라 하면 위의 공분산은 다음과 같다.

$$\gamma_{k-1,k-2} = (1+\phi)v_{n,k-2} - \phi\gamma_{k-2,k-3} - \theta\sigma_a^2 (\text{단, } \gamma_{1,0} = 0)$$

예 6.9

다음의 계절성 ARIMA$(0,1,1)\times(0,1,1)_{12}$모형에 대하여 k단계 이후 예측식을 구하라.

$$Z_t - Z_{t-1} - Z_{t-12} + Z_{t-13} = a_t - \theta a_{t-1} - \Theta a_{t-12} + \theta\Theta a_{t-13}$$

풀이 시점 $t+k$에 대하여 위의 모형을 다시 기술하면 다음과 같다.

$$\begin{aligned} Z_{t+k} = {} & Z_{t+k-1} + Z_{t+k-12} - Z_{t+k-13} + a_{t+k} \\ & - \theta a_{t+k-1} - \Theta a_{t+k-12} + \theta\Theta a_{t+k-13} \end{aligned}$$

따라서 k단계 이후 예측식은 아래와 같다.

$$\begin{gathered} f_{n,1} = Z_n + Z_{n-11} - Z_{n-12} + \theta a_n - \Theta a_{n-11} + \theta\Theta a_{n-12} \\ f_{n,k} = f_{n,k-1} + Z_{n-12+k} - Z_{n-13+k} - \Theta a_{n-12+k} + \theta\Theta a_{n-13+k}, \\ k = 2, \cdots, 12 \\ f_{n,13} = f_{n,12} + f_{n,1} - Z_n + \theta\Theta a_n \\ f_{n,k} = f_{n,k-1} + f_{n,k-12} - f_{n,k-13}, \ k = 14, 15, \cdots \end{gathered}$$

6.6 분산안정화

시계열의 분산이 시간에 따라 변하는 비정상적 시계열의 경우 종종 로그함수 등과 같은 변환을 통하면 시계열의 분산이 안정화될 수 있어 모형화에 도움이 된다.

시계열 $\{Z_t, t = 1, 2, \cdots\}$의 분산이 상수가 아니라 다음과 같이 기댓값의 함수 f에 비례한다고 하자.

$$Var[Z_t] = c\, f(\mu_t) \tag{6.25}$$

여기서 c는 비례상수이며 $\mu_t = E[Z_t]$이다. 시계열 Z_t에 어떤 변환을 취해야 변환된 시계열의 분산이 일정한 상수가 되는지를 알아보자. g라는 함수를 이용하여 시계열을 변환시키고 μ_t를 중심으로 1차 테일러 전개(Taylor series)를 한다고 하면 다음의 식을 얻는다.

$$g(Z_t) = g(\mu_t) + g'(\mu_t)(Z_t - \mu_t)$$

위의 변환 시계열의 분산은 다음으로 표현된다.

$$Var[g(Z_t)] = [g'(\mu_t)]^2 Var[Z_t] = c[g'(\mu_t)]^2 f(\mu_t) \tag{6.26}$$

분산이 상수 c로 되기 위해서는 변환 함수 g가 다음 성질을 만족하여야 한다.

$$g'(\mu_t) = \frac{1}{\sqrt{f(\mu_t)}} \tag{6.27}$$

따라서 변환 함수는 다음과 같다.

$$g(\mu_t) = \int \frac{1}{\sqrt{f(\mu_t)}} d\mu_t \tag{6.28}$$

예 6.10

시계열의 분산이 다음과 같다고 하자.

$$Var[Z_t] = c\,\mu_t^2$$

분산이 상수가 되도록 하는 적절한 변환 함수를 구하라.

풀이 $f(\mu_t) = \mu_t^2$ 이므로 식 (6.28)을 이용하면 변환 함수는 다음과 같은 로그함수가 된다.

$$g(\mu_t) = \int \frac{1}{\sqrt{\mu_t^2}} d\mu_t = \int \frac{1}{\mu_t} d\mu_t = \ln(\mu_t)$$

즉, Z_t 대신 $\ln(Z_t)$를 사용하면 분산이 일정하게 됨을 알 수 있다.

Box and Cox(1964)는 다음과 같은 여러 형태를 갖는 파워 변환(power

transformation)을 제안하였다.

$$g(Z_t) = \begin{cases} \dfrac{Z_t^{\lambda} - 1}{\lambda}, & \lambda \neq 0 \\ \ln(Z_t), & \lambda = 0 \end{cases} \tag{6.29}$$

즉, λ값에 따라 다음 [표 6.1]의 변환 함수를 갖는다.

표 6.1 Box-Cox 변환 함수

λ 값	$g(Z_t)$
−2.0	$g(Z_t) = 1/Z_t^2$
−1.0	$g(Z_t) = 1/Z_t$
−0.5	$g(Z_t) = 1/\sqrt{Z_t}$
0.0	$g(Z_t) = \ln(Z_t)$
0.5	$g(Z_t) = \sqrt{Z_t}$
2.0	$g(Z_t) = Z_t^2$

예 6.11

시계열 J09(나일강 평균 유량)에 대한 시계열도는 아래와 같다. 분산이 안정적인지 판단하고 필요시 적절한 조치를 하라.

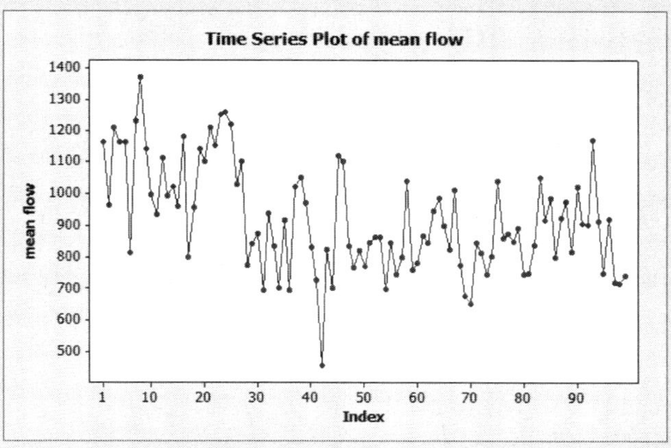

풀이 여기서 전반부와 후반부의 시계열을 비교하면 전반부의 분산이 더 큰 것을 볼 수 있다. 이 경우 로그 변환을 하여 다시 시계열도를 그려보면 아래와 같이 분산이 다소 안정적이 됨을 알 수 있다.

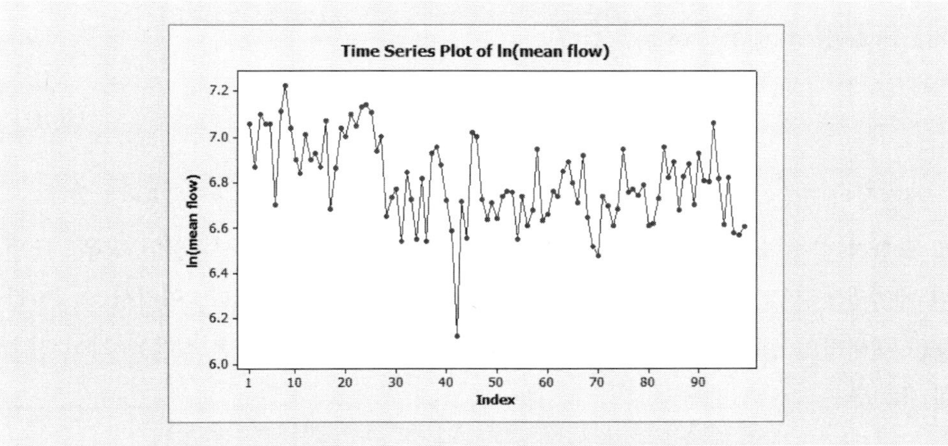

6.7 분해법에 의한 추세 및 계절성제거

일반적 시계열이 추세 및 계절성을 포함할 수 있다는 것은 수차례 언급하였다. 이에 따라 비정상 시계열 $\{Z_t, t=1,2,\ldots\}$을 추세 b_t, 계절성 S_t 및 정상적 시계열 Y_t의 세 가지 성분으로 분해될 수 있다고 간주할 수 있다. 물론 경기변동과 같은 주기(cycle)가 추가될 수도 있으나 시계열이 아주 길지 않는 한 주기 성분은 생략되는 경우가 많다. 1.4절에서 소개한 가법적 또는 승법적 모형의 분해법을 사용하여 추세 및 계절성을 제거한 후 정상 시계열을 얻을 수 있다.

6.7.1 가법적 모형의 분해법

위에서 언급한 세가지 성분이 가법적으로 결합되는 다음의 모형을 고려하여 보자.

$$Z_t = b_t + S_t + Y_t \tag{6.30}$$

여기서 주기 s의 계절성 성분은 다음 관계를 만족한다.

$$S_t = S_{t-s}, \quad \sum_{k=1}^{s} S_k = 0$$

이때 추세 및 계절성 성분을 추정한 후 제거하면 정상적 시계열을 얻을 수 있다.

계절성 주기가 s인 경우 계절성 성분을 추정하기 위해 우선 추세 성분을 기간 s의 중심이동평균(centered moving average)으로 추정하여 제거한다. 추세를 제거한

(detrended) 시계열은 다음과 같다.

$$DZ_t^{(T)} = Z_t - \widehat{CM}_t, \ \ t = q+1, \cdots, n-q \tag{6.31}$$

계절성이 있는 경우 시간 인덱스를 $t = js + k(j = 0, 1, \cdots, n_Y - 1;\ k = 1, 2, \cdots, s)$로 표현하는 것이 편리하다. 예를 들어 1월부터 시작하는 월별 시계열인 경우, 15번째 데이터($t = 15$)는 $t = 12 + 3$, 즉 두 번째 해의 3월을 의미한다. 여기서 n_Y는 가용한 데이터의 연(年)수를 의미한다. 이때 계절 k의 계절성 성분은 다음과 같이 산출할 수 있다.

$$S_k^0 = \frac{1}{n_Y} \sum_{j=0}^{n_Y - 1} DZ_{js+k}^{(T)}, \ \ k = 1, 2, \cdots, s \tag{6.32}$$

그러나 계절성 성분의 합이 0이 되도록 실제로는 다음과 같이 추정한다.

$$\widehat{S}_k = S_k^0 - \frac{1}{s} \sum_{k=1}^{s} S_k^0, \ \ k = 1, 2, \cdots, s \tag{6.33}$$

계절성을 제거한(deseasonalized) 시계열은 다음과 같이 산출된다.

$$DZ_t^{(S)} = Z_t - \widehat{S}_t \tag{6.34}$$

추세 추정을 위해, 계절성을 제거한 시계열에 대한 다음의 단순회귀모형을 고려한다.

$$DZ_t^{(S)} = \beta_0 + \beta_1 t + \epsilon_t$$

이때 추세는 다음으로 추정한다.

$$\hat{b}_t = \hat{\beta}_0 + \hat{\beta}_1 t \tag{6.35}$$

또한 이차식이 더 적합하면 다음과 같이 추세를 추정할 수도 있다.

$$\hat{b}_t = \hat{\beta}_0 + \hat{\beta}_1 t + \hat{\beta}_2 t^2 \tag{6.36}$$

최종적으로 추세 및 계절성 성분을 추정한 후 정상적 시계열을 다음으로부터 얻는다.

$$Y_t = Z_t - \hat{b}_t - \widehat{S}_t, \ \ t = q+1, \cdots, n-q \tag{6.37}$$

예 6.12

시계열 J03(월별 가정용 도시가스 소비량 데이터)에 대하여 추세 및 계절성을 추정하고 이들 성분을 제거한 정상적 시계열을 도출하라.

풀이 추세를 추정하기 위하여 계절성 주기가 $s=12$이므로 다음과 같은 기간 12의 이동평균을 사용한다.

$$\widehat{CM}_t = \frac{1}{12}(0.5Z_{t-6} + Z_{t-5} + \cdots + Z_{t+5} + 0.5Z_{t+6}),\ \ t = 7, 8, \cdots, n-6$$

추세 추정을 위한 회귀추정식은 다음과 같다.

$$\widehat{DZ}_t^{(S)} = 825.10 - 0.2873t$$

이때 기울기에 대한 $p-$값은 0.405로 유의하지 않으므로 추세는 시간에 일정하게 아래와 같이 추정한다.

$$\hat{b}_t = 812.89$$

식 (6.33)에 의한 각 월에 대한 계절성 성분은 다음과 같다.

월	1	2	3	4	5	6	7	8	9	10	11	12
$\hat{S}_k$	972.1	807.3	486.9	41.0	−327.3	−524.5	−574.0	−606.4	−584.5	−396.3	37.8	667.6

계절성 성분을 보면, 1월에는 평균보다 972.1만큼 소비가 증가하고 8월에는 평균보다 606.4가 감소하는 것이 나타난다. 원시계열, 계절성제거 시계열, 그리고 계절성과 추세를 제거한 정상적 시계열을 그림으로 나타내면 [그림 6.3]과 같다.

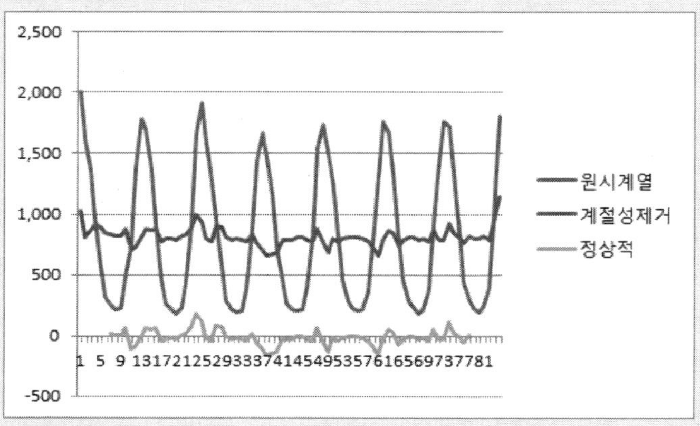

그림 6.3 월별 가정용 도시가스 소비량의 원시계열, 계절성제거 시계열 및 정상적 시계열

6.7.2 승법적 모형의 분해법

이번에는 추세, 계절성, 정상적 시계열의 승법적으로 결합되는 다음의 모형을 고려하여 보자.

$$Z_t = b_t \times S_t \times Y_t \tag{6.38}$$

여기서 주기 s의 계절성 성분은 다음 관계를 만족한다.

$$S_t = S_{t-s}, \quad \sum_{k=1}^{s} S_k = s$$

식 (6.38)의 양변에 로그를 취하면 다음과 같은 모형이 되므로

$$\ln Z_t = \ln b_t + \ln S_t + \ln Y_t$$

로그 변환한 데이터에 위에서 언급한 가법적 모형을 적용할 수 있다. 그러나 이 절에서는 Makridakis et al.(1983)에서 소개한 승법적 모형을 기반으로 한 전통적 분해법(classical decomposition)을 다루고자 한다.

이 방법에 의하면 우선 식 (1.54)를 사용하여 중심이동평균(CM)을 구한 후 다음과 같이 초기 계절성 지수를 산출한다.

$$S_k^0 = \frac{1}{n_Y} \sum_{j=0}^{n_Y - 1} \frac{Z_{js+k}}{\widehat{CM}_{js+k}}, \quad k = 1, 2, \cdots, s \tag{6.39}$$

그리고 이 초기 계절성 지수의 평균이 1이 되도록 아래와 같이 조정하여 계절성 지수를 구한다.

$$\widehat{S}_k = \frac{S_k^0}{(1/s) \sum_{k=1}^{s} S_k^0}, \quad k = 1, 2, \cdots, s \tag{6.40}$$

계절성을 제거한 시계열은 다음과 같이 산출된다.

$$DZ_t^{(S)} = \frac{Z_t}{\widehat{S}_t}, \quad t = 1, \cdots, n \tag{6.41}$$

추세를 추정하기 위하여 계절성제거 시계열에 대한 시간의 1차식 또는 2차식의 회귀

모형을 사용한다.

따라서 위의 방법을 이용한 정상적 시계열은 다음으로 얻을 수 있다.

$$Y_t = \frac{Z_t}{\widehat{b_t}\widehat{S_t}}, \quad t = q+1, \cdots, n-q \tag{6.42}$$

예 6.13

시계열 J03(월별 가정용 도시가스 소비량 데이터)에 대하여 승법적 모형을 사용하여 추세 및 계절성을 추정하라.

풀이 식 (6.40)을 적용하면 각 월에 대한 계절성 성분은 다음과 같다.

월	1	2	3	4	5	6	7	8	9	10	11	12
$\widehat{S}_k$	2.2137	2.0085	1.6083	1.0482	0.5893	0.3475	0.2852	0.2443	0.2716	0.5045	1.0464	1.8325

위의 계절성 지수를 보면 1월 소비량은 평균의 2.2배이며 7월 소비량은 평균의 28.5%임을 알 수 있다. 한편 추세 직선식은 다음과 같이 추정된다.

$$\hat{b}_t = 832.95 - 0.499t$$

6.7.3 그 밖의 분해법

앞에서 언급한 두 가지 방법은 전통적 분해법에 해당되며, 이 외에 X11 분해법, SEATS 분해법, STL 분해법 등 다소 복잡하지만 보다 유연한 방법이 있다.

X11 분해법은 1967년 미국 센서스국(US Census Bureau)에서 개발한 것으로 기존의 분해법이 초기 및 마지막 몇 개의 데이터를 사용할 수 없는 약점 등을 보완한 것이다. 1975년 캐나다 통계국은 이를 다시 보완하여 ARMA방법으로 과거값 및 미래값을 추정하여 사용하도록 하는 X11-ARMA 방법을 제안하였다.

SEATS는 'Seasonal Extraction in ARIMA Time Series'의 약자로서 스페인 은행에서 개발되었는데 세계 각국의 정부기관에서 사용되고 있다. 이 방법에서는 분기별 데이터나 월별 데이터만 처리되고 있으며 다른 계절성 시계열은 추가 작업이 필요하다.

STL은 'Seasonal and Trend decomposition using Loess'의 약자로서 Cleveland et al.(1990)에서 발표되었다. STL 분해법은 다음과 같은 특징을 갖는다.

- 다양한 종류의 계절성을 다룰 수 있다.
- 계절성 성분이 시간에 따라 변화될 수 있으며 사용자가 변화율을 조절할 수 있다.
- 추세-사이클 평활화 역시 사용자가 조절할 수 있다.
- 이상값에 둔감하다.

6.8 단위근검정

지금까지는 시계열의 정상성 여부를 ACF의 패턴을 보고 판단하는 정성적 방법을 사용하였으나, 이 절에서는 단위근검정(unit root test)이라는 통계적인 검정을 통하여 판단하는 방법을 알아본다. 단위근검정으로 널리 사용되는 방법은 Dickey and Fuller(1979)가 제시한 DF(Dickey-Fuller) 검정이다. DF 검정은 AR(1)모형에 대해 제안된 것인데 이를 바탕으로 Said and Dickey(1984)에 의해 ARMA모형으로 확장되었다. 이를 통상 ADF(Augmented Dickey-Fuller) 검정이라 한다. DF 검정에 대한 자세한 설명은 Wei(2006)의 저서에서 볼 수 있다.

ADF 검정을 위해서 모든 정상적 시계열은 고차원의 AR모형으로 근사될 수 있다고 가정한다. 즉, 시계열이 다음과 같은 AR(p)모형을 따른다고 가정한다.

$$\phi_p(B)Z_t = a_t \tag{6.43}$$

이때 다항식 $\phi_p(B)$에 단위근이 포함된다고 가정하면 이를 다음과 같이 쓸 수 있다.

$$\phi_p(B) = (1-B)\varphi_{p-1}(B) \tag{6.44}$$

여기서 $\varphi_{p-1}(B)$는 $(p-1)$차 다항식이다. 따라서 식 (6.43)을 다음과 같이 표현할 수 있다.

$$(1-B)(1-\varphi_1 B - \cdots - \varphi_{p-1}B^{p-1})Z_t = a_t \tag{6.45a}$$

또는

$$(1-B)Z_t = (1-B)(\varphi_1 B + \cdots + \varphi_{p-1}B^{p-1})Z_t + a_t \tag{6.45b}$$

또는

$$Z_t - Z_{t-1} = \sum_{j=1}^{p-1} \varphi_j (Z_{t-j} - Z_{t-j-1}) + a_t \tag{6.45c}$$

그러므로 다음과 같은 모형을 고려하여

$$Z_t = \phi Z_{t-1} + \sum_{j=1}^{p-1} \varphi_j \Delta Z_{t-j} + a_t, \quad (\Delta Z_{t-j} = Z_{t-j} - Z_{t-j-1}) \tag{6.46}$$

가설 $H_0 : \phi = 1$ 여부를 검정하는 것이 단위근검정과 동일하다. 참고로 다음과 같은 관계가 성립한다.

$$\varphi_j = \phi_1 + \ldots + \phi_j - 1, \ j = 1, 2, \cdots, p-1$$

시계열 관측값 $(Z_1, Z_2, \cdots, Z_n)$이 주어질 때 식 (6.46)의 모형 파라미터를 추정하기 위해 최소제곱법(OLS)을 사용한다. 즉, 다음과 같은 회귀모형을 고려하여 OLS로 회귀계수벡터를 추정한다.

$$\boldsymbol{y} = X\boldsymbol{\beta} + \boldsymbol{\epsilon} \tag{6.47}$$

여기서

$$\boldsymbol{y} = \begin{pmatrix} Z_{p+1} \\ Z_{p+2} \\ \cdots \\ Z_n \end{pmatrix}, \quad X = \begin{bmatrix} Z_p & \Delta Z_p & \Delta Z_{p-1} \cdots & \Delta Z_2 \\ Z_{p+1} & \Delta Z_{p+1} & \Delta Z_p & \cdots & \Delta Z_3 \\ \vdots & \vdots & \vdots & & \vdots \\ Z_{n-1} & \Delta Z_{n-1} & \Delta Z_{n-2} \cdots & \Delta Z_{n-p+1} \end{bmatrix}, \quad \boldsymbol{\beta} = \begin{bmatrix} \phi \\ \varphi_1 \\ \vdots \\ \varphi_{p-1} \end{bmatrix}, \quad \boldsymbol{\epsilon} = \begin{pmatrix} a_{p+1} \\ a_{p+2} \\ \cdots \\ a_n \end{pmatrix}$$

이다. 이 때 회귀계수벡터의 추정치는 다음과 같다.

$$\hat{\boldsymbol{\beta}} = (X^T X)^{-1} X^T \boldsymbol{y} \tag{6.48}$$

즉, $\hat{\phi}$는 $\hat{\boldsymbol{\beta}}$의 첫 번째 원소이다.

단위근검정을 위한 검정통계량으로 다음이 제안되고 있다.

$$T = \frac{\hat{\phi} - 1}{se(\hat{\phi})} \tag{6.49}$$

여기서 $se(\hat{\phi})$는 $\hat{\phi}$의 표준오차(standard error)를 나타낸다. 즉, 식 (6.49)의 통계량은 t-통계량과 형태가 유사하나 그 분포는 다르다. 위의 통계량의 분포는 표본수가 매우 클 때 다음 식의 오른 쪽 항의 분포에 수렴한다는 것이 알려져 있다. 즉, 위의 T 통계량은 아래와 같이 분포수렴(convergence in distribution)한다.

$$T = \frac{\hat{\phi} - 1}{se(\hat{\phi})} \rightarrow \frac{0.5[W^2(1) - 1]}{\left[\int_0^1 W^2(x)dx\right]^{1/2}} \tag{6.50}$$

위에서 $\{W(t), t \geq 0\}$는 시간 (0, 1) 사이에서 위너과정(Wiener process, Brownian motion이라고도 함)을 따른다. 이 분포에 대한 누적확률분포표는 Dickey에 의해 만들어졌으며 Fuller(1996) 등에서 볼 수 있다.

식 (6.46)의 모형을 추정할 때 AR 시차인 p 값을 지정할 필요가 있는데 Eviews 등의 소프트웨어에서는 자동으로 값을 추천하기도 한다. 결과적으로 가설 $H_0 : \phi = 1$가 기각되면 단위근이 없다고 할 수 있어 시계열을 정상적인 것으로 간주한다. 만약 가설을 기각하지 못하면 시계열에 단위근이 존재하므로 차분을 취하여 정상적인 시계열로 변환한 후 추가 분석을 시행하여야 한다.

지금까지는 시계열의 평균이 0임을 가정하여 상수항이 없는 모형을 사용하였는데, ADF 검정에서는 상수항이 있는 모형, 그리고 추세가 있는 모형 또한 다루고 있다. AR(1)의 경우 식 (6.46)의 상수항이 없는 모형은 아래와 같다.

$$Z_t = \phi Z_{t-1} + a_t \tag{6.51}$$

$E[Z_t] = \mu$라고 할 때, 상수항이 있는 모형은 다음과 같다.

$$Z_t = \alpha + \phi_\mu Z_{t-1} + a_t \tag{6.52}$$

그리고 선형추세가 있는 모형은 다음과 같이 기술된다.

$$Z_t = \alpha + bt + \phi_b Z_{t-1} + a_t \tag{6.53}$$

상수항이 있는 모형에서 검정통계량은 다음과 같이 상수항이 없는 모형과 형태는 동일하다.

$$T_\mu = \frac{\widehat{\phi_\mu} - 1}{se(\widehat{\phi_\mu})} \tag{6.54}$$

그러나 분포는 다르므로 검정을 위해 별도의 분포표를 사용하여야 한다. 선형추세가 있는 모형에 대한 검정통계량은 다음과 같다.

$$T_b = \frac{\widehat{\phi}_b - 1}{se(\widehat{\phi}_b)} \tag{6.55}$$

단위근검정을 위한 세 가지 모형 중 어떤 것을 사용하여야 하는지의 결정은 다소 어려움이 있다. 한 가지 방법은, 세 가지 모형을 모두 추정하여 결과를 본 후 단위근 여부를 판단하는 것이다.

이상에서 AR(1)모형에 대하여 상수항이 있는 모형과 선형추세가 있는 모형을 알아보았지만 이는 일반적인 AR(p)모형에도 동일하게 적용된다.

Eviews 등의 소프트웨어에서는 ADF 검정을 위해 약간 다른 형태의 모형도 다루고 있다. 식 (6.46)에서 종속변수 역시 차분값을 사용하면 다음과 같이 기술할 수 있다.

$$\Delta Z_t = (\phi - 1)Z_{t-1} + \sum_{j=1}^{p-1} \varphi_j \Delta Z_{t-j} + a_t$$

여기서 $\phi^* = \phi - 1$로 정의하면 다음과 같은 모형이 된다.

$$\Delta Z_t = \phi^* Z_{t-1} + \sum_{j=1}^{p-1} \varphi_j \Delta Z_{t-j} + a_t \tag{6.56}$$

이때 귀무가설은 다음과 같다.

$$H_0 : \phi^* = 0$$

검정통계량은 다음과 같다.

$$T = \frac{\widehat{\phi^*}}{se(\widehat{\phi^*})}$$

예 6.14

시계열 J10의 KOSPI200 지수 중 종가 데이터에 대한 단위근검정을 실시하라.

풀이 Eviews를 사용하면 다음의 결과를 얻는다.

Null Hypothesis: CLOSE has a unit root
Exogenous: Constant
Lag Length: 0 (Automatic - based on SIC, maxlag=14)

		t-Statistic	Prob.*
Augmented Dickey-Fuller test statistic		-2.099893	0.2450
Test critical values:	1% level	-3.457747	
	5% level	-2.873492	
	10% level	-2.573215	

*MacKinnon (1996) one-sided p-values.

즉, 검정통계량의 값이 $T=-2.0999$으로 해당 $p-$값이 0.245이므로 유의수준 10%에서도 시계열에 단위근이 있다고 판정된다. 또한, 식 (6.56) 모형의 추정결과는 다음과 같다.

Dependent Variable: D(CLOSE)
Method: Least Squares
Date: 08/29/19 Time: 14:56
Sample (adjusted): 7/04/2017 6/29/2018
Included observations: 238 after adjustments

Variable	Coefficient	Std. Error	t-Statistic	Prob.
CLOSE(-1)	-0.042789	0.020377	-2.099893	0.0368
C	104.4737	49.90340	2.093518	0.0374

여기서 D(CLOSE)에 대한 시차 변수가 없는 것은 Schwarz 정보기준(SIC)에 의해 시차=0인 경우가 최적으로 판정되었기 때문이다.

연습문제

6.1 IMA(1,1)모형에 대하여 식 (6.24)가 성립함을 보여라.

6.2 계절성 $\text{ARIMA}(0,0,1)\times(0,1,1)_{12}$모형에서 차분을 한 뒤 시계열 $W_t=(1-B^{12})Z_t$의 ACF를 구하라.

6.3 차분한 시계열 W_t 가 다음 모형을 따를 때 W_t 의 ACF가 다음과 같음을 보여라.

$$(1-\Phi B^{12})W_t=(1-\theta B)a_t$$

$$\rho(k)=\begin{cases}-\dfrac{\theta}{1+\theta^2}, k=1\\ 0,\ k=2,3,\cdots,10\\ -\dfrac{\theta\Phi}{1+\theta^2},\ k=11\\ \Phi,\ k=12\\ \rho(11),\ k=13\\ \Phi\rho(k-12),\ k=14,15,\cdots\end{cases}$$

6.4 차분한 시계열 W_t가 다음과 같은 모형을 따른다.

$$W_t=(1-\theta_1 B-\theta_2 B^2)(1-\Theta B^{12})a_t$$

이 시계열의 ACF가 다음과 같음을 증명하라.

$$\rho(k)=\begin{cases}-\dfrac{\theta_1(1-\theta_2)}{1+\theta_1^2+\theta_2^2},\ k=1\\ -\dfrac{\theta_2}{1+\theta_1^2+\theta_2^2},\ k=2\\ \dfrac{\theta_2\Theta}{(1+\theta_1^2+\theta_2^2)(1+\Theta^2)},\ k=10\\ \dfrac{\theta_1\Theta(1-\theta_2)}{(1+\theta_1^2+\theta_2^2)(1+\Theta^2)},\ k=11\\ -\dfrac{\Theta}{1+\Theta^2},\ k=12\\ \rho(11),\ k=13\\ \rho(10),\ k=14\\ 0,\ \text{그밖의 경우}\end{cases}$$

6.5 어떤 제품의 시점 t에서의 판매량을 X_t라고 하고 이전 시점 간의 판매량 차이는 아래와 같다.

$$d_t=X_t-X_{t-1}$$

시계열 $\{d_t, t\geq 1\}$에 대한 ACF가 다음과 같다고 한다.

$$\rho(k)=(0.4)^k,\ k=1,2,\cdots$$

(a) 시계열 $\{X_t, t \geq 1\}$는 어떤 모형을 따르는가?

(b) $X_t = 100, X_{t-1} = 50, X_{t-2} = 80$일 때, 시점 t에서 k단계 이후($k=1,2,3$) 판매량을 예측하라.

6.6 어떤 제품의 수요 시계열 $\{Z_t, t \geq 1\}$을 분석한 결과 가역적이나 비정상적임을 알았다. 그러나 차분한 시계열은 정상적임이 판명되었고 차분 시계열의 자기공분산함수는 다음과 같다고 한다.

$$\gamma(0) = 5,\ \gamma(1) = -2,\ \gamma(k) = 0, k = 2, 3, \cdots$$

(a) 차분 시계열이 MA(1)모형을 따름을 설명하라.

(b) MA(1)모형의 파라미터 θ를 구하라. 또한, 백색잡음의 분산을 구하라.

(c) 시계열 $\{Z_t, t \geq 1\}$의 예측식이 시점 n에서 다음의 형태로 표현됨을 보이라. 이때 상수 a를 구하라. 여기서 $e_{n,1} = Z_{n+1} - f_{n,1}$이다.

$$f_{n,1} = f_{n-1,1} + a e_{n-1,1}$$

6.7 어떤 시계열 $\{Z_t, t \geq 1\}$이 다음의 모형을 따른다고 한다.

$$Z_t = Z_{t-1} + a_t - \theta a_{t-1}$$

처음 100개의 시계열 관측값으로부터 θ의 추정치로 0.6을 얻었다. 또한, $n = 100$에서 Z_{110} 값의 예측값, 즉 10단계 이후 예측값으로 $f_{100,10} = 26$을 얻었다.

(a) $Z_{101} = 20$이 새로 관측될 때 Z_{110}의 예측값을 갱신하라(즉, $f_{101,9}$를 구하라).

(b) 상기 예측오차에 대한 분산을 구하라.

6.8 다음은 시계열 SALES에 대한 단위근검정의 Eviews 결과를 보여주고 있다.

```
Augmented Dickey-Fuller Unit Root Test on SALES
   Null Hypothesis: SALES has a unit root
   Exogenous: Constant
   Lag Length: 1(Automatic - based on SIC)
   Augmented Dickey-Fuller test statistic  -2.4224(p-value: 0.1407)
   Augmented Dickey-Fuller Test Equation
   Dependent Variable: D(SALES)
```

Variable	Coefficient	Std Error	t-Statistic
SALES(−1)	−0.1127	0.0465	−2.4224
D(SALES(−1))	0.4754	0.1235	3.8493
C	212.74	90.806	2.3428

(a) 시계열 SALES에는 단위근이 존재하는가? 유의수준 10%에서 판단하라.

(b) SALES의 차분 시계열에 대한 추정모형을 기술하라.

(c) 시계열 SALES의 추정모형을 AR형태로 나타내라.

6.9 다음은 시계열 Z와 이의 차분 시계열에 대한 표본 ACF와 표본 PACF를 나타낸 것이다.

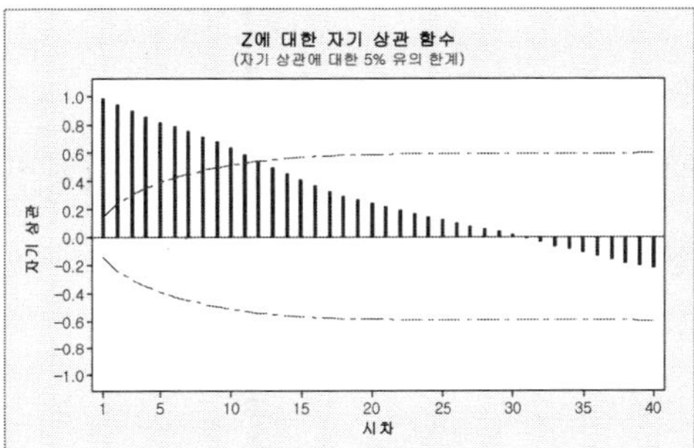

Z 시계열의 ACF

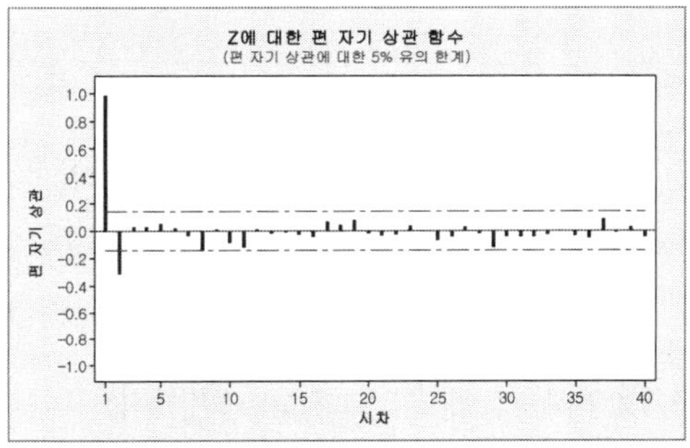

Z 시계열의 PACF

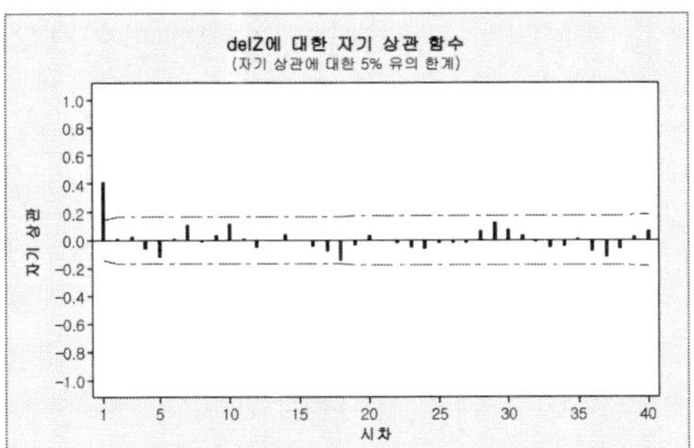

ΔZ 시계열의 ACF

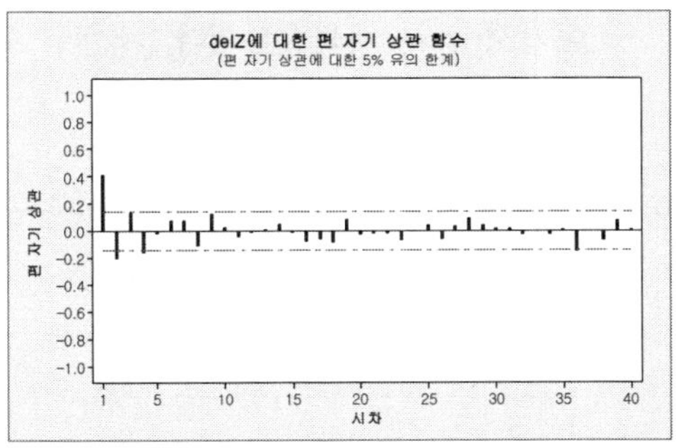

ΔZ 시계열의 PACF

(a) 시계열 Z가 IMA(1,1)모형을 따름을 설명하라.

(b) 시계열 ΔZ의 시차 1에서의 편자기상관계수가 0.4로 추정된다. IMA(1,1)모형의 파라미터를 추정하라.

(c) 시계열 ΔZ의 시차 1, 2, 3에서의 자기상관계수 및 편자기상관계수를 구하라.

6.10 시계열 $\{Z_t, t \geq 1\}$의 처음 100개의 관측값이 다음과 같은 계절성 ARIMA $(0,0,1)\times(1,0,0)_4$모형을 따른다고 추정되며, 오차분산은 1로 추정되었다.

$$(1-0.8B^4)Z_t = (1-0.5B)a_t$$

(a) k단계 이후 예측값을 유도하라($k=1,\cdots,3$).

(b) k단계 이후 예측값에 대한 오차분산을 유도하라($k=1,\cdots,3$).

(c) 아래 표는 최근 시점에서의 관측값과 잔차를 보여주고 있다.

t	96	97	98	99	100
Z_t	23	18	17	21	26
잔차	−1	0	1	−1	1

시점 100에서 시점 101, 102, 103에 대한 예측값과 분산을 구하라.

6.11 시계열 $\{X_t, t \ge 1\}$가 ARIMA(1,2,1)을 따를 때 다음의 시계열을 고려하자.

$$Z_t = \exp(X_t)$$

(a) $\{Z_t, t \ge 1\}$를 정상적 시계열로 만들려면 어떤 변환이 필요한가? 결과적으로 얻는 정상적 시계열모형을 기술하라.

(b) 시점 T에서 일단계 이후 예측값을 구하기 위한 절차를 설명하라.

6.12 다음과 같은 모형을 고려하자.

$$Z_t = \alpha + \beta t + a_t$$

여기서 a_t는 백색잡음이다. 시계열 $\{Z_t, t \ge 1\}$을 정상적이며 가역적인 것으로 변환할 수 있는가?

6.13 다음은 시계열 $\{Z_t, t \ge 1\}$를 변환한 $W_t = (1-B)(1-B^{12})Z_t$의 표본 ACF와 표본 PACF를 나타낸 것이다.

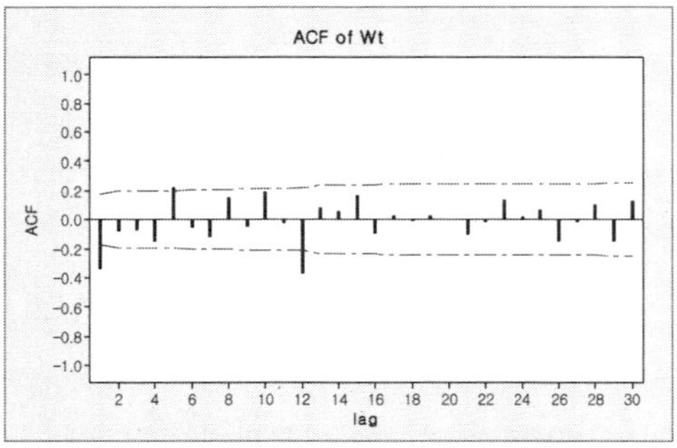

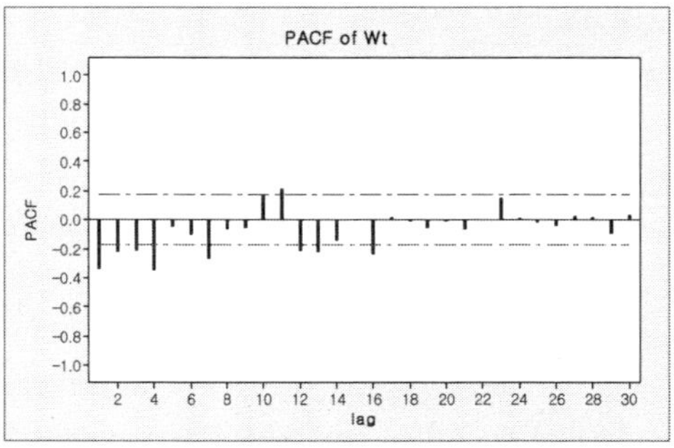

(a) $\{Z_t, t \ge 1\}$이 어떤 모형을 따른다고 하겠는가?

(b) $\{Z_t, t \ge 1\}$의 시차 1과 12에서의 자기상관계수가 각각 $-1/3$, $-2/5$이다. 이 시계열모형의 관련 파라미터를 구하라.

(c) 최근 관측값이 아래와 같다.

$$z_{129}=22.3,\ z_{130}=18.5,\ z_{131}=21.5,\ z_{132}=22.9,\ z_{133}=10.1,$$
$$z_{134}=16.7,\ z_{135}=16.4\ z_{136}=15.2,\ z_{137}=18.4,\ z_{138}=18.9,$$
$$z_{139}=29.2,\ z_{140}=25.7,\ z_{141}=26.2,\ z_{142}=20.5$$

시점 142에서 일단계 이후 예측값을 구하라. 또한 12단계 이후 예측값을 구하라. 단, 과거 백색잡음 관측값은 모두 0으로 간주하라.

6.14 다음은 시계열 Z와 이의 차분 시계열에 대한 표본 ACF와 표본 PACF를 나타낸 것이다.

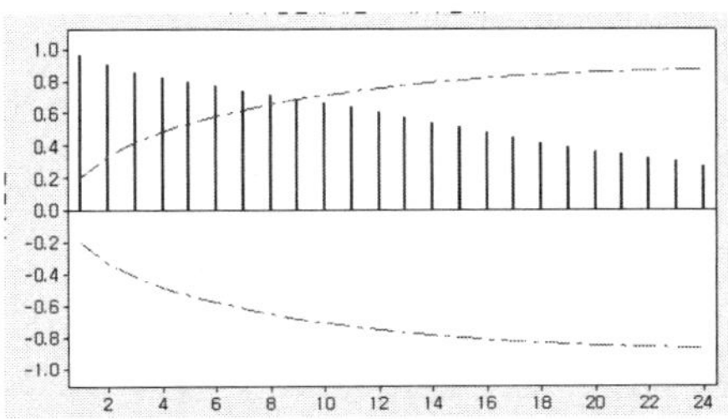

ACF of Z 시계열

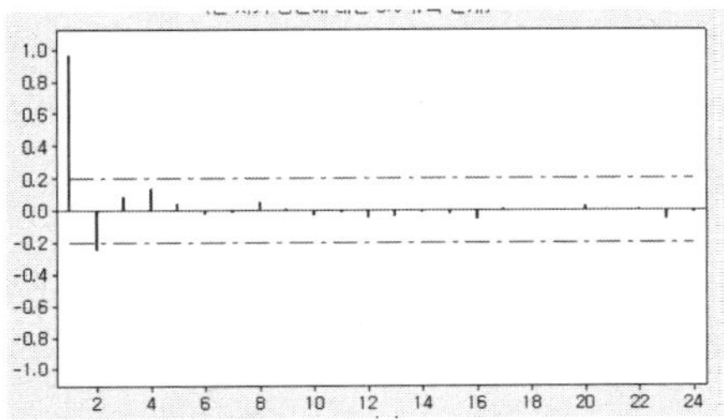

PACF of Z 시계열

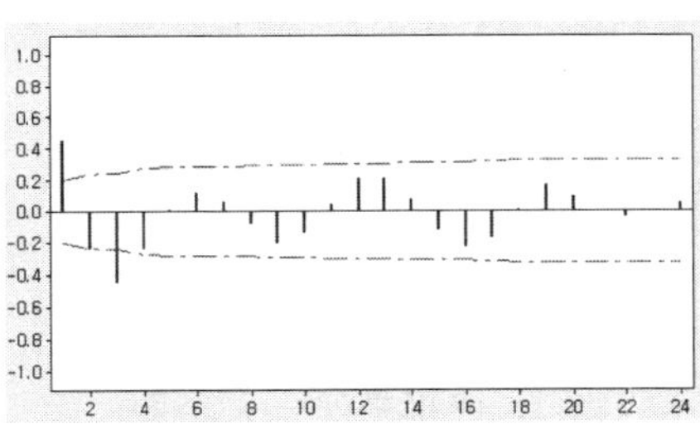

ACF of ΔZ 시계열

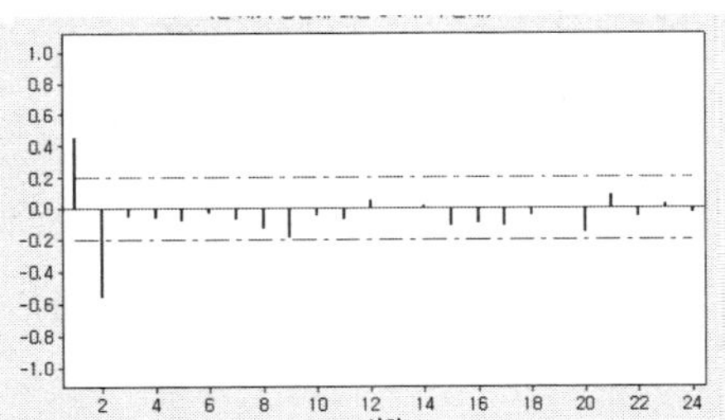

PACF of ΔZ 시계열

(a) 시계열 Z가 어떤 모형을 따른다고 보는가?

(b) 시계열 ΔZ의 시차 1, 2, 3에서의 자기상관계수가 각각 0.45, −0.24, −0.45로 추정되었다. 시계열 ΔZ의 추정모형을 기술하라.

(c) 시계열 ΔZ의 시차 1, 2, 3에서의 편자기상관계수를 추정하라.

(d) 최근 관측값이 다음과 같다.

$$z_{98}=-25.84,\ z_{99}=-25.78,\ z_{100}=-24.68$$

시점 100에서 일단계 및 이단계 이후 예측값을 산출하라.

6.15 어떤 주식의 t일의 가격을 P_t라 하자. 이 가격의 전일 대비 가격의 자연로그값, 즉 $\ln(P_t/P_{t-1})$이 파라미터 θ를 갖는 MA(1)모형을 따른다고 한다. 그리고 이 모형에 관련된 백색잡음은 평균 0, 분산 σ^2의 정규분포를 따른다.

(a) $\ln(P_t)$는 어떤 모형을 따르는가.

(b) 시점 n에서 일단계 이후 가격(P_{n+1})의 예측값을 구하라. 이때 오차분산은 어떻게 되는가?

(힌트: 확률변수 X가 평균 0, 분산 σ^2의 정규분포를 따를 때 $E[e^X] = \exp(\sigma^2/2)$, $Var[e^X] = \exp(2\sigma^2) - \exp(\sigma^2)$이다.)

6.16 다음 모형을 고려하자.

$$Z_t = Z_{t-1} + a_t - \theta_1 a_{t-1} - \theta_2 a_{t-2}$$

여기서 a_t는 백색잡음이다.

(a) 시점 n에서 일단계 및 이단계 이후 예측값을 구하라.

(b) 시점 n에서 일단계 이후 예측값에 대한 오차분산을 구하라.

(c) 시점 $n+1$에서의 일단계 이후 예측값을 갱신하는 수식을 유도하라.

6.17 시계열 $\{Z_t, t \geq 1\}$의 일차 차분 시계열 $\{d_t, t \geq 1\}$가 다음과 같은 모형을 따른다.

$$d_t = \epsilon_t - \theta\epsilon_{t-1}$$

위에서 ϵ_t는 다시 다음의 AR(1)모형을 따른다.

$$\epsilon_t = \phi\epsilon_{t-1} + a_t (a_t\text{는 백색잡음})$$

(a) $\{Z_t, t \geq 1\}$은 어떤 모형을 따른다고 하겠는가.

(b) $\phi = -0.2$, $\theta = 0.4$이며, $z_n = 10$, $z_{n-1} = 8$, $z_{n-2} = 9$, $z_{n-3} = 5$이고 그 이전 값은 모두 0이라 할 때, 시점 n에서 일단계 이후 예측값을 구하라.

6.18 시계열 J06(분기별 청년 실업률)에 대한 모형을 식별하고 관련 모수를 추정하라.

6.19 시계열 J07(월별 화재로 인한 사망자 및 부상자수)에서 사망자 데이터에 대한 모형을 식별하고 관련 모수를 추정하라.

6.20 시계열 J18은 1999–2018년 월별 대졸이상 실업률(%)을 나타낸다. 이에 대한 모형을 식별하고 관련 모수를 추정하라.

6.21 $\{Z_t, t \geq 1\}$가 IMA(1,2) 모형을 따를 때 분산을 구하라.

참고문헌

Box, G.E.P. and D.R. Cox(1964), An analysis of transformations, Journal of the Royal Statistical Society, Series B, 26(2), 211-252.

Box, G.E.P., G.M. Jenkins, and G.C. Reinsel(1994), Time Series Analysis: Forecasting and Control, third edition, Prentice Hall, Englewood Cliffs, USA.

Brockwell, P.J. and R.A. Davis(2002), Introduction to Time Series and Forecasting, second edition, Springer, New York, USA.

Cleveland, R.B., W.S. Cleveland, J.E. McRae, and I.J. Terpenning(1990), STL: A seasonal-trend decomposition procedure based on loess, Journal of Official Statistics, 6(1), 3-33.

Dickey, D.A. and W.A. Fuller(1979), Distribution of the estimators for autoregressive time series with a unit root, Journal of the American Statistical Association, 74, 427-431.

Fuller, W.A.(1996), Introduction to Statistical Time Series, 2nd ed., John Wiley, New York.

Makridakis, S., S.C. Wheelwright, and V.E. McGee(1983), Forecasting: methods and applications, second edition, Wiley, New York.

Said, S.E. and D.A. Dickey(1984), Testing for unit roots in autoregressive-moving average model of unknown order, Biometrika, 71, 599-608.

Wei, W.W.S.(2006), Time Series Analysis: univariate and multivariate methods, second edition, Pearson International Edition.

7장

시계열의 스펙트럼 분석

지금까지 시계열분석모형은 자기상관계수함수 등 대부분 시간 축에 따른 특성을 알아보기 위한 것이었다. 이를 시간영역 분석(time domain analysis)이라 한다. 또 다른 접근방법으로 시계열 배후에 있는 주기성을 밝히는 해석방법이 있는데 이를 주파수영역 분석(frequency domain analysis) 또는 스펙트럼 분석(spectral analysis)이라 한다.

7.1 스펙트럼 밀도함수

어떤 시계열 모형의 특성을 시간영역 분석에서는 자기상관계수함수로 요약하듯이 스펙트럼 분석에서는 스펙트럼 밀도함수로 요약하고 있다. 스펙트럼 밀도함수는 **각 주파수**(angular frequency)의 함수로 표현된다. 각 주파수란 360°(2π)를 회전할 때의 각속도라고 할 수 있다. 만약 2π를 회전하는 주기가 2(시간)라면 단위 시간당 π를 회전하는 것이고, 따라서 각 주파수는 π이다. 각 주파수 ω와 주기(period) T와의 관계는 다음과 같다.

$$\omega = \frac{2\pi}{T} \tag{7.1}$$

기댓값 0인 정상적 시계열 $\{Z_t, t = 1,2,\cdots\}$에 대한 스펙트럼 밀도함수는 아래와 같이 정의된다.

정의 7.1 스펙트럼 밀도함수 spectral density 기댓값 0인 정상적 시계열 $\{Z_t, t = 1,2,\cdots\}$의 자기공분산함수 $\gamma(h)$의 절댓값 합이 유한(absolutely summable)할 때, 즉 $\sum_{h=-\infty}^{\infty} |\gamma(h)| < \infty$를 만족할 때, 시계열 $\{Z_t, t = 1,2,\cdots\}$의 스펙트럼 밀도함수는 다음과 같다.

$$f(\omega) = \frac{1}{2\pi}\sum_{h=-\infty}^{\infty} e^{-ih\omega}\gamma(h), \quad -\infty < \omega < \infty \tag{7.2}$$

스펙트럼 밀도함수는 자기공분산함수에 대한 푸리에 변환(Fourier transform)이라고 할 수 있다. 스펙트럼 밀도함수를 단순히 스펙트럼이라 부르기도 한다. 식 (7.2)에서

$$e^{-ih\omega} = \cos(h\omega) - i\sin(h\omega)$$

이고 $\cos(\omega) = \cos(-\omega)$, $\gamma(h) = \gamma(-h)$이므로, 이 식은 다음과 같다.

$$
\begin{aligned}
f(\omega) &= \frac{1}{2\pi} \sum_{h=-\infty}^{\infty} [\cos(h\omega) - i\sin(h\omega)]\gamma(h) \\
&= \frac{1}{2\pi} \sum_{h=-\infty}^{-1} [\cos(h\omega) - i\sin(h\omega)]\gamma(h) + \frac{1}{2\pi}\gamma(0) \\
&\quad + \frac{1}{2\pi} \sum_{h=1}^{\infty} [\cos(h\omega) - i\sin(h\omega)]\gamma(h) \\
&= \frac{1}{2\pi}\gamma(0) + \frac{1}{2\pi} \sum_{h=1}^{\infty} 2\cos(h\omega)\gamma(h) \\
&= \frac{1}{2\pi}\left[\gamma(0) + 2\sum_{h=1}^{\infty} \gamma(h)\cos(h\omega)\right]
\end{aligned}
$$

즉, 스펙트럼은 원점에 대하여 대칭이다. 또한, 코사인 함수는 주기가 2π이므로 $\omega \in [0, \pi]$의 주파수 영역에서 정의하면 된다. 다시 정리하면 아래와 같다.

정리 7.1 기댓값 0인 정상적 시계열 $\{Z_t, t = 1,2,\cdots\}$에 대한 자기공분산함수의 절댓값 합이 유한할 때, 시계열 $\{Z_t, t = 1,2,\cdots\}$의 스펙트럼 밀도함수는 다음과 같다.

$$f(\omega) = \frac{1}{2\pi}\left[\gamma(0) + 2\sum_{h=1}^{\infty} \gamma(h)\cos(h\omega)\right], \quad \omega \in [0, \pi] \tag{7.3}$$

예 7.1

백색잡음 시계열 $Z_t = a_t$의 스펙트럼을 구하라.

풀이 $Var[a_t] = \sigma_a^2$일 때 이 시계열의 공분산 함수는 다음과 같다.

$$
\begin{aligned}
\gamma(0) &= \sigma_a^2 \\
\gamma(h) &= 0, h \neq 0
\end{aligned}
$$

따라서 식 (7.3)에 의해 스펙트럼은 아래와 같이 주파수에 상관없이 일정한 값을 갖는다.

$$f(\omega) = \frac{\sigma_a^2}{2\pi}, \quad \omega \in [0, \pi] \tag{7.4}$$

예 7.2

다음의 AR(1)모형에 대한 스펙트럼을 구하라.

$$Z_t = \phi Z_{t-1} + a_t, \ -1 < \phi < 1$$

풀이 AR(1)모형의 공분산함수는 다음과 같으므로

$$\gamma(0) = \frac{\sigma_a^2}{1-\phi^2}$$

$$\gamma(h) = \phi^h \gamma(0), \ h = 1, 2, \cdots$$

식 (7.3)을 이용하면 다음과 같다.

$$\begin{aligned} f(\omega) &= \frac{\gamma(0)}{2\pi}\left[1 + 2\sum_{h=1}^{\infty} \phi^h \cos(h\omega)\right] \\ &= \frac{\gamma(0)}{2\pi}\left[1 + \sum_{h=1}^{\infty} \phi^h (e^{-ihw} + e^{ihw})\right] \end{aligned}$$

위 식을 정리하면 결국 다음을 얻을 수 있다.

$$f(\omega) = \frac{\sigma_a^2}{2\pi} \times \frac{1}{1+\phi^2 - 2\phi\cos w} \tag{7.5}$$

이를 그림으로 나타내면 [그림 7.1]과 같은 형태임을 볼 수 있다.

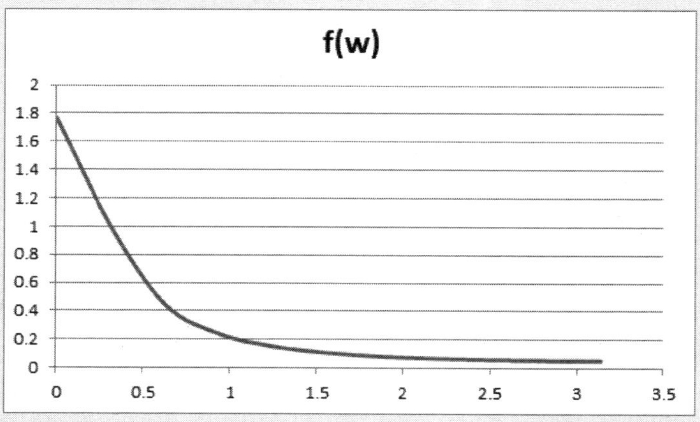

그림 7.1 AR(1)모형의 스펙트럼($\phi = 0.7, \sigma_a^2 = 1$)

이상에서 어떤 시계열의 자기공분산함수를 알면 이에 대응하는 스펙트럼 밀도함수를 구할 수 있음을 알았는데, 역으로 스펙트럼 밀도함수를 통해 자기공분산함수를 구할 수도 있다. 이는 역 푸리에변환(inverse Fourier transform)을 사용하여 다음과 같이 나타낸다.

$$\gamma(h) = \int_{-\pi}^{\pi} e^{ih\omega} f(w)dw \tag{7.6}$$

여기서 $h=0$일 때의 값, 즉 시계열의 분산은 다음과 같음을 알 수 있다.

$$\gamma(0) = Var[X_t] = \int_{-\pi}^{\pi} f(w)dw \tag{7.7}$$

다시 말하면, 스펙트럼을 $(-\pi, \pi)$ 영역에 대해 적분하면 그 값이 바로 시계열의 분산이 된다. 따라서 스펙트럼 밀도함수란 분산을 각 주파수별로 분해하여 어떤 주파수가 분산에 얼마나 기여하는지를 보여주는 것이다. 예를 들어 (예 7.1)의 백색잡음의 스펙트럼이 주파수에 대하여 일정하다는 의미는 특정 주파수에 관계없이 일정하게 분산에 기여한다는 것이다.

7.2 ARMA모형의 스펙트럼

(예 7.1)에서 백색잡음의 스펙트럼은 단순하게 산출됨을 보았다. 이를 바탕으로 시계열이 MA 형태로 표현되는 경우에 스펙트럼을 좀 더 쉽게 구하는 방법을 알아보고자 한다. 다음과 같이 MA 과정으로 표현된 시계열을 생각해보자.

$$Z_t = \sum_{j=0}^{\infty} \psi_j a_{t-j} = \psi(B)a_t$$

여기서 $\psi_0 = 1$이며, $\psi(B) = \sum_{j=0}^{\infty} \psi_j B^j$이다. 이에 대하여 다음의 [정리 7.2]가 성립한다.

정리 7.2 시계열 $\{Z_t, t \geq 1\}$이 다음과 같이 표현되고

$$Z_t = \sum_{j=0}^{\infty} \psi_j a_{t-j} = \psi(B) a_t \tag{7.8}$$

$\sum_{j=0}^{\infty} |\psi_j B^j| < \infty$일 때, 시계열의 스펙트럼 밀도함수는 백색잡음 스펙트럼 $f_a(w)$와 다음과 같은 관계를 갖는다.

$$f(w) = |\psi(e^{-iw})|^2 f_a(w) = \frac{\sigma_a^2}{2\pi} |\psi(e^{-iw})|^2 \tag{7.9}$$

증명 자기공분산함수는 다음과 같이 표현된다.

$$\begin{aligned}
\gamma(h) &= E[Z_t Z_{t-h}] \\
&= E\left[\left(\sum_{j=0}^{\infty} \psi_j a_{t-j}\right)\left(\sum_{k=0}^{\infty} \psi_k a_{t-h-k}\right)\right] \\
&= \sum_{j=0}^{\infty} \sum_{k=0}^{\infty} \psi_j \psi_k \gamma_a(h+k-j)
\end{aligned}$$

이때 시계열 $\{Z_t, t \geq 1\}$의 스펙트럼은 다음과 같이 산출된다.

$$\begin{aligned}
f(w) &= \frac{1}{2\pi} \sum_{h=-\infty}^{\infty} e^{-ihw} \gamma(h) \\
&= \frac{1}{2\pi} \sum_{h=-\infty}^{\infty} e^{-ihw} \sum_{j=0}^{\infty} \sum_{k=0}^{\infty} \psi_j \psi_k \gamma_a(h+k-j)
\end{aligned} \tag{7.10}$$

여기서 $l = h+k-j$라 하고

$$f_a(w) = \frac{1}{2\pi} \sum_{l=-\infty}^{\infty} e^{-ilw} \gamma_a(w)$$

를 이용하면 식 (7.10)은 다음과 같다.

$$\begin{aligned}
f(w) &= \sum_{j=0}^{\infty} e^{-ijw} \psi_j \sum_{k=0}^{\infty} e^{ikw} \psi_k \left(\frac{1}{2\pi} \sum_{l=-\infty}^{\infty} e^{-ilw} \gamma_a(l)\right) \\
&= \psi(e^{-iw}) \psi(e^{iw}) f_a(w) \\
&= |\psi(e^{-iw})|^2 f_a(w)
\end{aligned}$$

예 7.3

다음의 MA(1)모형에 대한 스펙트럼을 구하라.

$$Z_t = a_t - \theta a_{t-1}$$

풀이 MA(1)모형의 경우 $\psi(.)$다항식은 다음과 같으므로

$$\psi(e^{-iw}) = 1 - \theta e^{-iw}$$

[정리 7.2]를 사용하면 다음과 같은 스펙트럼을 얻는다.

$$\begin{aligned} f(w) &= |1-\theta e^{-iw}|^2 f_a(w) \\ &= \frac{\sigma_a^2}{2\pi}(1-\theta e^{-iw})(1-\theta e^{iw}) \\ &= \frac{\sigma_a^2}{2\pi}[1+\theta^2-\theta(e^{-iw}+e^{iw})] \\ &= \frac{\sigma_a^2}{2\pi}[1+\theta^2-2\theta\cos w] \end{aligned}$$

ARMA(p, q)모형에 대하여 [정리 7.2]를 적용하면 다음과 같은 [정리 7.3]을 얻을 수 있다.

정리 7.3 ARMA모형이 다음과 같이 주어졌을 때,

$$\phi_p(B)Z_t = \theta_q(B)a_t$$

스펙트럼은 다음과 같다.

$$f(w) = \frac{\sigma_a^2}{2\pi}\left|\frac{\theta_q(e^{-iw})}{\phi_p(e^{-iw})}\right|^2 \tag{7.11}$$

여기서 두 다항식은 다음과 같다.

$$\phi_p(x) = 1 - \phi_1 x - \dots - \phi_p x^p$$
$$\theta_q(x) = 1 - \theta_1 x - \dots - \theta_q x^q$$

예 7.4

다음의 ARMA(1,1)모형에 대한 스펙트럼을 구하라.

$$Z_t - \phi Z_{t-1} = a_t - \theta a_{t-1}$$

풀이 ARMA(1,1)모형의 경우 두 다항식은 다음과 같다.

$$\phi_p(x) = 1 - \phi x$$
$$\theta_q(x) = 1 - \theta x$$

따라서 [정리 7.3]을 적용하면 스펙트럼은 다음과 같이 얻어진다.

$$f(w) = \frac{\sigma_a^2}{2\pi}\left|\frac{1-\theta e^{-iw}}{1-\phi e^{-iw}}\right|^2 = \frac{\sigma_a^2}{2\pi}\frac{(1-\theta e^{-iw})(1-\theta e^{iw})}{(1-\phi e^{-iw})(1-\phi e^{iw})} \tag{7.12}$$
$$= \frac{\sigma_a^2}{2\pi}\frac{1+\theta^2-2\theta\cos w}{1+\phi^2-2\phi\cos w}$$

7.3 계절성 ARMA모형의 스펙트럼

계절성 ARMA모형 또한 정상성을 만족하면 [정리 7.2]를 적용하여 스펙트럼을 구할 수 있다. 우선 다음과 같은 단순한 계절성 모형을 고려하여 보자.

$$Z_t - \Phi Z_{t-12} = a_t$$

[정리 7.2]를 이용하면 스펙트럼은 다음과 같이 얻어진다.

$$f(w) = \frac{\sigma_a^2}{2\pi}\frac{1}{(1-\Phi e^{-i12w})(1-\Phi e^{i12w})} = \frac{\sigma_a^2}{2\pi}\frac{1}{1+\Phi^2-2\Phi\cos 12w} \tag{7.13}$$

위의 스펙트럼은 $\Phi > 0$인 경우 $\cos 12w = 1$일 때 피크를 보이므로, $w = 0$일 때와 $w = 2\pi k/12\,(k = 1,2,\cdots,6)$일 때 피크를 나타내며 이 때 피크값은 $\sigma_a^2/(2\pi(1-\Phi)^2)$이다.

예 7.5

다음과 같은 시계열 모형 $(0,0,1)\times(0,0,1)_{12}$에 대한 스펙트럼을 구하고 특성을 기술하라.

$$Z_t = (1-\theta B)(1-\Theta B^{12})a_t$$

풀이 이 모형에서

$$\psi(B) = (1-\theta B)(1-\Theta B^{12})$$

이므로 스펙트럼은 다음과 같다.

$$\begin{aligned} f(w) &= \frac{\sigma_a^2}{2\pi}\left|(1-\theta e^{-iw})(1-\Theta e^{-i12w})\right|^2 \\ &= \frac{\sigma_a^2}{2\pi}(1+\theta^2-2\theta\cos w)(1+\Theta^2-2\Theta\cos 12w) \end{aligned}$$

이때, $\sigma_a^2=1, \theta=0.7, \Theta=0.5$인 경우 스펙트럼을 그려보면 [그림 7.2]와 같다.

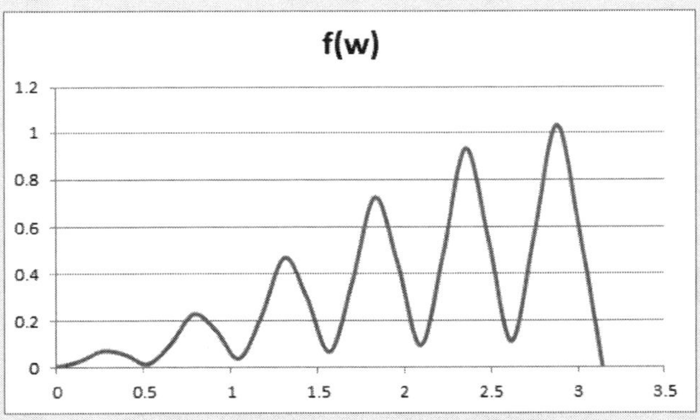

그림 7.2 (예 7.5)에 대한 스펙트럼

만약 여기서 $\theta=0$으로 비계절성 MA(1) 항이 없다면 스펙트럼에는 [그림 7.3]과 같이 주기적인 피크가 나타난다. 비계절성 MA(1)모형에 대한 스펙트럼이 작은 주파수에서 값이 작고 높은 주파수로 갈수록 큰 값을 갖게 됨에 따라 (예 7.5)의 모형의 스펙트럼은 [그림 7.2]에서 보듯이 작은 주파수에서는 스펙트럼이 감소되고 큰 주파수에서는 유지되는 형태를 보이게 된다.

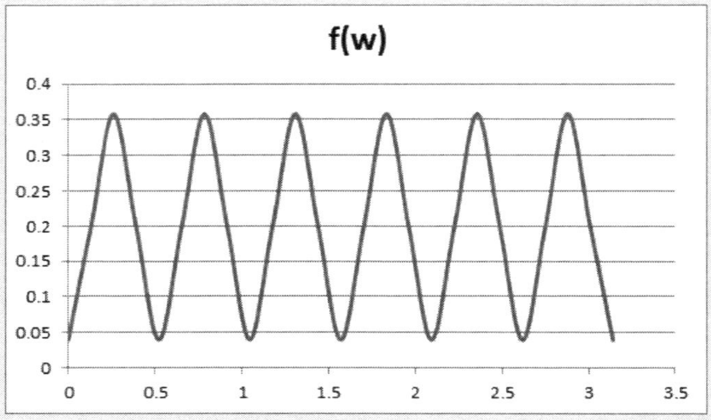

그림 7.3 $Z_t = (1-\Theta B^{12})a_t$ **모형에 대한 스펙트럼**

차분을 취한 후의 시계열에 대한 스펙트럼 역시 유사하게 유도된다. 예를 들어 1차 차분을 취한 다음의 시계열을 살펴보자.

$$W_t = (1-B)Z_t$$

이때 시계열 $\{W_t\}$에 대한 스펙트럼은 다음과 같다.

$$f_W(w) = |1-e^{-iw}|^2 f_Z(w) = 2(1-\cos w)f_Z(w)$$

여기서 $1-\cos w$의 값은 $w=0$일 때는 0에서, $w=\pi$일 때 2까지 단순증가한다. 그러므로 차분을 취하면 작은 주파수 스펙트럼은 값이 작아지고 높은 주파수 스펙트럼은 유지되는 것이다.

예 7.6

다음과 같은 계절성 ARIMA$(0,1,1)\times(0,1,1)_{12}$ 모형에 대한 스펙트럼을 구하라.

$$(1-B)(1-B^{12})Z_t = (1-\theta B)(1-\Theta B^{12})a_t$$

풀이 $W_t = (1-B)(1-B^{12})Z_t$라 하면, 이의 스펙트럼은 다음 관계를 갖는다.

$$f_W(w) = 4(1-\cos w)(1-\cos 12w)f_Z(w)$$

여기서 시계열 Z_t의 스펙트럼은 (예 7.5)에서 구한 바와 같으므로 결과적으로 계절성 ARIMA$(0,1,1)\times(0,1,1)_{12}$모형에 대한 스펙트럼은 다음과 같이 산출된다.

$$f_W(w) = \frac{\frac{2\sigma_a^2}{\pi}(1-\cos w)(1-\cos 12w)}{(1+\theta^2-2\theta\cos w)(1+\Theta^2-2\Theta\cos 12w)}$$

7.4 스펙트럼의 추정

시계열의 자기공분산함수의 절댓값 합이 유한할 때, [정리 7.1]에서 스펙트럼은 다음과 같음을 보았다.

$$f(\omega) = \frac{1}{2\pi}\left[\gamma(0) + 2\sum_{h=1}^{\infty}\gamma(h)\cos(h\omega)\right], \quad \omega \in [0, \pi]$$

따라서 시계열 데이터 $(z_1, \cdots, z_n)$이 주어질 때, 자기공분산함수 대신 표본자기공분산함수를 대입함으로써 스펙트럼을 다음과 같이 추정할 수 있다.

$$\hat{f}(\omega) = \frac{1}{2\pi}\left[\hat{\gamma}(0) + 2\sum_{h=1}^{n-1}\hat{\gamma}(h)\cos(h\omega)\right]$$

이를 표본 스펙트럼(sample spectrum)이라 한다. 이는 점진적으로 불변추정량임을 보일 수 있다.

7.4.1 주기도에 의한 스펙트럼 추정

위와 같은 추정방법 이외에 주기도(periodogram)를 사용하는 기법이 있는데 주기도는 이산 푸리에 변환(discrete Fourier transform; DFT)을 통하여 정의된다.

정의 7.2 이산 푸리에 변환; DFT 시계열 데이터 $(z_1, \cdots, z_n)$의 푸리에 주파수 $w_k = 2\pi k/n (k = 0, 1, \cdots, n-1)$에 대하여 다음을 이산 푸리에 변환이라 한다.

$$c_k = \frac{1}{\sqrt{n}}\sum_{t=1}^{n} z_t e^{-itw_k}$$

위의 DFT를 다시 쓰면 다음과 같다.

$$c_k = \frac{1}{\sqrt{n}} \sum_{t=1}^{n} z_t \cos(tw_k) - i \frac{1}{\sqrt{n}} \sum_{t=1}^{n} z_t \sin(tw_k)$$

정의 7.3 시계열 데이터 $(z_1, \cdots, z_n)$에 대하여 코사인 변환(cosine transform) a_k 및 사인 변환(sine transform) b_k을 다음과 같이 정의한다.

$$a_k = \frac{1}{\sqrt{n}} \sum_{t=1}^{n} z_t \cos(tw_k)$$

$$b_k = \frac{1}{\sqrt{n}} \sum_{t=1}^{n} z_t \sin(tw_k)$$

위의 정의를 이용하면 DFT는 다음과 같이 표현된다.

$$c_k = a_k - ib_k$$

이산 푸리에 변환이 주어지면 아래와 같이 원래 시계열을 얻을 수 있다. 이를 역 DFT(inverse discrete Fourier transform)이라 한다.

$$z_t = \frac{1}{\sqrt{n}} \sum_{k=1}^{n-1} c_k e^{itw_k}, \quad t = 1, \cdots, n$$

정의 7.4 주기도 periodogram 시계열 데이터 $(z_1, \cdots, z_n)$의 푸리에 주파수 $w_k = 2\pi k/n (k = 0, 1, \cdots, n-1)$에 대하여 이산 푸리에 변환 c_k 가 주어질 때 주기도는 다음과 같다.

$$I(w_k) = |c_k|^2 = a_k^2 + b_k^2$$

여기서 $I(w_0) = I(0) = n(\bar{z})^2$이다.

n이 홀수일 때 주기도는 $m = (n-1)/2$를 중심으로 서로 대칭이다. 즉, 다음과 같은 관계가 성립한다.

$$I(w_1) = I(w_{n-1}), \ I(w_2) = I(w_{n-2}), \ \cdots, \ I(w_m) = I(w_{m+1})$$

따라서 실제로 주기도는 주파수 $w_k = 2\pi k/n (k = 0, 1, \cdots, m)$까지 구하면 된다.

주기도를 스펙트럼의 추정치로 사용할 수 있음을 다음의 결과로부터 알 수 있다.

정리 7.4 주기도는 표본 스펙트럼과 다음과 같은 관계를 갖는다.

$$I(w_k) = 2\pi \hat{f}(w_k) = \hat{\gamma}(0) + 2\sum_{h=1}^{n-1} \hat{\gamma}(h)\cos(h\omega_k)$$

증명 $w_k \neq 0$일 때 DFT를 다음과 같이 쓸 수 있으므로

$$c_k = \frac{1}{\sqrt{n}} \sum_{t=1}^{n} (z_t - \bar{z}) e^{-itw_k}$$

다음이 성립한다.

$$\begin{aligned} I(w_k) = |c_k|^2 &= \frac{1}{n} \sum_{t=1}^{n} \sum_{s=1}^{n} (z_t - \bar{z})(z_s - \bar{z}) e^{i(s-t)w_k} \\ &= \frac{1}{n} \left[\sum_{t=1}^{n} (z_t - \bar{z})^2 + \sum_{h=1}^{n-1} (e^{ihw_k} + e^{-ihw_k}) \sum_{t=1}^{n-h} (z_t - \bar{z})(z_{t+h} - \bar{z}) \right] \\ &= \hat{\gamma}(0) + 2\sum_{h=1}^{n-1} \hat{\gamma}(h) \cos hw_k \end{aligned}$$

예 7.7

시계열 데이터가 {1, 2, 3, 4, 3, 2, 1}과 같을 때 이에 대한 주기도를 구하라.

풀이 $n = 7$이므로 아래와 같다.

k	k/n	w_k	a_k	b_k	$I(w_k)$
0	0	0	2.285714	0	36.57143
1	1/7	0.897597	−0.649848	−0.312948	3.641669
2	2/7	1.795194	0.027432	0.034398	0.01355
3	3/7	2.692791	−0.020444	−0.089569	0.059084
4	4/7	3.590389	−0.020442	0.089568	0.059082
5	5/7	4.487986	0.027432	−0.0344	0.013551
6	6/7	5.385583	−0.649831	0.312957	3.641553

위의 시계열 데이터는 주기가 7이므로 주파수가 $2\pi/7(k=1)$에서 주기도 값이 가장 큼을 볼 수 있다.

예 7.8

시계열 J06(분기별 청년 실업율)에 대한 표본 스펙트럼(또는 주기도를 2π로 나눈 값)을 구하라.

풀이 표본 스펙트럼은 아래 그림과 같다. 이때 $\omega = 1.57$에서 피크를 보이는데 본 데이터가 분기별 계절성을 가지므로 주기 $T = 4$와 일치함을 알 수 있다.

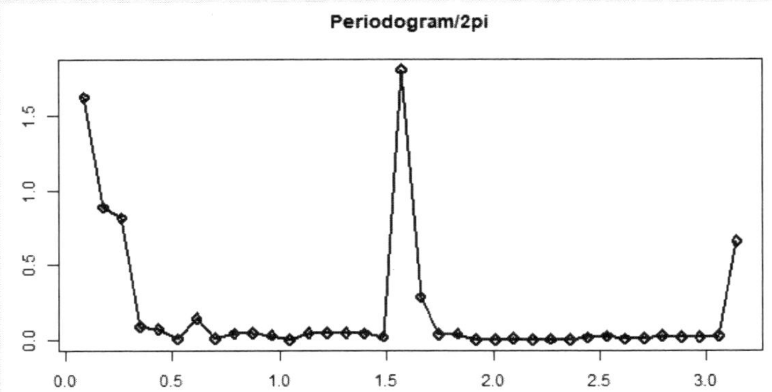

그림 7.4 분기별 청년 실업율에 대한 표본 스펙트럼

주파수별 주기도를 모두 합하면 시계열 데이터의 제곱합이 된다는 다음 [정리 7.5]는 매우 유용하다.

정리 7.5 시계열 데이터 $(z_1, \cdots, z_n)$에 대하여 n이 홀수일 때 다음이 성립한다.

$$\sum_{t=1}^{n} (z_t - \bar{z})^2 = 2\sum_{k=1}^{m} I(w_k), \quad m = (n-1)/2$$

증명 n이 홀수일 때 데이터를 다음과 같이 푸리에 순열(Fourier series)로 표현할 수 있다.

$$z_t = \alpha_0 + \sum_{k=1}^{m} \left[\alpha_k \cos(w_k t) + \beta_k \sin(w_k t)\right] \tag{7.14}$$

여기서 $\alpha_0 = \bar{z}$이며 다른 계수들은 다음과 같이 얻어진다.

$$\alpha_k = \frac{2}{n}\sum_{t=1}^{n} z_t \cos(w_k t) = \frac{2}{\sqrt{n}} a_k$$

$$\beta_k = \frac{2}{n}\sum_{t=1}^{n} z_t \sin(w_k t) = \frac{2}{\sqrt{n}} b_k$$

따라서 식 (7.14)를 다음과 같이 쓸 수 있다.

$$z_t - \bar{z} = \frac{2}{\sqrt{n}}\sum_{k=1}^{m}\left[a_k \cos(w_k t) + b_k \sin(w_k t)\right]$$

그러므로 양변을 제곱하고 모두 합하면 다음 식을 얻는다.

$$\sum_{t=1}^{n}(z_t - \bar{z})^2 = 2\sum_{k=1}^{m}\left[a_k^2 + b_k^2\right] = 2\sum_{k=1}^{m} I(w_k)$$

위의 정리는 제곱합을 각 주파수별 주기도로 분해할 수 있음을 시사한다. 즉, 분산분석을 하여 어떤 주파수가 제곱합에 크게 기여하는지를 알 수 있다. 주파수별 분산분석표를 [표 7.1]에 나타내었다. 여기서 보듯이 잔차제곱합(SSE)는 0이므로 곧바로 유의성 검정을 할 수는 없다. 유의성 검정을 위해서는 작은 제곱합을 잔차제곱합으로 보는 풀링 방법을 사용할 수 있겠다.

표 7.1 주파수별 분산분석표

주파수	자유도	제곱합	평균제곱합
w_1	2	$2I(w_1)$	$I(w_1)$
w_2	2	$2I(w_2)$	$I(w_2)$
$\vdots$	$\vdots$	$\vdots$	$\vdots$
w_m	2	$2I(w_m)$	$I(w_m)$
전체	n−1	$\sum_{t=1}^{n}(z_t-\bar{z})^2$	

예 7.9

(예 7.7)에 대한 주기도의 분산분석표를 작성하라.

풀이 분산분석표는 아래와 같다.

주파수	자유도	제곱합	평균제곱합
$w_1 = 2\pi(1/7)$	2	7.2833	3.6417
$w_2 = 2\pi(2/7)$	2	0.0271	0.0136
$w_3 = 2\pi(3/7)$	2	0.1182	0.0591
전체	6	7.4296	

이를 보면 전체 제곱합의 대부분(98%)을 주파수 $w_1 = 2\pi(1/7)$의 주기도가 설명하고 있음을 알 수 있다.

7.4.2 주기도의 평활화

실제 시계열 데이터에 대한 주파수별 주기도는 부드러운 곡선을 띠고 있지 않다. 이를 개선하기 위하여 해당 주파수 전후의 주기도 평균을 취하여 추정하는 평활화 기법이 널리 사용된다. 주파수 w_k에 대하여 $L = 2l + 1$의 평균을 취할 경우 평활화된 주기도는 다음과 같다.

$$\tilde{I}(w_k) = \sum_{j=-l}^{l} \frac{1}{2l+1} I(w_k + \frac{2\pi j}{n})$$

이 방안은 Daniell(1946)에 의해 제안되었으며, 이 외에도 Welch 방법(Welch, 1967), Bartlett 방법(Bartlett, 1948) 등이 있다.

위의 평활화에서는 $L = 2l + 1$개의 주기도 값에 동일한 가중치를 부여한 것으로 볼 수 있는데 이를 일반화하여 서로 다르나 중심에 대하여 대칭인 가중치 함수 $W(j)$를 사용할 수 있다. 즉, 다음과 같은 평활화를 고려할 수 있다.

$$\tilde{I}(w_k) = \sum_{j \in B} W(j) I(w_k + \frac{2\pi j}{n})$$

여기서 B는 띠너비(bandwidth)를 의미한다. 위의 가중치 함수는 다음과 같은 성질을 갖는 것을 사용한다.

$$\sum_{j \in B} W(j) = 1, \quad W(j) = W(-j), \quad \sum_{j \in B} W^2(j) \to 0 \ (n \to \infty)$$

예 7.10

다음 [그림 7.5]는 ARMA(1,1)모형에서 400개의 관측값을 임의로 생성한 데이터에 대하여 주기도를 그린 뒤, 띠너비의 길이를 변화시키면서 평활화시킨 주기도이다. $B = 55$일 때 평활화시킨 주기도가 이론적 스펙트럼과 거의 일치하는 것을 볼 수 있으나 B값이 너무 작거나 크면 차이가 있음을 알 수 있다.

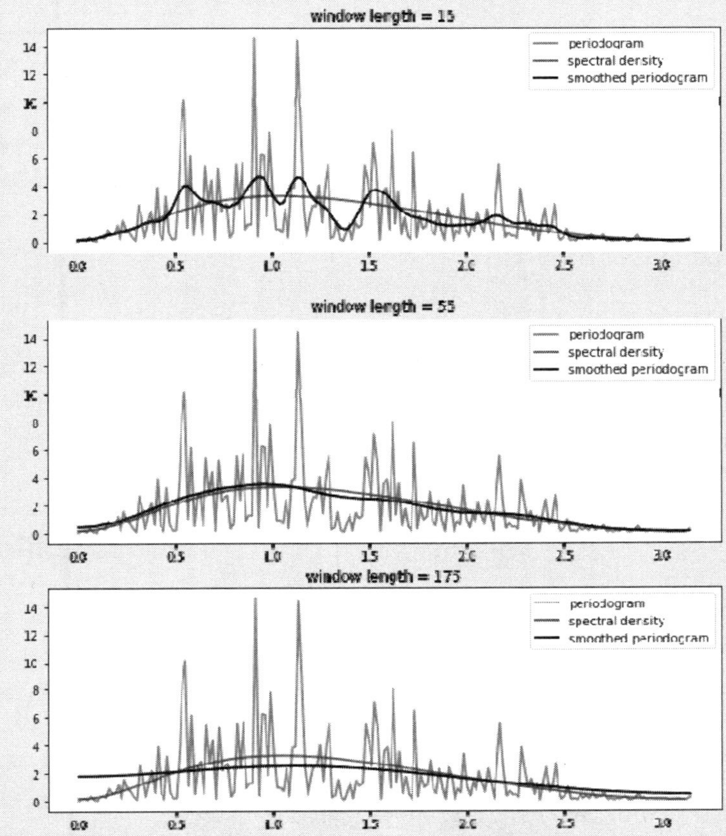

그림 7.5 띠너비의 길이에 따른 주기도

예 7.11

시계열 데이터 J12(서울시 월별 교통사고 사망수)에 대하여 스펙트럼을 추정하면 [그림 7.6]과 같다. 한편, 가중치를 $W(0)=W(1)=3/15$, $W(2)=2/15$, $W(3)=1/15$(Daniell filter)로 하여 평활화시킨 스펙트럼을 구하면 [그림 7.7]과 같다. 이를 보면 주파수 $w_k=0.55$ 부근에서 큰 피크를 보이는데 이는 주기 11.4(일)에 해당한다고 할 수 있다.

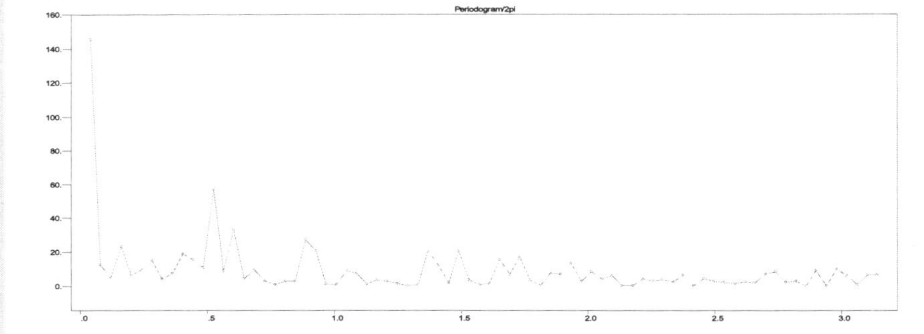

그림 7.6 서울시 월별 교통사고 사망자 수에 대한 스펙트럼 추정

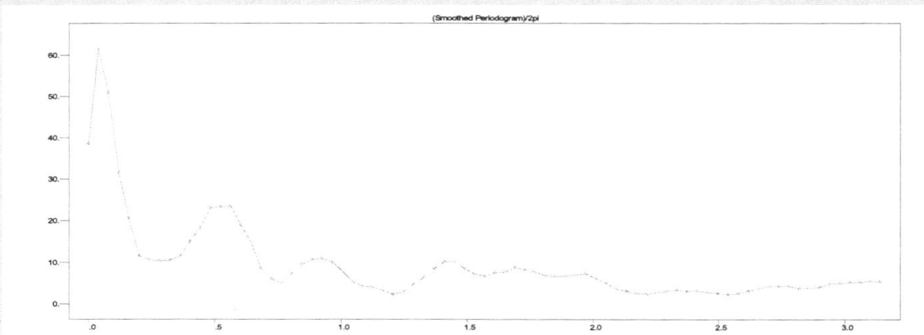

그림 7.7 [그림 7.6]을 평활화시킨 스펙트럼

연습문제

7.1 시계열 $\{Z_t, t \geq 1\}$이 다음의 모형을 따른다.

$$Z_t = a_t - 0.8a_{t-1}$$

여기서 a_t는 평균 0, 분산 σ^2을 갖는 백색잡음이다.

(a) 이 시계열의 자기공분산함수를 구하라.

(b) 이 시계열의 스펙트럼을 구하라. 또한, 구한 스펙트럼을 0와 π 사이에 도식화하라.

7.2 MA(2)모형의 스펙트럼을 구하라.

7.3 AR(2)모형에 대한 스펙트럼이 다음과 같음을 보여라.

$$f(w)=\frac{\sigma_a^2}{2\pi[1+\phi_1^2+2\phi_2+\phi_2^2+2(\phi_1\phi_2-\phi_1)\cos w-4\phi_2\cos^2 w]}$$

또한 피크를 보이는 주파수에서 다음을 만족함을 유도하라.

$$\cos\omega=\frac{\phi_1\phi_2-\phi_1}{4\phi_2}$$

7.4 [정리 7.2]를 이용하여 AR(1)모형의 스펙트럼을 구하고 (예 7.2)의 결과와 비교하라.

7.5 다음 모형을 고려하자.

$$(1-\phi B)(1-\Phi B^{12})Z_t=a_t$$

(a) 이 모형에 대한 스펙트럼을 유도하라.

(b) $\phi=0.7, \Phi=0.5$일 때 스펙트럼을 그림으로 나타내라.

(c) $\phi=0, \Phi=0.5$일 때 스펙트럼을 그리고 (b)의 결과와 비교하라.

(d) $\phi=0.7, \Phi=0$일 때 스펙트럼을 그리고 (b)의 결과와 비교하라.

7.6 다음 모형을 고려하자.

$$(1-B)(1-B^{12})(1-\phi B)(1-\Phi B^{12})Z_t=a_t$$

(a) 이 모형에 대한 스펙트럼을 유도하라.

(b) $\phi=0.7, \Phi=0.5$일 때 스펙트럼을 그림으로 나타내라. 또한, 연습문제 7.5(b)의 결과와 비교하라.

참고문헌

Bartlett, M.S.(1948), Smoothing periodogram for time series with continuous spectra, Nature, 161, 686-687.

Daniell, P.J.(1946), Discussion of 'on the theoretical specification and sampling properties of autocorrelated time-series, Journal of the Royal Statistical Society, 8, 88-90.

Welch, P.D.(1967), The use of fast Fourier transform for the estimation of power spectra: a method based on time averaging over short, modified periodograms, IEEE Transactions on Audio and Electroacoustics, AU-15(2), 70-76.

8장

이상값 분석

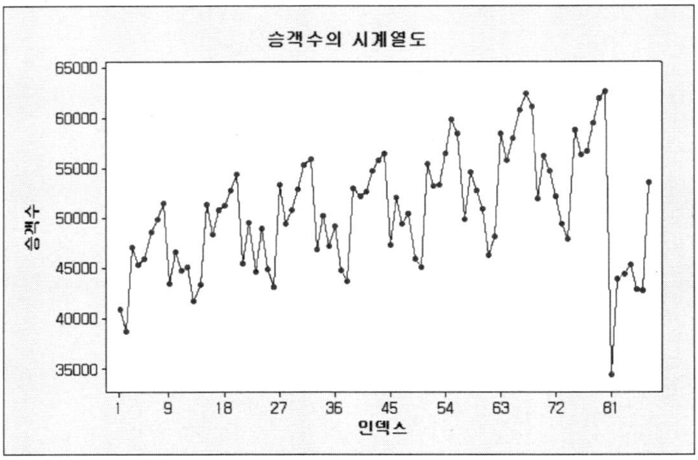

그림 8.1 월별 미국 항공기 승객수(1995년 1월 - 2002년 3월)

시계열은 외부 요인, 즉 예측하지 않은 사건, 정책 변화 등에 의하여 영향을 받기 마련이다. 예를 들어 [그림 8.1]은 1995년 1월부터 2002년 3월까지 미국의 월별 항공기 승객수를 나타내는데, 911 테러에 의하여 2001년 9월에 승객수가 급감하였음을 볼 수 있다.

이와 같은 구조변화를 포함하는 시계열에 대한 모델링을 위해서는 알려진 사건 시점 이후의 데이터를 사용할 수 있다. 그러나 사건 시점 이후의 관측값이 많지 않을 경우 모델링이 어려울 수 있다. 따라서 이러한 사건이 시계열에 미치는 영향의 형태를 몇 가지로 가정하고 전체 데이터를 활용하여 모형을 구축하는 방안을 고려해야 한다. 이러한 사건을 개입(intervention)이라고 하며, 개입의 영향을 분석하는 것을 개입분석(intervention analysis)이라고 한다. 이 책에서는 '개입'이라는 용어보다는 '구조변화'를 사용하고자 한다. 실제 구조변화(structural change)모형은 사건의 발생 시점이 알려져 있지 않은 경우의 시계열분석을 일컫는다.

개입분석 또는 구조변화분석과 연관하여 이상값 탐지(outlier detection)문제를 이 장에서 다루고자 한다. 시계열에서도 이상값이 존재하면 잘못된 모형 식별의 결과를 초래할 수 있다. 이상값은 존재하는 시점이 알려지지 않는 경우가 대부분이므로 시점을 추정하고 이의 영향을 최소로 하는 시계열 모형의 추정이 필요하다.

8.1 시점이 알려진 구조변화모형

사건의 시점 T가 알려져 있다고 가정하자. 이 사건의 발생이 시계열에 주는 영향의 형태는 다양하다. 사건이 한 시점에만 영향을 주다가 사라질 수도 있고, 영향이 점진적으로 감소할 수도 있다. 또 사건이 시계열의 평균을 변화시켜 변화된 평균으로 지속되기도 하고, 점차적으로 평균을 증가시킬 수도 있다.

다음과 같이 두 함수를 정의하자(Box and Tiao, 1975). 펄스 함수(pulse function)는 다음과 같은 지시함수이다.

$$P_t^{(T)} = \begin{cases} 1, & t = T \\ 0, & t \neq T \end{cases} \tag{8.1}$$

또한 스텝 함수(step function)는 다음과 같다.

$$S_t^{(T)} = \begin{cases} 1, & t \geq T \\ 0, & t < T \end{cases} \tag{8.2}$$

이때 펄스 함수는 아래와 같이 스텝 함수로 표현할 수도 있다.

$$P_t^{(T)} = S_t^{(T)} - S_{t-1}^{(T)} = (1 - B)S_t^{(T)}$$

원래의 시계열이 다음과 같이 수평적 패턴을 가진다고 할 때, 몇 가지 영향 형태에 따라 위의 두 함수로 시계열을 어떻게 표현할 수 있는지 알아보자.

$$Z_t = \theta_0 + a_t \tag{8.3}$$

시점 T에서 사건이 발생하고, 그 직후인 시점 $T+1$에만 시계열에 영향을 일시적으로 준 뒤 시점 $T+2$부터는 다시 제자리로 오는 [그림 8.2]의 펄스 형태를 고려하여 보자. 이때 구조변화모형은 다음과 같이 표현된다.

$$Z_t = \theta_0 + wP_{t-1}^{(T)} + a_t \tag{8.4}$$

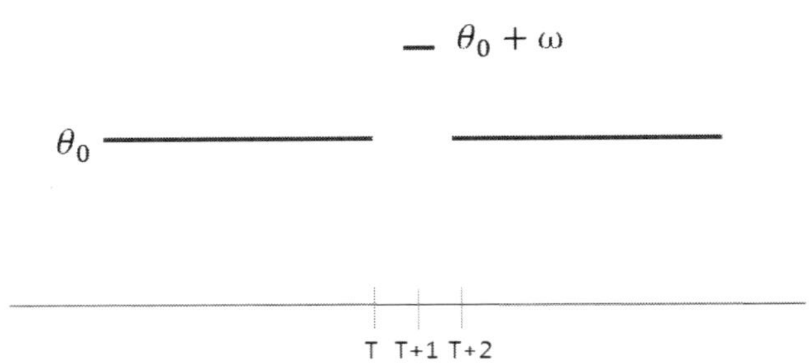

그림 8.2 펄스 형태 영향

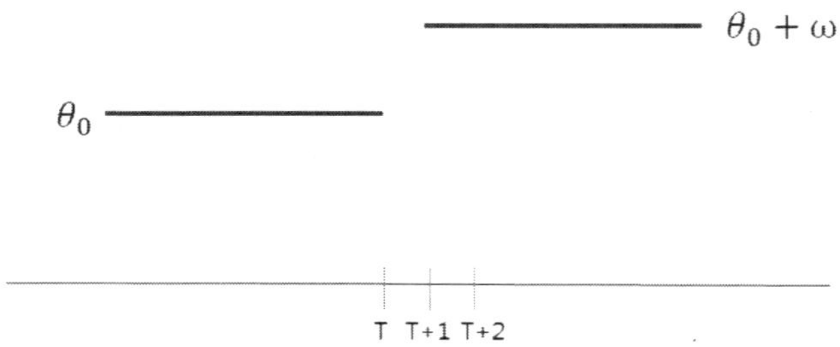

그림 8.3 스텝 함수 형태 영향

시점 $T+1$에서만 $Z_{T+1} = \theta_0 + w + a_{T+1}$이 됨을 확인할 수 있다. 여기서 상수 w는 회귀모형을 활용하여 추정해야 하는 값이다.

다음으로 [그림 8.3]과 같은 스텝 함수 형태의 영향을 살펴보자. 즉, 사건이 발생한 시점 T 이후부터 시계열 평균이 변화하여 지속되는 경우이다. 이 경우 구조변화 모형식은 식 (8.2)의 스텝 함수를 사용하여 다음과 같이 표현된다.

$$Z_t = \theta_0 + wS_{t-1}^{(T)} + a_t \tag{8.5}$$

식 (8.5)는 다음과 같이 다시 쓸 수 있는데

$$Z_t = \theta_0 + wBS_t^{(T)} + a_t \tag{8.6}$$

시점 T에서의 사건의 영향이 1시간 이후가 아닌 b시간 이후에 나타나는 것으로 일반화하면 다음과 같다.

$$Z_t = \theta_0 + wB^bS_t^{(T)} + a_t \tag{8.7}$$

초기 영향이 b시간 이후에 나타나고 점진적으로 증가하여 새로운 평균으로 변화하는 [그림 8.4]와 같은 형태의 경우 다음의 모형을 고려할 수 있다.

$$Z_t = \theta_0 + \frac{wB^b}{1-\delta B}S_t^{(T)} + a_t \tag{8.8}$$

여기서 $0 \le \delta \le 1$이다. 이는 다시 다음과 같이 정리된다.

$$Z_t = \theta_0 + wS_{t-b}^{(T)} + w\delta S_{t-b-1}^{(T)} + w\delta^2 S_{t-b-2}^{(T)} + \dots + a_t \tag{8.9}$$

이 형태에 의하면 시계열 평균값은 다음과 같다.

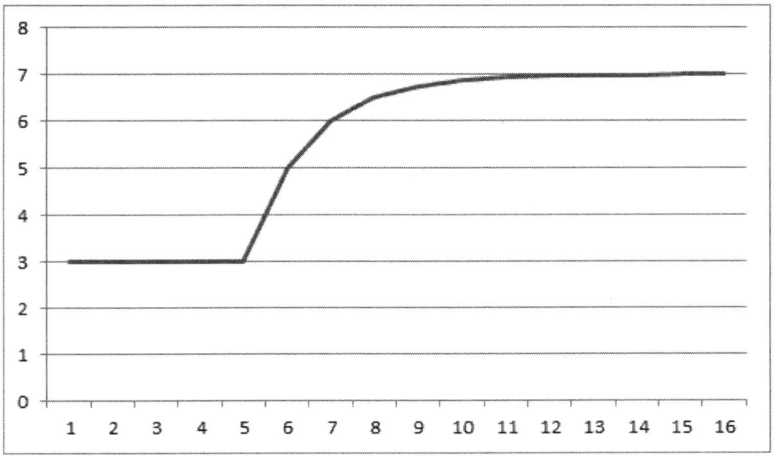

그림 8.4 점진적 증가 형태($T=5,\ \theta_0=3,\ b=1,\ w=2,\ \delta=0.5$)

$$E[Z_t]=\begin{cases}\theta_0, & t< T+b\\ \theta_0+w, & t=T+b\\ \theta_0+w+w\sum_{j=1}^{k}\delta^j, & t=T+b+k, k=1,2,\cdots\end{cases} \tag{8.10}$$

실제 [그림 8.4]는 식 (8.10)에서 $T=5$, $\theta_0=3$, $b=1$, $w=2$, $\delta=0.5$일 때 모양이다.

마지막으로 초기 영향이 $T+b$ 시점에서 일어나고 점진적으로 감소하여 원래의 평균값으로 수렴하는 형태는 아래 식으로 표현된다.

$$Z_t=\theta_0+\frac{wB^b}{1-\delta B}P_t^{(T)}+a_t \tag{8.11a}$$

또는

$$Z_t=\theta_0+wP_{t-b}^{(T)}+w\delta P_{t-b-1}^{(T)}+w\delta^2P_{t-b-2}^{(T)}+\ldots+a_t \tag{8.11b}$$

이 형태에 의하면 시계열 평균값은 다음과 같다.

$$E[Z_t]=\begin{cases}\theta_0, & t< T+b\\ \theta_0+w, & t=T+b\\ \theta_0+w\delta^k, & t=T+b+k, k=1,2,\cdots\end{cases} \tag{8.12}$$

실제 [그림 8.5]는 식 (8.12)에서 $T=5$, $\theta_0=3$, $b=1$, $w=2$, $\delta=0.5$일 때 모양

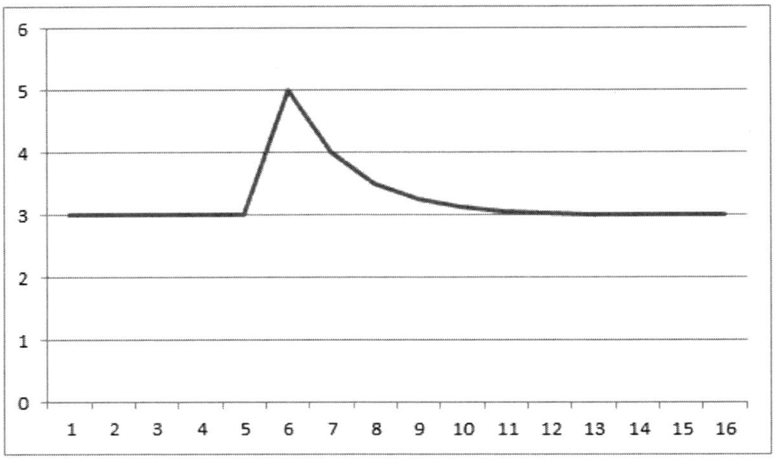

그림 8.5 점진적으로 원래로 복귀하는 형태($T=5,\ \theta_0=3,\ b=1,\ w=2,\ \delta=0.5$)

이다.

정상적 시계열을 W_t로 나타낼 때 식 (8.8)과 식 (8.11)을 일반화하여 다음의 모형을 고려할 수 있다.

$$Z_t = W_t + \frac{w(B)B^b}{\delta(B)} I_t^{(T)} \tag{8.13}$$

여기서 $w(B)$와 $\delta(B)$는 아래와 같은 다항식이다.

$$w(B) = w_0 - w_1 B - \ldots - w_s B^s$$

$$\delta(B) = 1 - \delta_1 B - \ldots - \delta_r B^r$$

그리고 $I_t^{(T)}$는 펄스 함수 또는 스텝 함수를 나타내는 지시변수이다. 또한, 한 시계열에 여러 사건이 존재하는 경우 다음과 같은 모형을 고려할 수 있다.

$$Z_t = W_t + \sum_{j=1}^{K} \frac{w_j(B)\,B^{b_j}}{\delta_j(B)} I_{jt}^{(T_j)} \tag{8.14}$$

여기서 K는 사건의 수이며, 인덱스 j는 각 사건에 대응하는 것이다. W_t가 ARMA (p,q)로 모형화되고, $w_j(B)=w_j$, $\delta_j(B)=1-\delta_j B$일 때, 시계열은 다음과 같이 기술된다.

$$Z_t = \frac{\theta_q(B)}{\phi_p(B)}a_t + \sum_{j=1}^{K} \frac{w_j B^{b_j}}{1-\delta_j B} I_{jt}^{(T_j)} \tag{8.15}$$

예 8.1

Box and Tiao(1975)는 LA의 오존 데이터(1955년 1월부터 1972년 12월까지)를 분석하였다. 이 기간 중 LA지역의 오존 수준에 영향을 주는 주요 이벤트로 다음 두 가지 조치를 고려하였다.

조치(개입) #1: 1960년 초에 신규 고속도로(golden state freeway) 개통 및 휘발유의 탄화수소량 감축 조치(스텝 함수의 형태의 지시변수 I_1 사용)

조치(개입) #2: 1966년부터 오존 방출 감소를 위해 신규 차량의 엔진 설계변경 조치(이를 위해 엔진 설계변경 조치된 신규차량의 비율 데이터가 필요하지만 존재하지 않아 1966년을 기준으로 한 스텝 함수 사용; 여름(6월–10월)과 겨울(11월–5월)의 효과가 다를 것으로 예상하여 두 가지 지시변수 I_2와 I_3 사용)

1955년–1960년 기간에는 개입 효과가 없을 것으로 보아 이 기간의 데이터를 사용하여 정상적 시계열(W_t)을 다음과 같은 계절성 ARIMA$(0,0,1)\times(0,1,1)_{12}$ 모형으로 추정하였다.

$$(1-B^{12})W_t = (1-\theta B)(1-\Theta B^{12})a_t$$

결과적으로 아래와 같은 구조변화를 포함시킨 모형을 고려하였다.

$$Z_t = w_1 I_{1t} + \frac{w_2}{1-B^{12}} I_{2t} + \frac{w_3}{1-B^{12}} I_{3t} + \frac{(1-\theta B)(1-\Theta B^{12})}{1-B^{12}} a_t$$

여기서 지시변수는 다음과 같다.

$$I_{1t} = \begin{cases} 0, & t < 1960\text{년 } 1\text{월} \\ 1, & t \geq 1960\text{년 } 1\text{월} \end{cases}$$

$$I_{2t} = \begin{cases} 1, & 1966\text{년 이후 여름} \\ 0, & \text{기타} \end{cases}$$

$$I_{3t} = \begin{cases} 1, & 1966\text{년 이후 겨울} \\ 0, & \text{기타} \end{cases}$$

모형 계수의 추정결과는 아래와 같다.

계수	추정치	표준오차	Z-값
w_1	−1.09	0.13	−8.38
w_2	−0.25	0.07	−3.57
w_3	−0.07	0.06	−1.17
θ	−0.24	0.03	−8.0
Θ	0.55	0.04	13.75

결과를 보면 조치 #1의 경우 유의한 오존 감소가 있었다고 볼 수 있으며 조치 #2의 경우 여름에는 유의한 오존 감소가 있으나 겨울에는 유의한 감소가 없다고 할 수 있다.

8.2 이상값 분석모형

시계열에는 알지 못하는 시점에 여러 가지 이유로 이상값이 포함되기 마련이다. 이러한 이상값을 탐지하여 적절히 모형에 반영함으로써 보다 효과적인 시계열분석을 수행할 수 있다. 우선 이상값 발생시점 T가 알려져 있다고 가정하고 이상값의 몇 가지 형태에 대하여 각각 어떻게 모형에 반영하는지를 살펴볼 것이다. 이후 발생시점을 모르는 경우의 이상값 탐지 방안을 알아보고자 한다.

8.2.1 이상값 형태 및 분석 모형

가장 단순한 형태의 이상값 형태는 시점 T의 값만을 변화시키고 그 이후의 시계열에는 영향을 주지 않는 경우이다. 이를 가법적 이상값(additive outlier; AO)이라고 하며, 식 (8.1)의 펄스 함수를 이용한 다음과 같은 모형을 고려한다.

$$Z_t = W_t + wP_t^{(T)} = \frac{\theta_q(B)}{\phi_p(B)}a_t + wP_t^{(T)} \tag{8.16}$$

여기서 펄스 함수는 다음과 같다.

$$P_t^{(T)} = \begin{cases} 1, & t = T \\ 0, & t \neq T \end{cases}$$

다음으로 시점 T의 값뿐만 아니라 그 이후에도 ARMA 구조를 통하여 모두 영향을 주는 형태의 이상값을 혁신적 이상값(innovational outlier; IO)이라고 한다. IO 모형의 경우 다음과 같이 기술한다.

$$Z_t = W_t + \frac{\theta_q(B)}{\phi_p(B)} w P_t^{(T)} = \frac{\theta_q(B)}{\phi_p(B)}(a_t + wP_t^{(T)}) \tag{8.17}$$

예 8.2

이상값이 없는 정상적 시계열이 MA(1)모형을 따를 때 시점 T에서 AO 형태의 이상값이 있는 경우와 IO 형태의 이상값이 있는 경우 모형의 차이를 알아보라.

풀이 W_t는 다음과 같다.

$$W_t = (1-\theta B)a_t$$

이때 AO 모형은 다음과 같으며

$$Z_t = (1-\theta B)a_t + wP_t^{(T)} = a_t - \theta a_{t-1} + wP_t^{(T)}$$

IO 모형은 아래와 같다.

$$Z_t = (1-\theta B)(a_t + wP_t^{(T)}) = a_t - \theta a_{t-1} + wP_t^{(T)} - \theta w P_{t-1}^{(T)}$$

따라서 시점 T에서의 시계열 값은 $Z_T = a_T - \theta a_{T-1} + w$로 동일하나 시점 $T+1$에서의 값은 아래와 같이 상이하다.

$$Z_{T+1} = \begin{cases} a_{T+1} - \theta a_T, & \text{AO} \\ a_{T+1} - \theta a_T - \theta w, & \text{IO} \end{cases}$$

즉, AO 형태의 경우 시점 T에서의 값만 변화시키고 그 이후는 정상적 시계열로 복귀되나, IO 형태의 경우 시점 $T+1$까지 값을 변화시키고 그 이후 $(T+2)$부터 정상적 시계열로 복귀된다.

이 밖에 수준 변화(level change) 이상값 및 점진적 변화 이상값 등 여러 가지 형태의 이상값이 있을 수 있으나 이 절에서는 상기 두 형태의 이상값만 고려한다. 한 시계열에 AO 및 IO 형태가 섞인 K개의 이상값이 있는 경우 다음과 같은 모형을 고려할 수 있다.

$$Z_t = W_t + \sum_{j=1}^{K} w_j \nu_j(B) P_t^{(T_j)} \tag{8.18}$$

여기서

$$\nu_j(B) = \begin{cases} 1, & \mathrm{AO} \\ \theta_{\mathrm{q}}(\mathrm{B})/\phi_{\mathrm{p}}(\mathrm{B}), & \mathrm{IO} \end{cases}$$

이며, $T_j(j=1,\cdots,K)$는 이상값의 존재 시점을 나타낸다. 한 예로 W_t가 ARMA (1,1)을 따르고 T_1에서 AO, T_2에서 IO가 존재할 때, 시계열 모형은 다음과 같다.

$$Z_t = \frac{1-\theta B}{1-\phi B}(a_t + w_2 P_t^{(T_2)}) + w_1 P_t^{(T_1)}$$

또는

$$Z_t = \phi Z_{t-1} + a_t - \theta a_{t-1} + w_2 P_t^{(T_2)} - \theta w_2 P_{t-1}^{(T_2)} + w_1 P_t^{(T_1)} - \phi w_1 P_{t-1}^{(T_1)}$$

8.2.2 시점을 아는 경우 이상값 검정

ARMA모형에서 모든 파라미터를 안다고 할 때 잔차(residual)는 다음으로 표현할 수 있다.

$$e_t = \pi(B) Z_t$$

여기서

$$\pi(B) = \frac{\phi_p(B)}{\theta_q(B)} = 1 - \pi_1 B - \pi_2 B^2 - \ldots$$

따라서 시점 T에 AO 또는 IO가 있는 경우 잔차는 각각 아래와 같이 표현된다.

$$e_t = \begin{cases} w\pi(B) P_t^{(T)} + a_t, & \mathrm{AO} \\ w P_t^{(T)} + a_t, & \mathrm{IO} \end{cases} \tag{8.19}$$

잔차에 대한 n개의 관측값이 있을 때 AO 모형의 경우 식 (8.19)로부터 다음의 관계를 갖는다.

$$\begin{bmatrix} e_1 \\ \vdots \\ e_{T-1} \\ e_T \\ e_{T+1} \\ \vdots \\ e_n \end{bmatrix} = w \begin{bmatrix} 0 \\ \vdots \\ 0 \\ 1 \\ -\pi_1 \\ \vdots \\ -\pi_{n-T} \end{bmatrix} + \begin{bmatrix} a_1 \\ \vdots \\ a_{T-1} \\ a_T \\ a_{T+1} \\ \vdots \\ a_n \end{bmatrix} \tag{8.20}$$

또한 IO 모형의 경우는 아래와 같다.

$$\begin{bmatrix} e_1 \\ \vdots \\ e_{T-1} \\ e_T \\ e_{T+1} \\ \vdots \\ e_n \end{bmatrix} = w \begin{bmatrix} 0 \\ \vdots \\ 0 \\ 1 \\ 0 \\ \vdots \\ 0 \end{bmatrix} + \begin{bmatrix} a_1 \\ \vdots \\ a_{T-1} \\ a_T \\ a_{T+1} \\ \vdots \\ a_n \end{bmatrix} \tag{8.21}$$

따라서 AO 모형의 경우 시점 T에서 계수 w의 최소제곱 추정값은 다음과 같다(연습문제).

$$\hat{w}_T^A = \frac{e_T - \sum_{j=1}^{n-T} \pi_j e_{T+j}}{1 + \sum_{j=1}^{n-T} \pi_j^2} \tag{8.22}$$

이에 대한 분산은 다음으로 구해진다.

$$Var[\widehat{w_T^A}] = \frac{\sigma_a^2}{1 + \sum_{j=1}^{n-T} \pi_j^2} \tag{8.23}$$

한편, IO모형에 대한 시점 T에서 계수 w의 최소제곱 추정치와 분산은 다음과 같다.

$$\widehat{w_T^I} = e_T \tag{8.24}$$

$$Var[\widehat{w_T^I}] = \sigma_a^2 \tag{8.25}$$

따라서 이상값 시점과 모든 모형 파라미터를 안다고 할 때 이상값 형태에 대한 가설검정은 아래와 같이 진행된다.

1) 가설

H_0 : 시점 T의 이상값이 AO 또는 IO 형태가 아니다

H_1 : 시점 T의 이상값이 AO 형태이다

H_2 : 시점 T의 이상값이 IO 형태이다

2) 검정통계량

$$H_1 \;\; vs \;\; H_0 : \; \lambda_{1T} = \frac{\widehat{w_T^A}\sqrt{1+\sum_{j=1}^{n-T}\pi_j^2}}{\sigma_a} \tag{8.26}$$

$$H_2 \;\; vs \;\; H_0 : \lambda_{2T} = \frac{\widehat{w_T^I}}{\sigma_a} \tag{8.27}$$

위의 두 검정량은 H_0가 옳을 때 표준정규분포를 따른다.

3) 판정

표준정규분포 하에서 유의수준에 대응하는 기각역을 구하고, λ_{1T}가 기각역에 속하면 AO 형태의 이상값으로 판정한다. 또한 λ_{2T}가 기각역에 속하면 IO 형태의 이상값으로 판정한다. 두 경우 모두 기각하지 못하면 이상값이 아닌 것(물론 다른 형태의 이상값일 수 있으나 여기서는 두 형태만 있다고 가정하므로)으로 판정한다.

예 8.3

다음과 같은 10개의 시계열 데이터에 관측되었다.

−0.17, 0.24, −0.51, 1.10, 0.08, 0.32, −0.44, −1.16, −0.58, −0.28

이 시계열은 AR(1)모형을 따른다고 알려져 있다. 즉,

$$Z_t = 0.2Z_{t-1} + a_t, \;\; \sigma_a^2 = 1$$

$T=4$에서의 관측값이 이상값인지를 검정하라.

풀이 이 경우 다항식 $\pi(B)$는 다음과 같다.

$$\pi(B) = \phi(B) = 1 - 0.2B$$

따라서

$$\pi_1 = 0.2,\ \pi_i = 0,\ i = 2,3,\cdots$$

잔차는 아래와 같이 산출된다($e_1 = 0$ 가정).

0, 0.274, −0.558, 1.202, −0.14, 0.304, −0.504, −1.072, −0.348, −0.164

AO 모형의 계수는 다음으로 추정된다.

$$\hat{w}^{A}_{T=4} = \frac{e_4 - 0.2e_5}{1+(0.2)^2} = 1.183$$

그리고 IO 모형의 계수 추정값은 다음과 같다.

$$\hat{w}^{I}_{T=4} = e_4 = 1.202$$

AO 및 IO 모형의 검정통계량은 다음과 같이 산출된다.

$$\lambda_{1T} = \frac{\hat{w}^{A}_{T}\sqrt{1+\sum_{j=1}^{n-T}\pi_j^2}}{\sigma_a} = \frac{1.183\sqrt{1.04}}{1} = 1.206$$

$$\lambda_{2T} = \frac{\hat{w}^{I}_{T}}{\sigma_a} = 1.202$$

위의 두 검정 통계량의 값이 작으므로 결과적으로 $T=4$의 값은 이상값이 아니라 판정한다.

(예 8.3)에서는 이상값 발생시점과 시계열 모형의 파라미터는 이미 알려진 것으로 가정하였으나 실제 시계열의 경우 모형 파라미터와 이상값 발생 시점을 모르는 경우가 대부분이다. 이러한 경우 대체로 Chang et al.(1988)에서 제시한 반복적 절차 등을 사용하고 있는데 이를 다음 절에서 다룬다.

8.2.3 시점을 모르는 경우 이상값 탐지

많은 경우 이상값 시점들을 모르는 상황에서 시계열 모형 파라미터를 추정하여야 하는 어려운 문제에 봉착하게 된다. 이상값이 포함된 시계열의 경우 모형 파라미터가 제대로 추정될 수 없다. 이상값은 특히 오차항 분산 추정에 큰 영향을 주는 것으로 알려져 있다.

Chang et al.(1988)은 시계열에 AO 또는 IO 형태의 이상값이 여러 개 있을 수 있는 상황에서 이상값을 탐지하는 반복적 절차를 제안하였는데 이를 소개하고자 한다.

단계 1. 이상값이 없는 것으로 가정하고 시계열 모형을 추정한다. 잔차 $\hat{e}_t$들을 계산하고 오차항 분산의 초깃값을 다음으로 추정한다.

$$\hat{\sigma}_a^2 = \frac{1}{n}\sum_{t=1}^{n}\hat{e}_t^2$$

단계 2. 각 시점에 대한 검정통계량 $\hat{\lambda}_{1t}$와 $\hat{\lambda}_{2t}(t=1,2,\cdots,n)$를 계산하며 다음을 만족하는 시점 T를 찾는다.

$$\hat{\lambda}_T = \max_t(|\hat{\lambda}_{1t}|,|\hat{\lambda}_{2t}|)$$

1) $\hat{\lambda}_T = |\hat{\lambda}_{1T}| > c$ (c는 미리 정한 3 정도의 상수)이면, 시점 T에 AO 형태의 이상값이 있다고 판정한다. 다음과 같이 잔차를 조정한다. 그리고 오차항 분산을 조정된 잔차로 다시 추정한다.

$$\hat{e}_t \leftarrow \hat{e}_t - \hat{w}_{AT}\hat{\pi}(B)I_t^{(T)},\ \ t \geq T$$

2) $\hat{\lambda}_T = |\hat{\lambda}_{2T}| > c$ 이면, 시점 T에 IO 형태의 이상값이 있다고 판정하고 잔차를 다음과 같이 조정한다. 그리고 오차항 분산을 조정된 잔차로 다시 추정한다.

$$\hat{e}_T \leftarrow \hat{e}_T - \hat{w}_{IT}$$

단계 3. 조정된 잔차와 새로운 오차항 분산 추정치를 사용하여 단계 2를 반복하여 다른 이상값의 존재 여부를 판단한다. 이때 모형 파라미터 $\hat{\pi}(B)$는 초깃값을 그대로 사용한다.

단계 4. 총 K개의 이상값이 탐지되었다고 하고 이들의 시점을 $T_1,\cdots,T_K$라 하자. 이들 시점들이 알려진 것으로 간주하고 이상값 계수들 $w_1,\cdots,w_K$를 추정한다. 또한 다음 모형으로부터 파라미터들을 동시에 추정한다.

$$Z_t = \frac{\theta(B)}{\phi(B)}a_t + \sum_{j=1}^{K} w_j\nu_j(B)P_t^{(T_j)}$$

그리고 잔차를 아래와 같이 조정하고 오차항 분산을 다시 추정한다.

$$\hat{e_t} = \hat{\pi}(B)\left[Z_t - \sum_{j=1}^{K}\hat{w_j}\hat{\nu_j}(B)P_t^{(T_j)}\right]$$

Chen and Liu(1993)에서는 AO, IO, TC, LS 형태의 이상값 탐지를 위한 위와 유사한 반복적 알고리즘을 제안하였다. 또한 Bui and Jun(2012)에서는 상기 알고리즘에 다음 기능을 추가하여 개선된 알고리즘을 제안하고 성능이 보다 우수함을 보이고 있다.

1) 위의 알고리즘 단계 2에서는 모든 시점에서 검정통계량 $\hat{\lambda}_{1t}$와 $\hat{\lambda}_{2t}$를 산출하는데, 관측값에 대한 하한선을 설정하여 하한선 이하의 관측값에 대해서는 검정통계량 산출을 생략한다.
2) 이상값이 포함된 상태에서 시계열 모형 파라미터 추정하는 경우 매우 잘못될 수 있다. 이를 경감시키기 위해 초기 이상값 검출 단계를 추가시켜 이상값을 검출 및 제거함으로써 모형 파라미터 추정을 효과적으로 수행한다.
3) 이상값이 제거될수록 잔차의 표준오차가 점점 감소한다. 이를 착안하여 모형 파라미터를 새롭게 추정할 때마다 표준오차를 갱신하여 최종 모형 파라미터 추정 시에는 최소의 표준오차를 사용한다.

연습문제

8.1 정상적 시계열이 MA(2)를 따른다고 할 때 시점 T에서 이상값이 발생하였다고 하자.

(a) 시점 T에서 AO형태의 이상값이 발생하였다고 할 때 시계열 모형을 펄스 함수를 이용하여 기술하라.

(b) 시점 T에서 IO형태의 이상값이 발생하였다고 할 때 시계열 모형을 펄스 함수를 이용하여 기술하라.

(c) 위의 AO 모형 및 IO 모형에 대하여 시점 $T, T+1, T+2, T+3$의 값(즉, $Z_T, Z_{T+1}, Z_{T+2}, Z_{T+3}$)이 어떻게 다른지 비교하라.

8.2 정상적 시계열이 AR(2)를 따르는데 2개의 구조변화 사건이 포함되었다. 시점 35에 펄스 함수 형태로 증가하다가 점진적으로 복귀하는 사건이 있으며, 시점

82에는 스텝 함수 형태로 증가하여 계속적으로 증가하는 사건이 있다. 이를 표현하기 위한 적절한 모형을 기술하라.

8.3 식 (8.8)에서 다음 값에 대한 시계열 평균값 곡선을 그리고 [그림 8.4]와 비교하라.

(a) $T=5, \theta_0=3, b=2, w=2, \delta=0.5$

(b) $T=5, \theta_0=3, b=1, w=2, \delta=0.7$

(c) $T=5, \theta_0=3, b=2, w=2, \delta=0.7$

8.4 식 (8.12)에서 다음 값에 대한 시계열 평균값 곡선을 그리고 [그림 8.5]와 비교하라.

(a) $T=5, \theta_0=3, b=2, w=2, \delta=0.5$

(b) $T=5, \theta_0=3, b=1, w=2, \delta=0.7$

(c) $T=5, \theta_0=3, b=2, w=2, \delta=0.7$

8.5 (예 8.1)에서 정상적 시계열 W_t가 계절성 ARIMA $(1,1,0)\times(0,1,1)_{12}$를 따른다고 할 때 구조변화를 포함시킨 모형을 기술하라.

8.6 정상적 시계열이 ARMA(1,2)를 따르고 T_1에서 AO, T_2에서 IO, T_3 에서 AO가 존재할 때 시계열 모형을 기술하라.

8.7 시점이 알려진 구조변화 시계열 데이터를 수집한 후 다음을 분석하라.

(a) 정상적 시계열이 어떤 모형을 따르는지 식별하라.

(b) 어떤 형태의 구조변화 모형이 적합할지 판단하고 추정할 모형을 기술하라.

8.8 (예 8.3)의 시계열 데이터 중 4번째 값이 3.10이라 하자. 추정 모형은 본 예와 동일하다고 할 때 $T=4$에서의 관측값의 이상값 여부를 검정하라.

참고문헌

Box, G.E.P. and G.C. Tiao(1975), Intervention analysis with applications to economic and environmental problems, Journal of the American Statistical Association, 70, 70-79.

Bui, A.T. and C.-H. Jun(2012), An improved iterative procedure for outlier detection in time series, Journal of the Korean Institute of Industrial Engineers,

38(1), 17-24.

Chang, I., G.C. Tiao, and C. Chen(1988), Estimation of time series parameters in the presence of outliers, Technometrics, 30(2), 193-204.

Chen, C. and L.-M. Liu(1993), Joint estimation of model parameters and outlier effects in time series, Journal of the American Statistical Association, 88(421), 284-297.

Wei, W.W.S.(2006), Time Series Analysis: Univariate and Multivariate Methods, second edition, Pearson Addison Wesley, New York.

9장

ARCH모형 및 GARCH모형

지금까지 다룬 시계열 모형에서 오차항은 시간과 무관하게 일정한 분산을 갖는 독립적인 백색잡음으로 가정하였다. 그러나 많은 금융 관련 시계열에서 잔차들 자체는 백색잡음처럼 보이지만, 잔차들의 절댓값 또는 잔차 제곱항은 자기상관관계를 가진다. 분산 역시 시간에 따라 다르다는 이분산성(heteroskedasticity)을 가진다고 관측되고 있다. 특히, 재무시장에서는 수익률의 분산을 변동성(volatility)이라 일컬으며 이를 분석하는 것이 매우 중요하다. 리스크가 큰 자산에 투자하는 것은 보다 높은 수익을 기대하기 때문이며, 변동성의 정확한 분석이 요구되는 것이다.

이 장에서는 과거값이 주어진 오차항의 조건부 분산(conditional variance)이 시간과 연관되는 ARCH(autoregressive conditional heteroskedasticity)모형과 이를 일반화시킨 GARCH(generalized autoregressive conditional hetero-skedasticity)모형을 소개하고자 한다.

9.1 ARCH모형

시계열 $\{Z_t, t \geq 1\}$에 대하여 다음과 같은 정상적 AR(1)모형을 고려하여 보자.

$$Z_t = c + \phi_1 Z_{t-1} + u_t \tag{9.1}$$

여기서 오차항의 기댓값과 분산은 다음과 같다.

$$E[u_t] = 0, \quad Var[u_t] = \sigma_u^2$$

이때 분산 $Var[u_t] = \sigma_u^2$은 조건이 없는 분산(unconditional variance)이다. 조건부 분산은 이전 오차항의 값이 주어지는 것으로서 다음과 같이 나타낼 수 있다.

$$\sigma_t^2 = Var[u_t | u_{t-1}, \cdots] \tag{9.2}$$

변동성은 바로 이 조건부 분산으로 평가되고 있다. 조건부 분산은 시간에 따라 변할 가능성이 있으므로 Engle(1982)에 의하여 다음과 같은 모형이 제안되었다. 즉, 제곱 오차항이 AR(q)모형을 따른다는 것이다.

$$u_t^2 = \alpha_0 + \alpha_1 u_{t-1}^2 + \ldots + \alpha_q u_{t-q}^2 + w_t \tag{9.3}$$

여기서 식 (9.3)의 오차항 w_t는 평균 0, 분산 λ^2을 갖는 백색잡음이다. 이때 식 (9.2)의 조건부 분산은 다음과 같이 산출된다.

$$\sigma_t^2 = Var[u_t|u_{t-1},\cdots] = E[u_t^2|u_{t-1},\cdots] = \alpha_0 + \alpha_1 u_{t-1}^2 + \cdots + \alpha_q u_{t-q}^2 \qquad (9.4)$$

식 (9.3) 또는 식 (9.4)의 모형을 ARCH(q)모형이라 하며, 식 (9.1)과 결합시키면 AR(1)−ARCH(q)모형이라 한다. 즉, AR(1)−ARCH(q)모형은 다음의 두 가지 식으로 표현된다.

$$Z_t = c + \phi_1 Z_{t-1} + u_t \qquad (9.5a)$$

$$\sigma_t^2 = \alpha_0 + \alpha_1 u_{t-1}^2 + \ldots + \alpha_q u_{t-q}^2 \qquad (9.5b)$$

식 (9.5a)를 평균 방정식(mean equation)이라고 하며, 식 (9.5b)를 분산 방정식(variance equation)이라고 한다. ARCH모형에서는 다음의 조건이 필요하다.

1) 제곱오차항 u_t^2은 양수여야 한다.((식 9.3)을 볼 때 백색잡음의 크기 또는 모형 파라미터에 따라 음수가 나올 수도 있다.)
2) 식 (9.4)의 조건부 분산이 양수여야 한다.
3) 식 (9.3)의 모형이 정상적이어야 한다. ARCH(q)모형의 정상적 조건은 $\alpha_1 + \ldots + \alpha_q < 1$이다.

다음과 같은 표준 오차항을 정의하면

$$\nu_t = \frac{u_t}{\sigma_t}$$

표준 오차항의 기댓값은 0이며 분산은 1이 된다. 이를 이용하여 ARCH(q)모형을 다음과 같이 표현하기도 한다.

$$u_t = \sigma_t \nu_t \qquad (9.6)$$

이때 오차항의 조건부 기댓값은 다음과 같으며

$$E[u_t|u_{t-1},\cdots] = E[\sigma_t \nu_t|u_{t-1},\cdots] = \sigma_t E[\nu_t|u_{t-1},\cdots] = 0$$

조건부 분산은 식 (9.4)와 동일함을 확인할 수 있다.

$$Var[u_t|u_{t-1},\cdots] = Var[\sigma_t \nu_t|u_{t-1},\cdots] = \sigma_t^2 Var[\nu_t|u_{t-1},\cdots] = \sigma_t^2$$

한편, 오차항의 조건 없는 분산(unconditional variance)은 정상적 시계열의 분산이므로 일정하며, 다음과 같이 산출된다.

$$\sigma_u^2 = Var[u_t] = E[Var[u_t|u_{t-1},\cdots]] + Var[E[u_t|u_{t-1},\cdots]] \tag{9.7}$$

식 (9.7)로부터 다음을 얻을 수 있다.

$$\sigma_u^2 = \frac{\alpha_0}{1-\alpha_1 - \dots - \alpha_q} \tag{9.8}$$

ARCH(q)모형이 정상적이려면 상기 분산이 유한하여야 하므로 [정리 9.1]과 같은 조건이 필요하다.

> **정리 9.1** ARCH(q)모형의 정상성 조건은 다음과 같다.
>
> $$\alpha_1 + \dots + \alpha_q < 1$$

식 (9.3)의 ARCH(q)모형은 조건부 분산을 이용하면 다음과 같이 쓸 수 있다.

$$u_t^2 = \sigma_t^2 + w_t \tag{9.9}$$

정리하면 평균 방정식의 오차항을 다음의 두 가지 형태로 표현할 수 있다.

(형태 1) $u_t^2 = \sigma_t^2 + w_t,\ E[w_t] = 0,\ Var[w_t] = \lambda^2$

(형태 2) $u_t = \sigma_t \nu_t,\ E[\nu_t] = 0,\ Var[\nu_t] = 1$

여기서 분산 방정식 또는 조건부 분산은 동일하게 다음과 같다.

$$\sigma_t^2 = \alpha_0 + \alpha_1 u_{t-1}^2 + \dots + \alpha_q u_{t-q}^2$$

그러나 위의 두 형태는 모형을 기술할 때에는 통상적으로 생략하고 있으며, 평균 방정식과 분산 방정식만을 사용한다.

두 형태로부터 다음의 관계를 얻을 수 있다.

$$u_t^2 = \sigma_t^2 \nu_t^2 = \sigma_t^2 + w_t$$

형태 1 모형의 오차항은 아래 식으로 기술된다.

$$w_t = \sigma_t^2(\nu_t^2 - 1)$$

따라서 이의 분산은 다음으로 표현된다.

$$Var[w_t] = E[w_t^2] = E[\sigma_t^4 (\nu_t^2 - 1)^2]$$

즉, 형태 1 모형의 오차항의 분산은 u_t의 4차 모멘트와 연관된다는 것이다. 4차 모멘트와 관련된 대표적인 척도로 첨도(kurtosis)가 있으며 다음과 같이 정의된다.

> **정의 9.1 첨도; kurtosis** 확률변수 X에 대한 첨도는 다음과 같다.
>
> $$\gamma = \frac{E[X^4]}{Var^2[X]} \tag{9.10}$$
>
> 정규분포에 대한 첨도는 3이 되므로 식 (9.10) 대신 3을 빼서 아래와 같이 첨도를 정의하기도 한다.
>
> $$\gamma_2 = \frac{E[X^4]}{Var^2[X]} - 3 \tag{9.11}$$

높은 값의 첨도는 꼬리확률이 높다는 것을 의미하며(heavy tail probability) 그만큼 이상값이 많이 나올 수 있다는 것을 뜻한다. 식 (9.11)의 첨도가 $\gamma_2 > 0$일 때, 첨도는 정규분포보다 크며 이상값 또한 정규분포 경우보다 많이 발생할 수 있다. 예를 들어 수익률 관련 모형에서 오차항의 첨도가 0보다 크다면 변동성이 정규분포보다 크며 따라서 ARCH모형이 보다 적합하다고 할 수 있다.

> **정의 9.2** 어떤 분포의 첨도가 정규분포의 첨도보다 큰 경우를 고첨(leptokurtic), 정규분포와 동일한 경우를 중첨(mesokurtic), 정규분포의 첨도보다 작은 경우를 저첨(platykurtic)이라고 한다.

예 9.1

ARCH(1)모형에 대하여 $\nu_t \sim Nor(0,1)$이고 $E[u_t^4] < \infty$일 때, $E[u_t^4]$를 구하라.

풀이 ARCH(1)모형은 다음과 같다.

$$u_t = \sigma_t \nu_t, \ \ \sigma_t^2 = \alpha_0 + \alpha_1 u_{t-1}^2$$

오차항의 4차 모멘트를 c라 하면 이는 다음과 같이 산출된다.

$$c = E[u_t^4] = E[E[u_t^4 | u_{t-1}, \cdots]] = E[E[\sigma_t^4 \nu_t^4 | u_{t-1}, \cdots]]$$
$$= E[\nu_t^4] E[(\sigma_t^2)^2 | u_{t-1}, \cdots]$$

$\nu_t \sim Nor(0,1)$이므로 $E[\nu_t^4] = 3$이므로 위 식은 다시 아래와 같다.

$$c = E[u_t^4] = 3E[(\alpha_0 + \alpha_1 u_{t-1}^2)^2] = 3(\alpha_0^2 + 2\alpha_0\alpha_1 E[u_{t-1}^2] + \alpha_1^2 E[u_{t-1}^4])$$

정상적 상태에서 다음이 성립하므로

$$E[u_{t-1}^2] = \sigma_u^2 = \frac{\alpha_0}{1-\alpha_1}$$
$$E[u_{t-1}^4] = c$$

오차항의 4차 모멘트는 다음과 같이 얻어진다.

$$E[u_t^4] = \frac{3\alpha_0^2(1+\alpha_1)}{(1-\alpha_1)(1-3\alpha_1^2)} \qquad (9.12)$$

예 9.2

ARCH(1)모형에서 u_t의 첨도가 정규분포의 첨도, 즉 3보다 큼을 보여라.

풀이 [정의 9.1]을 사용하여 u_t의 첨도를 산출하면 다음과 같다.

$$\gamma_u = \frac{E[u_t^4]}{Var^2[u_t]} = \frac{3\alpha_0^2(1+\alpha_1)}{(1-\alpha_1)(1-3\alpha_1^2)} \Big/ \left(\frac{\alpha_0}{1-\alpha_1}\right)^2 = 3\frac{1-\alpha_1^2}{1-3\alpha_1^2}$$
$$\therefore \gamma_u > 3$$

식 (9.5a)의 평균 방정식 대신 시계열 다중회귀모형을 사용할 수도 있다. 다변량시계열(multivariate time series)이 있을 때, 하나의 시계열 Y_t를 다른 k개의 시계열 $\boldsymbol{x}_t = (X_{1t}, \cdots, X_{kt})^T$로 설명하는 다음과 같은 다중회귀모형을 평균 방정식으로 사용할 수 있다. 이때 회귀모형-ARCH(q)모형은 다음과 같다.

$$Y_t = \boldsymbol{x}_t^T \boldsymbol{\beta} + u_t \qquad (9.13a)$$
$$\sigma_t^2 = \alpha_0 + \alpha_1 u_{t-1}^2 + \ldots + \alpha_q u_{t-q}^2 \qquad (9.13b)$$

여기서 β는 회귀계수벡터이다.

9.2 ARCH모형의 추정 및 검정

식 (9.13)을 따르는 모형하에서 ARCH 모수들을 추정하기 위하여 주로 최대우도법을 사용한다. 이때 오차항의 조건부 평균이 0, 조건부 분산이 σ_t^2임을 이용하며 주로 정규분포를 가정한다. n개의 관측값 $(y_1,\cdots,y_n)$를 사용하는 경우 로그 우도함수는 다음과 같다.

$$\ln L(\boldsymbol{\theta}|y_1,\cdots,y_n) = \sum_{t=1}^{n} l_t \tag{9.14}$$

여기서

$$l_t = -\frac{1}{2}[\log(2\pi) + \log(\sigma_t^2) + \frac{u_t^2}{\sigma_t^2}]$$

$$u_t = y_t - \boldsymbol{x}_t \boldsymbol{\beta}$$

$$\sigma_t^2 = \alpha_0 + \alpha_1 u_{t-1}^2 + \ldots + \alpha_q u_{t-q}^2$$

위의 우도함수를 최대화시키는 회귀계수 및 ARCH 계수들을 동시에 추정할 수 있다. 이때 ARCH모형의 시차 수를 정하는 것이 어려울 수 있는데 정보기준(information criteria)을 사용하는 것도 한 방법이다.

예 9.3

어떤 주식의 수익률을 다음과 같이 AR(1)−ARCH(q)로 모형화하고자 한다.

$$Y_t = c + \phi Y_{t-1} + u_t$$

$$\sigma_t^2 = \alpha_0 + \alpha_1 u_{t-1}^2 + \ldots + \alpha_q u_{t-q}^2$$

시차를 1, 2, 3, 4로 할 경우의 추정결과가 다음과 같다. 적절한 시차 q를 정하라.

	ARCH(1)	ARCH(2)	ARCH(3)	ARCH(4)
c	1.121(4.94)	1.181(5.88)	1.196(6.11)	1.198(6.12)
ϕ	0.113(2.81)	0.115(3.05)	0.110(2.98)	0.102(2.83)
α_0	36.838(12.2)	30.733(10.5)	27.260(9.36)	24.838(7.80)
α_1	0.175(3.35)	0.156(2.83)	0.155(2.96)	0.134(2.61)
α_2		0.157(2.32)	0.123(1.92)	0.112(1.52)
α_3			0.118(2.42)	0.100(2.13)
α_4				0.060(1.29)
$\sum_{i=1}^{q}\alpha_i$	0.175	0.313	0.396	0.406
log L	−2929.19	−2916.92	−2912.09	−2909.10
SC	6.635	6.615	6.612	6.621
HQ	6.622	6.599	6.592	6.594
AIC	6.614	6.588	6.580	6.577

–괄호안 숫자는 t–값임

풀이 위의 표에서 SC 및 HQ 정보기준은 시차 3에서 최소가 되고 AIC는 시차 4에서 최소이므로, 시차 3 또는 4인 모형이 적절하다고 볼 수 있다. 모형의 적절성 판단을 위해 아래에서 언급할 LM 검정을 통한 잔차 진단을 사용하는 것이 바람직할 것이다.

사실 ARCH모형을 세우기 전에 우선 ARCH 효과가 있는지에 대한 여부를 검정할 필요가 있다. 이를 위해서는 다음의 가설을 설정한다.

$$H_0 : \alpha_1 = \cdots = \alpha_q = 0$$

이의 검정을 위해 Engle(1982)은 Breusch–Pagan(1979)의 LM(Lagrange multiplier) 검정 사용을 추천하고 있다. 이 검정은 ARCH모형을 설정하고 추정한 이후 잔차에 추가적인 ARCH 효과가 없는지를 보는 잔차 진단(residual diagnostics)에 주로 사용된다. 이의 절차는 다음과 같다.

단계 1: 식 (9.13a) 등의 평균방정식 모형 추정으로부터 잔차(u_i)를 얻는다.

단계 2: 잔차 제곱을 사용하여 다음의 회귀모형으로부터 결정계수 R^2을 얻는다.

$$u_t^2 = \alpha_0 + \alpha_1 u_{t-1}^2 + \cdots + \alpha_q u_{t-q}^2 + \epsilon_t$$

단계 3: 검정통계량을 계산하고 가설에 대한 결론을 내린다.

$$LM = nR^2$$

위의 검정통계량은 근사적으로 자유도 q의 카이제곱분포를 따른다. 위의 검정에서 ARCH 효과가 없다고 판단되면 ARCH모형을 고려할 필요는 없게 된다.

예 9.4

다음은 어떤 평균 방정식을 추정한 후, 잔차의 ARCH 효과를 검정한 결과(Eviews)이다. ARCH 효과가 여전히 남아있는지 판정하라.

Heteroscedasticity Test: ARCH
F-statistic 122.992 Prob. F(4,155) 0.0000
Obs*R-squared 121.667 Prob. Chi-Square(4) 0.0000
Test Equation:
Dependent Variable: RESID^2
Included observation: 160 after adjustments

Variable	Coefficient	Std. Error	t-Statistic	Prob.
C	6.23E-24	2.91E-24	2.1416	0.0338
RESID^2(-1)	0.99761	0.08049	12.3949	0.0000
RESID^2(-2)	-0.24527	0.11185	-2.1929	0.0298
RESID^2(-3)	0.22998	0.11181	2.0570	0.0414
RESID^2(-4)	-0.12037	0.08092	-1.4875	0.1389
-R-squared	0.76042			
-Sum squared resid	1.26E-43			

풀이 위의 결과를 보면 시차 1, 2, 3에서 α계수들이 5%에서 유의하다. 결국 LM 검정을 통해 ARCH 효과가 유의함을 볼 수 있다.

종종 평균 방정식에 조건부 분산을 포함시킨 다음과 같은 ARCH-M(ARCH-in-mean)모형을 사용한다.

$$Y_t = \boldsymbol{x}_t^T \boldsymbol{\beta} + \gamma g(\sigma_t^2) + u_t \tag{9.15a}$$

$$\sigma_t^2 = \alpha_0 + \alpha_1 u_{t-1}^2 + \ldots + \alpha_q u_{t-q}^2 \tag{9.15b}$$

여기서 $g(.)$는 조건부 분산의 함수로 통상 다음과 같이 사용한다.

$$g(\sigma_t^2) = \sigma_t^2, \quad g(\sigma_t^2) = \sqrt{\sigma_t^2}, \quad g(\sigma_t^2) = \ln(\sigma_t^2)$$

예를 들어, 평균 방정식이 어떤 자산에 대한 수익률과 관련된 것이라면 변동성 또한 이 수익률에 영향을 준다고 보는 모형인 것이다. 계수 γ가 변동성이 수익률에 주는 영향의 정도를 나타낸다.

9.3 GARCH모형

9.3.1 모형의 성질

GARCH(generalized autoregressive conditional heteroskedasticity)모형은 Bollerslev(1986)가 ARCH모형을 확장하여 제안한 것으로, 이 모형의 분산 방정식은 다음과 같다.

$$\sigma_t^2 = \alpha_0 + \beta_1 \sigma_{t-1}^2 + \dots + \beta_p \sigma_{t-p}^2 + \alpha_1 u_{t-1}^2 + \dots + \alpha_q u_{t-q}^2 \qquad (9.16)$$

여기서 u_t는 평균 방정식의 오차항이며 기댓값과 분산은 다음과 같다.

$$E[u_t] = 0, \quad Var[u_t] = \sigma_u^2$$

이때 오차항이 GARCH(p, q)모형을 따른다고 한다. 즉, ARCH모형에 과거 시차의 조건부 분산 항이 추가된 것이다.

예 9.5

GARCH(1,1)모형이 제곱오차항에 대한 ARMA(1,1)모형과 동일함을 보여라.

풀이 GARCH(1,1)모형에 대한 조건부 분산은 다음과 같다.

$$\sigma_t^2 = \alpha_0 + \alpha_1 u_{t-1}^2 + \beta_1 \sigma_{t-1}^2$$

식 (9.9)의 관계를 이용하면

$$u_t^2 - w_t = \alpha_0 + \alpha_1 u_{t-1}^2 + \beta_1 (u_{t-1}^2 - w_{t-1})$$

이므로, 이를 정리하면 다음과 같다.

$$u_t^2 = \alpha_0 + (\alpha_1 + \beta_1) u_{t-1}^2 + w_t - \beta_1 w_{t-1}$$

즉, 위의 식은 ARMA(1,1)모형이 된다.

(예 9.5)를 일반화하여 다음이 성립한다.

정리 9.2 GARCH(p,q)모형의 제곱오차항은 ARMA(r,p)모형을 따르게 된다. 여기서 $r=\max(p,q)$이다.

증명 $u_t^2=\sigma_t^2+w_t$의 관계를 식 (9.16)에 대입하면 다음과 같다.

$$u_t^2=\alpha_0+\sum_{i=1}^{p}\beta_i u_{t-i}^2+\sum_{j=1}^{q}\alpha_j u_{t-j}^2+w_t-\sum_{i=1}^{p}\beta_i w_{t-i}$$

$r=\max(p,q)$로 정의하면 위 식은 아래와 같아진다.

$$u_t^2=\alpha_0+\sum_{i=1}^{r}(\beta_i+\alpha_i)u_{t-i}^2+w_t-\sum_{i=1}^{p}\beta_i w_{t-i}$$

단, 다음 조건이 필요하다.

$$\beta_i=0,\ \ i>p,$$
$$\alpha_i=0,\ \ i>q$$

따라서 제곱오차항은 ARMA(r,p)모형을 따르게 된다.

예를 들어 GARCH(1,2)모형의 제곱오차항은 ARMA(2,1)를 따르며, GARCH(2,1)모형의 제곱오차항은 ARMA(2,2)모형을 따른다.

GARCH(p,q)모형은 다시 다음과 같이 ARCH(∞)모형으로 기술된다.

$$\sigma_t^2=(1-\sum_{i=1}^{p}\beta_i B^i)^{-1}[\alpha_0+\sum_{j=1}^{q}\alpha_j u_{t-j}^2]=w^*+\sum_{k=1}^{\infty}\phi_k u_{t-k}^2$$

여기서 $\sigma_t^2\geq 0$이 되려면 $w^*\geq 0$, $\phi_k\geq 0$이어야 한다.

GARCH모형의 정상성 조건은 다음의 정리에서와 같다.

정리 9.3 비음의 계수를 갖는 GARCH(p,q)모형이 (약)정상적일 필요충분조건은 다음과 같다.

$$\sum_{i=1}^{q}\alpha_i+\sum_{j=1}^{p}\beta_j<1$$

GARCH모형의 추정은 ARCH와 동일하게 최대우도법을 사용한다. 이때 로그 우도 함수는 동일하고 다만 조건부 분산의 평가만 다를 뿐이다.

예 9.6

다음은 어떤 자산의 수익률(RET)을 모형화하는데 GARCH(3,3)을 사용하고 Eviews로 추정한 결과이다. 추정식을 기술하라.

Dependent Variable: RET
Method: ML-ARCH(Marquardt) – Normal distribution

	Coefficient	Std. Error	z-Statistic	Prob.
C	1.99E-05	1.43E-05	1.3908	0.1643
		Variance Equation		
C	2.94E-08	7.73E-09	3.81	0.0001
RESID(-1)^2	0.0491	0.0460	1.07	0.2862
RESID(-2)^2	-0.0567	0.0518	-1.10	0.2729
RESID(-3)^2	0.1778	0.0564	3.15	0.0016
GARCH(-1)	0.5208	0.2745	1.90	0.0578
GARCH(-2)	0.1133	0.3179	0.36	0.7216
GARCH(-3)	-0.3490	0.1595	-2.19	0.0286
R-squared	-0.00163			
Adjusted R-squared	-0.02849			

풀이 분산 방정식은 다음과 같이 추정된다.

$$\begin{aligned}\sigma_t^2 = &\ 2.94E-08 + 0.0491u_{t-1}^2 - 0.0567u_{t-2}^2 \\ &+ 0.1778u_{t-3}^2 + 0.5208\sigma_{t-1}^2 + 0.1133\sigma_{t-2}^2 - 0.3490\sigma_{t-3}^2\end{aligned}$$

이때 ARCH 및 GARCH 계수들의 합은 다음과 같으며 정상성이 보장됨을 알 수 있다.

$$\sum_{i=1}^{q}\alpha_i + \sum_{j=1}^{p}\beta_j = 0.4553$$

정리 9.4 정상적 GARCH(p,q)모형에 대하여 오차항 제곱의 기댓값(또는 조건 없는 분산)은 다음과 같다.

$$Var[u_t] = E[u_t^2] = \frac{\alpha_0}{1-\alpha_1-\ldots-\alpha_q-\beta_1-\ldots-\beta_p}$$

증명 연습문제 9.1 참조.

9.3.2 GARCH모형의 예측

본 절에서는 GARCH(1, 1)모형의 예측에 대하여 알아보고자 한다. 관측값의 평균 방정식은 다음과 같이 수평적이라 하자. 즉, 고려할 모형의 형태는 다음과 같다.

$$Y_t = c + u_t$$
$$\sigma_t^2 = \alpha_0 + \alpha_1 u_{t-1}^2 + \beta_1 \sigma_{t-1}^2$$

시점 T에서 일단계 이후 예측값은 다음과 같다.

$$f_{T,1} = E[Y_{T+1} | Y_T, \cdots] = c$$

이때 예측오차분산은 아래와 같이 산출된다.

$$v_{T,1} = Var[Y_{T+1} | Y_T, \cdots] = Var[u_{T+1} | Y_T, \cdots] = E[\sigma_{T+1}^2 | Y_T, \cdots]$$

즉, 예측오차의 분산이 변동성과 관련있는 것을 알 수 있다. 마찬가지로 k단계 이후의 예측오차에 대한 분산은 다음과 같다.

$$v_{T,k} = Var[Y_{T+k} | Y_T, \cdots] = Var[u_{T+k} | Y_T, \cdots] = E[\sigma_{T+k}^2 | Y_T, \cdots], \; k = 1, 2, \cdots$$

미래의 변동성은 아래와 같이 예측할 수 있는데 시점 T에서 일단계 이후 예측값은

$$\begin{aligned} h_{T,1} &= E[\sigma_{T+1}^2 | Y_T, \cdots] \\ &= E[\alpha_0 + \beta_1 \sigma_T^2 + \alpha_1 u_T^2 | Y_T, \cdots] = \alpha_0 + \beta_1 \sigma_T^2 + \alpha_1 u_T^2 \end{aligned}$$

이고, 시점 T에서 변동성의 이단계 이후 예측값은 다음과 같다.

$$\begin{aligned} h_{T,2} &= E[\sigma_{T+2}^2 | Y_T, \cdots] \\ &= E[\alpha_0 + \beta_1 \sigma_{T+1}^2 + \alpha_1 u_{T+1}^2 | Y_T, \cdots] \\ &= \alpha_0 + \beta_1 E[\sigma_{T+1}^2 | Y_T, \cdots] + \alpha_1 E[u_{T+1}^2 | Y_T, \cdots] \\ &= \alpha_0 + (\beta_1 + \alpha_1) E[\sigma_{T+1}^2 | Y_T, \cdots] = \alpha_0 + (\beta_1 + \alpha_1) h_{T,1} \end{aligned}$$

시점 T에서 k단계 이후 변동성의 예측값은 다음과 같이 얻어진다.

$$\begin{aligned} h_{T,k} &= E[\sigma_{T+k}^2 | Y_T, \cdots] \\ &= E[\alpha_0 + \beta_1 \sigma_{T+k-1}^2 + \alpha_1 u_{T+k-1}^2 | Y_T, \cdots] \\ &= \alpha_0 + (\beta_1 + \alpha_1) E[\sigma_{T+k-1}^2 | Y_T, \cdots] = \alpha_0 + (\beta_1 + \alpha_1) h_{T,k-1} \quad (k = 2, 3, \cdots) \end{aligned}$$

따라서 k단계 이후 예측값은 다음과 같이 구해진다.

$$h_{T,k} = \alpha_0 \sum_{i=1}^{k-2} (\beta_1 + \alpha_1)^i + (\beta_1 + \alpha_1)^{k-1} h_{T,1}, \quad k = 2, 3, \cdots$$

$k \to \infty$ 일 때 다음식이 성립한다.

$$h_{T,\infty} = \frac{\alpha_0}{1 - \alpha_1 - \beta_1} = E[\sigma_T^2] = Var[u_T]$$

9.4 GARCH모형의 변형

9.4.1 GARCH-M모형

평균 방정식에 GARCH모형의 조건부 분산을 포함시킨 다음과 같은 모형을 GARCH-M(GARCH-in-mean)모형이라고 한다(Engle et al, 1987).

$$\begin{aligned} Y_t &= \boldsymbol{x}_t^T \boldsymbol{\beta} + \gamma g(\sigma_t^2) + u_t \\ \sigma_t^2 &= \alpha_0 + \beta_1 \sigma_{t-1}^2 + \ldots + \beta_p \sigma_{t-p}^2 + \alpha_1 u_{t-1}^2 + \ldots + \alpha_q u_{t-q}^2 \end{aligned}$$

여기서 $g(.)$는 조건부 분산의 함수로서 통상적으로 다음과 같이 사용한다.

$$g(\sigma_t^2) = \sigma_t^2, \quad g(\sigma_t^2) = \sqrt{\sigma_t^2}, \quad g(\sigma_t^2) = \ln(\sigma_t^2)$$

예 9.7

다음은 어떤 자산의 수익률에 대하여 MA(1)-GARCH(1,1)-M모형을 설정하고 추정한 결과이다. 모형 추정식을 기술하라.

	Coefficient	Std. Error	z-Statistic	Prob.
SQR(GARCH)	0.1192	0.0229	5.195	0.0000
MA(1)	0.1741	0.0208	8.382	0.0000
		Variance Equation		
C	0.0313	0.0095	3.278	0.0010
ARCH(1)	0.1337	0.0210	6.364	0.0000
GARCH(1)	0.8431	0.0218	38.70	0.0000

풀이 $\{r_t\}$가 수익률을 나타낼 때, 평균 방정식과 분산 방정식의 추정식은 다음과 같다.

$$r_t = u_t - 0.1741u_{t-1} + 0.1192\sigma_t$$

$$\sigma_t^2 = 0.0313 + 0.1337u_{t-1}^2 + 0.8431\sigma_{t-1}^2$$

9.4.2 E-GARCH모형

E-GARCH(Exponential GARCH)모형은 Nelson(1991)이 제안한 것으로 로그 변동성을 모형화한 것이다. 즉, $h_t = \log\sigma_t^2$라 두고 다음과 같은 모형을 고려한다.

$$h_t = \alpha_0 + \sum_{i=1}^{q} \frac{\alpha_i |u_{t-1}| + \gamma_i u_{t-i}}{\sigma_{t-i}} + \sum_{j=1}^{p} \beta_j h_{t-j}$$

따라서 u_{t-i}의 부호에 따라 효과가 다르다. 즉, 나쁜 뉴스가 변동성에 더 큰 충격을 줄 수 있다.

9.4.3 T-GARCH모형

T-GARCH(threshold GARCH)모형 역시 u_{t-i}의 부호에 따라 효과를 다르게 평가하는 모형으로 다음과 같은 형태를 가진다(Glosten et al, 1993).

$$\sigma_t^2 = \alpha_0 + \sum_{i=1}^{q} \alpha_i u_{t-i}^2 + \sum_{i=1}^{q} \gamma_i I_{t-i} u_{t-i}^2 + \sum_{j=1}^{p} \beta_j \sigma_{t-j}^2$$

여기서

$$I_{t-i} = \begin{cases} 1, & u_{t-i} < 0 \\ 0, & u_{t-i} \geq 0 \end{cases}$$

따라서 $u_{t-i} \geq 0$(좋은 소식의 경우)이면 조건부 분산에 미치는 영향이 $\alpha_i u_{t-i}^2$이지만 $u_{t-i} < 0$(나쁜 소식의 경우)이면 영향이 $(\alpha_i + \gamma_i) u_{t-i}^2$로 커지게 고안한 것이다.

Engle and Ng(1993)은 약간 다른 형태의 비대칭(asymmetry) 모형을 제안하였는데 GARH(1,1)을 변형하여 다음의 형태를 고려하였다.

$$\sigma_t^2 = \alpha_0 + \alpha(u_{t-1} - \gamma)^2 + \beta\sigma_{t-1}^2$$

9.4.4 I-GARCH모형

GARCH(1,1)모형을 실제 많이 사용하고 있는데, $\alpha_1 + \beta_1$의 값이 1에 아주 가까운 경우를 흔히 볼 수 있다. 이런 현상을 Engle and Bollerslev(1986)에서 처음으로 관찰하였으며 $\alpha_1 + \beta_1 = 1$인 경우의 모형을 고려하였는데 이 경우를 I-GARCH(Integrated GARCH)라고 칭한다. 이 경우에 오차항의 조건 없는 분산(unconditional variance)은 무한대가 되어 해석이 어려울 수 있으나, $\alpha_0 > 0$인 경우 적절한 조건 하에서 I-GARCH는 강정상성을 갖는 것으로 알려져 있다. I-GARCH모형은 어느 시점에서 충격이 발생하는 경우 분산이 상당히 지속되는(persistent) 현상을 반영할 때 사용할 수 있다.

연습문제

9.1 GARCH(p, q)모형에 대하여 오차항의 분산이 다음과 같음을 보여라.

$$Var[u_t] = \frac{\alpha_0}{1 - \alpha_1 - \ldots - \alpha_q - \beta_1 - \ldots - \beta_p}$$

9.2 어떤 주식의 수익률 시계열이 ARMA(1,1)모형을 따른다. 한 분석자가 모형의 오차항의 분산이 일정하지 않음을 알고 GARCH(1,1)을 고려하고자 한다. 또한, 이 분석자는 평균 방정식에 조건부 분산항을 포함시키고자 한다.

(a) 이 분석자가 고려하고자 하는 평균 방정식과 분산 방정식을 기술하라.

(b) 평균 방정식의 오차항에 대한 조건 없는 분산을 구하라.

9.3 다음과 같은 GARCH(2,1)모형을 고려하자.

$$Y_t = u_t$$

$$u_t^2 = \sigma_t^2 + w_t,\ \ w_t \sim iid(0, \sigma_w^2)$$
$$\sigma_t^2 = \kappa + \delta_1 \sigma_{t-1}^2 + \delta_2 \sigma_{t-2}^2 + \alpha_1 u_{t-1}^2$$

(a) $\{u_t^2, t \geq 1\}$이 ARMA(2,2)모형을 따름을 보여라.

(b) $E[u_t^2]$를 구하라.

(c) $\{u_t^2, t \geq 1\}$의 시차 0, 1, 2에 대한 자기공분산를 구하기 위한 방정식을 유도하라.

(d) 시점 T에서 변동성(조건부 분산)에 대한 일단계 이후 및 이단계 이후 예측값를 구하라.

9.4 다음은 어떤 자산의 수익률과 관련된 시계열 $\{r_t, t = 1, 2, \cdots\}$의 분석 결과이다.

Maximum Likelihood Estimation

Mean Equation

Coefficient		Std. Error	t-value	p-value
Const	0.105329	0.026402	3.989	0.0001
AR(1)	0.048030	0.011823	4.062	0.0000
AR(2)	−0.027159	0.011747	−2.312	0.0208
AR(3)	−0.020822	0.011605	−1.794	0.0728
Variance Equation				
Const	0.108072	0.022343	4.837	0.0000
ARCH(1)	0.056183	0.0063166	8.895	0.0000
GARCH(1)	0.929879	0.0083602	111.2	0.0000

(a) 어떤 모형의 추정결과인가? 추정된 평균 방정식 및 분산 방정식을 기술하라.

(b) 시점 T에서의 수익률이 $r_T = -0.013$이며, 이때 추정된 잔차는 $u_T = 0.014$이고, 조건부 분산이 $\sigma_T^2 = 0.00033$이다. 시점 $T+1$의 조건부 분산을 추정하라.

(c) 시점 T에서 이단계 이후 조건부 분산을 예측하라.

9.5 다음은 시계열 $\{r_t, t \geq 1\}$에 대한 분석 결과를 보여주고 있다.

Maximum Likelihood Estimation

Mean Equation

Coefficient	Std. Error	z-value	p-value	
SQR(GARCH)	0.1192	0.0229	5.195	0.0000
MA(1)	0.1741	0.0208	8.382	0.0000
Variance Equation				
Const	0.0313	0.0095	3.278	0.0000
ARCH(1)	0.1337	0.0210	6.364	0.0000
GARCH(1)	0.8431	0.0218	38.703	0.0000

(a) 추정된 평균 방정식과 분산 방정식을 기술하라. 어떤 종류의 모형인가? 시점 T에서 다음 정보을 얻었다.

$$r_T = -0.013,\ u_T = 0.014(\text{잔차 추정치}),\ \sigma_T^2 = 0.00033$$

(b) 시점 T에서 r_t에 대한 일단계 이후 예측값를 구하라.

(c) 시점 $T+1$에 대한 조건부 분산을 예측하라.

(d) 시점 T에서 조건부 분산(변동성)에 대한 이단계 이후 예측값를 구하라.

9.6 다음은 S&P500의 수익률 시계열에 대한 분석결과이다.

```
Dependent Variable: SP500
Method: ML - ARCH(Marquardt)
Sample(adjusted): 1/02/1996 2/14/2006
Included observations: 2641 after adjusting endpoints
Convergence achieved after 12 iterations
Variance backcast: ON
Variance Equation
```

	Coefficient	Std. Error	z-Statistic	Prob.
C	8.83E-07	2.89E-07	3.056034	0.0022
ARCH(1)	0.075411	0.007040	10.71117	0.0000
GARCH(1)	0.919688	0.007752	118.6390	0.0000

(a) 추정된 분산 방정식을 기술하라.

(b) 시점 T에서의 추정오차항이 −0.0044이고, 변동성이 0.000032라고 한다. 시점 $T+1$에 대한 변동성을 예측하라.

9.7 웹사이트 www.econometrics.com/intro/garchdat.htm에는 Bollerslev and Ghysels(1996) 논문에서 사용한 독일마르크/영국파운드 환율에 대한 수익률(daily percentage nominal return) 데이터가 있다.

(a) 수익률에 대하여 상수항만 있는 모형을 추정하고 ARCH 효과가 있는지 검정하라.

(b) GARCH(3, 3)모형으로 가정하고 추정하라.

참고문헌

Bollerslev, T.(1986), Generalized autoregressive conditional heteroskedasticity, Journal of Econometrics, 31, 307-327.

Bollerslev, T. and E. Ghysels(1996), "Periodic Autoregressive Conditional

Heteroscedasticity", Journal of Business and Economic Statistics, 14, 139-151

Breusch, T.S. and A.R. Pagan(1979), A simple test for heteroskedasticity and random coefficient variation, Econometrica, 47(5), 1287-1294.

Engle, R.F.(1982), Autoregressive conditional heteroskedasticity with estimates of the variance of U.K. inflation, Econometrica, 50, 987-1007.

Engle, R. F. and Bollerslev, T.(1986), Modeling the persistence of conditional variances, Econometric Reviews 5, 1-50.

Engle, R.F., Lilien D.M. and Robins R.P.(1987) "Estimating time varying risk premia in the term structure: the ARCH-M model", Econometrica, 55, 391-407.

Engle, R. F., and V. Ng(1993), Measuring and testing the impact of news on volatility, Journal of Finance, 48, 1749-1777.

Glosten, L., R. Jagannathan and D. Runkle(1993), Relationship between the expected value and the volatility of the nomial excess return on stocks, Journal of Finance, 48(5), 1779-1802.

Nelson, D.B.(1991), Conditional heteroskedasticity in asset returns: a new approach, Econometrica, 59(2), 347-370.

10장

벡터자기회귀모형

두 개 이상의 시계열을 동시에 고려하여 서로의 영향관계를 분석하거나 하나의 시계열을 예측하는 데 다른 시계열의 정보를 활용할 수 있다.

10.1 벡터ARMA모형

시점 t에 다음과 같이 m개의 시계열의 벡터를 고려할 때

$$\boldsymbol{z}_t = (Z_{1t}, Z_{2t}, \cdots, Z_{mt})^T \tag{10.1}$$

$\{\boldsymbol{z}_t, t=1,2,\cdots\}$을 벡터시계열이라 한다. 시점 t의 시계열 벡터의 평균 벡터는 다음과 같다.

$$\boldsymbol{\mu}_t = E[\boldsymbol{z}_t] = (\mu_{1t}, \mu_{2t}, \cdots, \mu_{mt})^T$$

그리고 시점 t에서 시차 k의 시계열 벡터의 자기공분산행렬은 다음과 같다.

$$\Gamma(t, t-k) = E[(\boldsymbol{z}_t - \boldsymbol{\mu}_t)(\boldsymbol{z}_{t-k} - \boldsymbol{\mu}_{t-k})^T]$$

이때 벡터시계열의 정상성은 다음과 같이 정의된다.

> **정의 10.1 벡터시계열의 정상성** 벡터시계열 $\{\boldsymbol{z}_t, t=1,2,\cdots\}$의 평균벡터가 시점에 무관하게 동일하고, 시차 k의 자기공분산행렬이 시점과 무관하며 시차 k의 함수일 때, 벡터시계열이 정상적(stationary)이라 한다.

즉, 정상적 벡터시계열에 대하여 평균벡터는 다음과 같으며,

$$\boldsymbol{\mu} = E[\boldsymbol{z}_t] = (\mu_1, \mu_2, \cdots, \mu_m)^T \tag{10.2}$$

시차 k의 자기공분산행렬함수(autocovariance matrix function)는 아래와 같다.

$$\Gamma(k) = E[(\boldsymbol{z}_t - \boldsymbol{\mu})(\boldsymbol{z}_{t-k} - \boldsymbol{\mu})^T] = \begin{bmatrix} \gamma_{11}(k) & \cdots & \gamma_{1m}(k) \\ & \vdots & \\ \gamma_{m1}(k) & & \gamma_{mm}(k) \end{bmatrix} \tag{10.3}$$

이 행렬의 (i, j)원소는 다음과 같다.

$$\gamma_{ij}(k) = E[(Z_{i,t} - \mu_i)(Z_{j,t-k} - \mu_j)] \tag{10.4}$$

이 장에서 평균벡터는 $\boldsymbol{\mu} = \mathbf{0}$ 으로 가정한다. 또한 다음 관계가 성립한다.

$$\Gamma(-k) = \Gamma^T(k)$$

벡터시계열에 대하여서도 ARMA모형의 형태가 적용되고 있다. 예를 들어 두 개의 시계열이 있는 경우 AR(1)모형은 다음과 같이 기술할 수 있다.

$$\begin{pmatrix} Z_{1t} \\ Z_{2t} \end{pmatrix} = \begin{pmatrix} \phi_{11} & \phi_{12} \\ \phi_{21} & \phi_{22} \end{pmatrix} \begin{pmatrix} Z_{1,t-1} \\ Z_{2,t-1} \end{pmatrix} + \begin{pmatrix} a_{1t} \\ a_{2t} \end{pmatrix} \tag{10.5}$$

여기서 $\begin{pmatrix} \phi_{11} & \phi_{12} \\ \phi_{21} & \phi_{22} \end{pmatrix}$은 모형 계수행렬이며, $\begin{pmatrix} a_{1t} \\ a_{2t} \end{pmatrix}$는 백색잡음인 오차항 벡터로서 평균벡터가 0이고 분산–공분산 $\Sigma = \begin{pmatrix} \sigma_1^2 & \sigma_{12} \\ \sigma_{12} & \sigma_2^2 \end{pmatrix}$를 갖는 다변량정규분포를 따른다고 가정한다. 즉, 다른 시점들의 오차항 벡터에서 모든 항목이 독립이지만 동일 시점에서의 오차항 간에는 공분산이 있다고 가정한다. 식 (10.5)를 풀어쓰면 다음과 같다.

$$Z_{1t} = \phi_{11} Z_{1,t-1} + \phi_{12} Z_{2,t-1} + a_{1t} \tag{10.6a}$$

$$Z_{2t} = \phi_{21} Z_{1,t-1} + \phi_{22} Z_{2,t-1} + a_{2t} \tag{10.6b}$$

이때 오차항들은 다음과 같은 분포를 따른다.

$$a_{1t} \sim Nor(0, \sigma_1^2),\ \ a_{2t} \sim Nor(0, \sigma_2^2),\ \ Cov[a_{1t}, a_{2t}] = \sigma_{12}$$

식 (10.6)을 보면 각 시계열이 자신의 이전 값에 의해 영향을 받을 뿐 아니라 다른 시계열의 이전 값에도 영향을 받는 것을 알 수 있다. 이처럼 벡터시계열 모형에서는 추정하여야 할 계수 또는 모수 수가 급격히 증가하는 것도 볼 수 있다. 단 시계열의 AR(1)모형에서는 두 개의 모수만 추정하면 되나, 두 변수로 이루어진 벡터AR(1)모형에서는 계수 4개와 오차항 모수 3개, 총 7개의 모수를 추정하여야 한다.

식 (10.5)를 m개의 시계열로 구성된 벡터AR(1)모형으로 확장하면 다음과 같은 모형을 고려할 수 있다.

$$\boldsymbol{z}_t = \boldsymbol{\Phi}_1 \boldsymbol{z}_{t-1} + \boldsymbol{a}_t \tag{10.7}$$

여기서 $\boldsymbol{\Phi}_1$은 시차 1 벡터 관련 $(m \times m)$ 계수행렬이며, 오차항 벡터 $\boldsymbol{a}_t$는 평균벡터 0, 분산–공분산행렬 Σ를 갖는 독립적인 다변량정규분포를 따른다고 가정한다.

예 10.1

두 시계열 $\{x_t, t \geq 1\}$과 $\{y_t, t \geq 1\}$이 다음과 같은 모형을 따른다고 하자.

$$x_t = b_{12}y_t + c_{11}x_{t-1} + c_{12}y_{t-1} + \epsilon_{xt} \tag{10.8a}$$

$$y_t = b_{21}x_t + c_{21}x_{t-1} + c_{22}y_{t-1} + \epsilon_{yt} \tag{10.8b}$$

여기서 오차항 ϵ_{xt}는 평균 0, 분산 σ_x^2을 갖는 독립적인 정규분포를 따르며, 두 오차항의 공분산은 0이다. 위의 모형을 벡터AR(1)모형으로 변환하라.

풀이 위의 모형을 벡터-행렬을 사용하여 표현하면 다음과 같다.

$$\begin{bmatrix} 1 & -b_{12} \\ -b_{21} & 1 \end{bmatrix}\begin{pmatrix} x_t \\ y_t \end{pmatrix} = \begin{bmatrix} c_{11} & c_{12} \\ c_{21} & c_{22} \end{bmatrix}\begin{pmatrix} x_{t-1} \\ y_{t-1} \end{pmatrix} + \begin{pmatrix} \epsilon_{xt} \\ \epsilon_{yt} \end{pmatrix} \tag{10.9}$$

이 식의 왼쪽 항의 행렬을 B라 하자. 즉,

$$B = \begin{bmatrix} 1 & -b_{12} \\ -b_{21} & 1 \end{bmatrix}$$

식 (10.9)의 양변에 B^{-1}를 곱하면 다음 식을 얻는다.

$$\begin{pmatrix} x_t \\ y_t \end{pmatrix} = B^{-1}\begin{bmatrix} c_{11} & c_{12} \\ c_{21} & c_{22} \end{bmatrix}\begin{pmatrix} x_{t-1} \\ y_{t-1} \end{pmatrix} + B^{-1}\begin{pmatrix} \epsilon_{xt} \\ \epsilon_{yt} \end{pmatrix}, \quad B^{-1} = \frac{1}{1-b_{12}b_{21}}\begin{bmatrix} 1 & b_{12} \\ b_{21} & 1 \end{bmatrix}$$

따라서 이 식은 다음과 같은 형태가 되며 벡터AR(1)모형이 됨을 알 수 있다.

$$\begin{pmatrix} x_t \\ y_t \end{pmatrix} = \begin{pmatrix} \phi_{11} & \phi_{12} \\ \phi_{21} & \phi_{22} \end{pmatrix}\begin{pmatrix} x_{t-1} \\ y_{t-1} \end{pmatrix} + \begin{pmatrix} a_{1t} \\ a_{2t} \end{pmatrix} \tag{10.10}$$

식 (10.10)의 오차항과 원래 오차항과는 다음 관계가 있다.

$$a_{1t} = \frac{1}{1-b_{12}b_{21}}(\epsilon_{xt} + b_{12}\epsilon_{yt}) \tag{10.11a}$$

$$a_{2t} = \frac{1}{1-b_{12}b_{21}}(b_{21}\epsilon_{xt} + \epsilon_{yt}) \tag{10.11b}$$

(예 10.1)의 벡터AR(1)모형을 벡터AR(p)모형으로 확장하면 다음과 같이 기술할

수 있다. 이를 표준 형태 또는 축소 형태(reduced form)라고도 한다.

$$\boldsymbol{z}_t = \Phi_1 \boldsymbol{z}_{t-1} + \Phi_2 \boldsymbol{z}_{t-2} + \ldots + \Phi_p \boldsymbol{z}_{t-p} + \boldsymbol{a}_t \tag{10.12}$$

여기서 $\Phi_1, \ldots, \Phi_p$는 각 시차에 해당하는 $(m \times m)$ 계수행렬이다.

또한 이를 벡터ARMA(p,q)모형으로 다음과 같이 확장할 수 있다.

$$\boldsymbol{z}_t = \Phi_1 \boldsymbol{z}_{t-1} + \ldots + \Phi_p \boldsymbol{z}_{t-p} + \boldsymbol{a}_t - \Theta_1 \boldsymbol{a}_{t-1} - \ldots - \Theta_q \boldsymbol{a}_{t-q} \tag{10.13}$$

여기서 $\Theta_1, \cdots, \Theta_q$는 각 시차별 오차항에 해당하는 $(m \times m)$ 계수행렬이다. 아래와 같이 다항식을 정의하면

$$\Phi(z) = I - \Phi_1 z - \ldots - \Phi_p z^p$$
$$\Theta(z) = I - \Theta_1 z - \ldots - \Theta_q z^q$$

식 (10.12)를 다음과 같이 쓸 수 있다.

$$\Phi(B) \boldsymbol{z}_t = \Theta(B) \boldsymbol{a}_t \tag{10.14}$$

10.2 벡터자기회귀모형

일반적인 벡터ARMA모형보다 단순한 형태인 AR형태의 벡터자기회귀(Vector Autoregression; VAR)모형이 실제 경제 및 금융 데이터 분석에 자주 사용되고 있다.

10.2.1 VAR(1)모형

가장 단순한 VAR(1)모형은 식 (10.7)에서 알아보았고, 다시 쓰면 다음과 같다.

$$\boldsymbol{z}_t = \Phi_1 \boldsymbol{z}_{t-1} + \boldsymbol{a}_t \tag{10.15}$$

VAR(1)모형이 정상적이려면 계수행렬 Φ_1의 고유값(eigenvalue)들의 절댓값이 모두 1보다 작아야 한다.

이 모형에서 분산행렬을 유도하기 위하여 양변에 분산을 취하면 다음과 같은 관계를 얻는다.

$$\Gamma(0) = \Phi_1 \Gamma(0) \Phi_1^T + \Sigma \tag{10.16}$$

따라서 분산행렬을 구하기 위해서는 식 (10.16)을 이용한 반복적 알고리즘이 필요하다.

시차별 공분산행렬을 얻기 위하여 식 (10.15)의 양변에 $\boldsymbol{z}_{t-k}^T$를 곱하고 기댓값을 취하면 다음과 같다.

$$E[\boldsymbol{z}_t \boldsymbol{z}_{t-k}^T] = \Phi_1 E[\boldsymbol{z}_{t-1} \boldsymbol{z}_{t-k}^T] + E[\boldsymbol{a}_t \boldsymbol{z}_{t-k}^T]$$

따라서 다음의 관계식을 얻는다.

$$\Gamma(k) = \Phi_1 \Gamma(k-1), \quad k = 1, 2, \cdots \tag{10.17}$$

결국 시차 k의 공분산행렬과 분산행렬과의 관계식이 아래와 같이 성립한다.

$$\Gamma(k) = \Phi_1^k \Gamma(0), \quad k = 1, 2, \cdots \tag{10.18}$$

공분산행렬의 형태를 보면 단변량 AR(1)모형의 자기공분산함수와 유사하게 지수적으로 감소한다는 것을 알 수 있다. 상관계수행렬이 필요하다면 다음과 같이 산출할 수 있다.

$$R(k) = D^{-1} \Gamma(k) D^{-1}, \quad k = 1, 2, \cdots \tag{10.19}$$

여기서 D는 각 시계열의 표준편차를 대각원소로 갖는 대각행렬이다.

$$D = \begin{bmatrix} \sqrt{\gamma_{11}(0)} & & \\ & \ddots & \\ & & \sqrt{\gamma_{mm}(0)} \end{bmatrix}, \quad D^{-1} = \begin{bmatrix} 1/\sqrt{\gamma_{11}(0)} & & \\ & \ddots & \\ & & 1/\sqrt{\gamma_{mm}(0)} \end{bmatrix}$$

즉, 상관계수행렬의 (i, j) 원소는 다음과 같다.

$$\rho_{ij}(k) = \frac{\gamma_{ij}(k)}{\sqrt{\gamma_{ii}(0)}\sqrt{\gamma_{jj}(0)}}, \quad i, j = 1, 2, \cdots, m$$

한편 시차 k의 편상관계수행렬(partial aucorrelation matrix)은 다음 다변량회귀모형의 계수 Φ_{kk}와 같다.

$$\boldsymbol{z}_t = \Phi_{k1} \boldsymbol{z}_{t-1} + \Phi_{k2} \boldsymbol{z}_{t-2} + \ldots + \Phi_{kk} \boldsymbol{z}_{t-k} + \boldsymbol{a}_t \tag{10.20}$$

따라서 VAR(1) 모형의 편자기회귀행렬은 다음과 같다.

$$P(k) = \begin{cases} \Phi_1, & k=1 \\ 0, & k>1 \end{cases} \tag{10.21}$$

예 10.2

다음과 같은 이변량 VAR(1)모형을 고려하자.

$$\begin{pmatrix} Z_{1t} \\ Z_{2t} \end{pmatrix} = \begin{bmatrix} 0.5 & 0.4 \\ 0.1 & 0.8 \end{bmatrix} \begin{pmatrix} Z_{1,t-1} \\ Z_{2,t-1} \end{pmatrix} + \begin{pmatrix} a_{1t} \\ a_{2t} \end{pmatrix}, \quad \Sigma = \begin{pmatrix} 1 & 0.6 \\ 0.6 & 1.1 \end{pmatrix}$$

시차 1의 상관계수행렬을 구하라.

풀이 위의 행렬 Φ_1의 고유값이 0.4와 0.9로 산출되기 때문에 위의 시계열은 정상적이라 할 수 있다. 식 (10.16)을 이용하면 분산행렬은 아래와 같이 구해진다.

$$\Gamma(0) = \begin{bmatrix} 4.8199 & 4.4639 \\ 4.4639 & 5.1835 \end{bmatrix}$$

시차 1의 공분산행렬은 다음과 같다.

$$\Gamma(1) = \Phi_1 \Gamma(0) = \begin{bmatrix} 4.1955 & 4.3054 \\ 4.0531 & 4.5932 \end{bmatrix}$$

그리고 시차 1의 상관계수행렬은 아래와 같이 계산된다. 우선 행렬 D와 D^{-1}는 다음과 같다.

$$D = \begin{bmatrix} 2.1954 & 0 \\ 0 & 2.2767 \end{bmatrix}, \quad D^{-1} = \begin{bmatrix} 0.4555 & 0 \\ 0 & 0.4392 \end{bmatrix}$$

따라서 식 (10.19)에 의하여 계산하면 다음과 같다.

$$R(1) = \begin{bmatrix} 0.8705 & 0.8613 \\ 0.8109 & 0.8861 \end{bmatrix}$$

식 (10.15)는 각 시계열의 평균이 0임을 가정한 모형이지만 보다 일반적인 VAR(1)모형은 아래와 같이 상수항이 있는 모형이다.

$$\boldsymbol{z}_t = \boldsymbol{c} + \Phi_1 \boldsymbol{z}_{t-1} + \boldsymbol{a}_t$$

이때 시계열이 정상적이라면 아래 식이 성립하므로

$$\boldsymbol{\mu} = E[\boldsymbol{z}_t] = E[\boldsymbol{z}_{t-1}]$$

시계열 벡터의 기댓값은 c가 아니라 다음과 같이 산출하여야 한다.

$$\boldsymbol{\mu} = (I - \Phi_1)^{-1}\boldsymbol{c} \tag{10.22}$$

예 10.3

다음의 세 가지 분기별 시계열로 구성된 벡터시계열을 고려하자.

Z_{1t} : GDP 증가율(%)

Z_{2t} : 물가상승률(%)

Z_{3t} : 기준 이자율(%)

상수항이 있는 VAR(1)모형의 추정결과가 다음과 같다. 시계열 벡터의 기댓값을 구하라.

$$\boldsymbol{c} = \begin{bmatrix} 1.13 \\ 1.18 \\ -0.12 \end{bmatrix}, \ \Phi_1 = \begin{bmatrix} 0.62 & -0.08 & 0.01 \\ -0.07 & 0.02 & 0.31 \\ 0.06 & 0.03 & 0.95 \end{bmatrix},$$

풀이 식 (10.22)에 의한 기댓값 벡터는 다음으로 계산된다.

$$\boldsymbol{\mu} = (I - \Phi_1)^{-1}\boldsymbol{c} = \begin{bmatrix} 2.5243 & -0.2353 & -0.9538 \\ 0.9601 & 1.1700 & 7.4458 \\ 3.6053 & 0.4197 & 23.3229 \end{bmatrix} \begin{bmatrix} 1.13 \\ 1.18 \\ -0.12 \end{bmatrix} = \begin{bmatrix} 2.689 \\ 1.572 \\ 1.770 \end{bmatrix}$$

10.2.2 구조VAR모형

(예 10.1)에서 제시한 형태의 모형은 경제 현상의 실제 구조를 나타내기 때문에 구조(structural)VAR이라고 하며 해석상의 장점을 갖고 있다. 이 예에서 구조VAR(1)모형으로 다음과 같이 기술할 수 있다.

$$B\boldsymbol{x}_t = C\boldsymbol{x}_{t-1} + \boldsymbol{\epsilon}_t$$

이를 구조VAR(p)모형으로 확장하면 다음과 같다.

$$Bx_t = C_1x_{t-1} + C_2x_{t-2} + \dots + C_p x_{t-p} + \epsilon_t \qquad (10.23)$$

여기서 ϵ_t는 구조적 오차벡터(또는 충격; shocks)로서 변수별로 서로 독립임을 가정한다. 그러나 구조VAR모형은 식별의 문제와 추정상의 문제가 있다. (예 10.1)을 보면 추정하여야 하는 8개의 파라미터(6개의 계수와 2개의 분산)가 있는 반면에 식 (10.10)의 경우 7개의 파라미터만 추정하면 된다. 즉, 구조모형에서는 하나의 파라미터 값을 임의로 정해주어야 하는 제약조건이 필요하다.

이에 따라 구조VAR모형 대신 식 (10.7) 형태의 VAR모형으로 변환하여 사용하고 있다.

10.2.3 VAR(p)모형

VAR(p)모형은 다음과 같이 기술된다.

$$z_t = \Phi_1 z_{t-1} + \Phi_2 z_{t-2} + \dots + \Phi_p z_{t-p} + a_t, \quad a_t \sim WN(0, \Sigma) \qquad (10.24a)$$

이 모형은 다항식 $\Phi(z) = I - \Phi_1 z - \dots - \Phi_p z^p$을 사용하면 다음과 같이 표현된다.

$$\Phi(B) z_t = a_t \qquad (10.24b)$$

VAR(p)모형의 정상성(stationarity) 여부는 다음 정리로부터 알 수 있다.

정리 10.1 VAR(p)모형에서 다음 식 근들의 크기가 모두 1보다 클 때 정상적이 된다.

$$\det \Phi(z) = 0$$

즉, $|z| \le 1$에 대하여 $\det \Phi(z) \ne 0$일 때, VAR(p)는 정상적이다.

VAR(1)모형의 경우 $\det \Phi(z) = 0 (\Phi(z) = I - \Phi_1 z)$의 근의 역수가 행렬 Φ_1의 고유값이 되므로 VAR(1)모형이 정상적이려면 행렬 Φ_1의 고유값들의 크기(modulus)가 모두 1보다 작아야 한다.

이 VAR(p)모형은 VAR(1)모형으로도 표현되는 것을 알 수 있다. 이를 위해 새로운 벡터와 행렬을 아래와 같이 정의하자.

$$\boldsymbol{Y}_t = \begin{bmatrix} \boldsymbol{z}_t \\ \boldsymbol{z}_{t-1} \\ \vdots \\ \boldsymbol{z}_{t-p+1} \end{bmatrix}, \quad F = \begin{bmatrix} \Phi_1 & \Phi_2 & \cdots & \Phi_p \\ I & 0 & \cdots & 0 \\ & \ddots & & \vdots \\ 0 & & I & 0 \end{bmatrix}, \quad \boldsymbol{v}_t = \begin{bmatrix} \boldsymbol{a}_t \\ 0 \\ \vdots \\ 0 \end{bmatrix}$$

이때 식 (10.24a)는 다음 식으로 기술된다.

$$\boldsymbol{Y}_t = F\boldsymbol{Y}_{t-1} + \boldsymbol{v}_t \tag{10.25}$$

> **정리 10.2** VAR(p)모형이 정상적이려면 식 (10.25)로 표현된 모형에서 행렬 F의 고유값들의 크기가 모두 1보다 작아야 한다.

예 10.4

다음과 같은 이변량 VAR(2)모형이 있다. 정상성 여부를 판단하라.

$$\Phi_1 = \begin{bmatrix} 0.3 & -0.1 \\ -0.05 & 0.25 \end{bmatrix}, \quad \Phi_2 = \begin{bmatrix} 0.2 & -0.75 \\ -0.1 & 0.4 \end{bmatrix}, \quad \Sigma = \begin{bmatrix} 0.6 & 0.05 \\ 0.05 & 1 \end{bmatrix}$$

풀이 이를 VAR(1)모형 형태로 기술하면 다음과 같다.

$$\boldsymbol{Y}_t = \begin{bmatrix} 0.3 & -0.1 & 0.2 & -0.75 \\ -0.05 & 0.25 & -0.1 & 0.4 \\ 1 & 0 & 0 & 0 \\ 0 & 1 & 0 & 0 \end{bmatrix} \boldsymbol{Y}_{t-1} + \boldsymbol{v}_t$$

위의 행렬 F의 고유값은 다음과 같다.

$$\lambda_1 = 0.9627, \ \lambda_2 = 0.2376, \ \lambda_3 = -0.0356, \ \lambda_4 = -0.6148$$

즉 고유값의 절댓값이 모두 1보다 작으므로 위의 모형은 정상적이다.

식 (10.24a)의 양변에 $\boldsymbol{z}_t^T$를 곱한 후 기댓값을 취하면 다음 관계식을 얻는다.

$$\Gamma(0) = \Phi_1\Gamma(1) + \Phi_2\Gamma(2) + \cdots + \Phi_p\Gamma(p) + \Sigma \tag{10.26}$$

유사한 방법에 의거 VAR(p)모형에 대하여 다음과 같은 Yule-Walker 행렬방정식을 유도할 수 있다.

$$\begin{bmatrix} \Gamma(0) & \Gamma^T(1) & \dots & \Gamma^T(p-1) \\ \Gamma(1) & \Gamma(0) & \dots & \Gamma^T(p-2) \\ \vdots & \vdots & & \vdots \\ \Gamma(p-1) & \Gamma(p-2) & \dots & \Gamma(0) \end{bmatrix} \begin{bmatrix} \Phi_1^T \\ \Phi_2^T \\ \vdots \\ \Phi_p^T \end{bmatrix} = \begin{bmatrix} \Gamma(1) \\ \Gamma(2) \\ \vdots \\ \Gamma(p) \end{bmatrix} \qquad (10.27)$$

위 식으로부터 공분산행렬을 구할 수 있으며 식 (10.19)를 이용하면 상관계수행렬 또한 구할 수 있다. 한편, VAR(p)모형의 시차별 편상관계수행렬은 시차 p에서 절단되는 성질을 갖고 있다.

예 10.5

VAR(2)모형에 대하여 공분산행렬을 구하라.

풀이 식 (10.26)과 (10.27)을 적용하면 다음 관계식을 얻는다.

$$\Gamma(0) = \Phi_1 \Gamma(1) + \Phi_2 \Gamma(2) + \Sigma$$
$$\Gamma(1) = \Gamma(0)\Phi_1^T + \Gamma^T(1)\Phi_2^T$$
$$\Gamma(2) = \Gamma(1)\Phi_1^T + \Gamma(0)\Phi_2^T$$

위의 세 식으로부터 $\Gamma(0), \Gamma(1), \Gamma(2)$를 구할 수 있으며 그 이후 시차에 대하여서는 다음 식으로 공분산행렬을 산출할 수 있다.

$$\Gamma(k) = \Phi_1 \Gamma(k-1) + \Phi_2 \Gamma(k-2), \quad k = 3, 4, \cdots$$

10.2.4 VAR(p)모형의 식별 및 추정

VAR모형에서 시차 p를 결정하기 위하여 이론적 ACF/PACF를 표본 ACF/PACF와 비교하는 방식을 사용할 수 있으나 교차상관관계(다른 시계열 간의 상관관계; cross correlation) 또한 존재하기 때문에 간단하지는 않다. 또한 AR형태의 모형으로 근사시키고 있기에 표본 ACF/PACF만으로는 모형 식별이 어려울 수 있다. 물론 개별 시계열에 대한 표본 ACF/PACF를 보고 충분한 시차 p를 결정하는 방법을 이용할 수도 있다. 실제적으로 많이 사용하는 방법에서는 AIC(Akaike Information Criteria) 등의 정보기준(information criteria)을 바탕으로 한다. 우선 시차 p를 사용할 때 AIC는 다음과 같이 주어진다.

$$AIC(p) = \ln|\hat{\Sigma}| + \frac{2m^2 p}{N} \tag{10.28}$$

여기서 $|\hat{\Sigma}|$는 오차항 공분산행렬 추정치의 행렬식이며, m은 시계열 수(차원)이고, N은 관측수이다.

Schwarz(1978)가 제시한 BIC(Bayesian Information Criteria) 또는 SIC(Schwarz Information Criteria)는 다음과 같이 주어진다.

$$BIC(p) = \ln|\hat{\Sigma}| + \frac{m^2 p \ln N}{N} \tag{10.29}$$

또한, Hannan and Quinn(1979)이 제안한 HQ 기준은 다음과 같다.

$$HQ(p) = \ln|\hat{\Sigma}| + \frac{2m^2 p \ln\ln N}{N} \tag{10.30}$$

위와 같은 정보기준을 시차별로 산출하고 값이 작은 시차를 최종적으로 선택하는 방안을 사용하고 있다. 그러나 기준별로 다른 결과를 보일 때는 적절한 시차 선정이 필요하다. 충분한 관측값이 있을 때 다음 관계가 성립한다는 연구 결과가 있다.

$$\hat{p}^{BIC} \le \hat{p}^{HQ} \le \hat{p}^{AIC}$$

시차 선정을 위해 우도비(likelihood ratio; LR) 검정을 사용할 수도 있다. 이때 귀무가설은 시차 $k\,(< p)$에 대하여 다음과 같다.

$$H_0 : \Phi_{k+1} = \dots = \Phi_p = 0$$

그리고 검정통계량은 다음과 같다.

$$LR = N(\ln|\Sigma_k| - \ln|\Sigma_p|)$$

여기서 첨자는 해당 시차를 의미한다. 위의 귀무가설이 옳을 때 검정통계량은 자유도 $m^2(p-k)$의 카이제곱분포를 따른다. 순차적(sequential) 우도비 검정을 사용할 수 있는데 이의 검정통계량은 다음과 같다.

$$LR(k) = (N-m)(\ln|\Sigma_k| - \ln|\Sigma_{k+1}|)$$

이때 귀무가설은 $\Phi_j = 0\,(j = k+2, \cdots, p)$의 조건에서 아래와 같다.

$$H_0 : \Phi_{k+1} = 0$$

물론, 시차 결정을 위해 Hsiao(1979) 또는 Edlund and Karlsson(1993)과 같은 연구에서 제안된 좀 더 복잡한 절차를 사용할 수 있다. Eviews 소프트웨어를 사용하면 여러 시차에 대한 위에서 언급한 정보기준값을 제공하기 때문에 시차 선정에 편리하다.

예 10.6

다음은 어떤 벡터시계열($m=3$)에 대한 여러 시차에 따른 정보기준값들이다(Eviews 결과). 적절한 시차를 구하라.

Lag	Log	LR	FPE	AIC	SC	HQ
0	−1415.48	NA	5.05e+11	35.46	35.55	35.49
1	−1070.11	656.19	1.13e+08	27.05	27.41 *	27.19
2	−1055.28	27.07 *	9.74e+07*	26.90 *	27.53	27.16 *
3	−1046.40	15.53	9.79e+07	26.91	27.80	27.27
4	−1039.98	10.75	1.05e+08	26.97	28.14	27.44
5	−1038.50	2.37	1.28e+08	27.16	28.59	27.73
6	−1031.95	9.98	1.37e+08	27.22	28.92	27.90
7	−1026.73	7.57	1.53e+08	27.32	29.28	28.10
8	−1022.09	6.39	1.75e+08	27.43	29.66	28.32

* indicates lag order selected by the criterion
–LR: sequential modified LR test statistic(each test at 5% level)
–FPE: final prediction error
–AIC: Akaike information criterion
–SC: Schwarz information criterion
–HQ: Hannan–Quinn information criterion

풀이 SC 기준으로는 시차 1이 가정 적절하다고 볼 수 있으나 대부분 기준은 시차 2가 최적이라고 선언하므로 결과적으로 시차 2가 적절하다. 기준마다 서로 다른 최적 시차를 제시하는 경우에는 가장 작은 시차를 최종적으로 선택하는 것도 한 방법이다.

식 (10.24)의 VAR(p)모형은 다변량회귀모형으로 표현되어 있기 때문에 시계열 각각의 모수를 추정하는 데 보통최소제곱법(ordinary least square; OLS)을 사용할 수 있다. 그런데 모형의 오차항 공분산행렬을 보면 서로 다른 시계열간에도 상관관계가 있으므로 일견 일반화최소제곱법(generalized least square; GLS)이 필요한 것으로 보인다. 그러나 각 시계열별로 사용되는 독립변수는 동일하기 때문에 결국 OLS로 추정하여도 무방하다.

그러나 VAR(p)모형의 시차 p를 결정하기 위하여 정보기준을 사용하는데 정보기준은 최대우도법에 바탕을 두고 있으므로 결국 최대우도법으로 모수를 추정하는 것이 통상적이다. 그리고 공분산행렬의 원소들을 추정하기 위해서는 잔차 벡터를 얻어야 한다. 또한, 모형의 타당성을 검증하기 위해서는 잔차 검증이 필요하다.

VAR모형의 잔차가 백색잡음을 따르는지를 검정하기 위해서 보통 포트맨토(portmanteau) 검정을 실시한다. $R_h = (r_{ij}(h))$을 잔차시계열의 시차 $h(=0,\ 1,\cdots)$의 표본자기상관행렬이라고 할 때, 가설은 아래와 같다.

$$H_0 : R_1 = \ldots = R_k = 0$$

그리고 통계량은 다음과 같다(Lutkepohl, 1993).

$$Q(k) = T\sum_{h=1}^{k} tr(R_h^T R_0^{-1} R_h R_0^{-1})$$

다음의 수정 통계량을 사용하기도 한다.

$$Q_*(k) = T^2 \sum_{h=1}^{k} \frac{1}{T-h} tr(R_h^T R_0^{-1} R_h R_0^{-1})$$

위의 검정통계량은 근사적으로 자유도 $m^2(k-p)$의 카이제곱분포를 따른다.

예 10.7

다음은 벡터시계열($m=4$)에 대하여 VAR(1)모형을 세워 추정한 후 잔차 포트맨토 검정을 실시한 Eviews 결과이다. VAR(1) 모형이 타당한지 판정하라.

Lags	Q-Stat	Prob.	Adj Q-Stat	Prob.	df
1	1.847	NA *	1.852	NA *	NA *
2	27.67	0.0346	27.82	0.0332	16
3	44.05	0.0761	44.34	0.0721	32
4	53.46	0.2725	53.85	0.2603	48
5	72.35	0.2215	73.02	0.2059	64
6	96.87	0.0964	97.95	0.0843	80
7	110.24	0.1518	111.59	0.1320	96

* The test is valid only for lags larger than the VAR lag order. df is degrees of freedom for(approximate) chi-square distribution.

풀이 위의 결과를 보면 시차 2에서, 유의수준 5%에서 귀무가설(잔차의 자기상관이 0임)을 기각하므로 VAR(1)모형은 적절치 못하다고 할 수 있다. 이에 따라 다른 모형을 새롭게 수립하여야 한다.

예 10.8

[그림 10.1]은 Wei(2006)에 있는 시계열 데이터로 Lydia Pinkham 사의 1907년부터 1960년 사이의 연도별 매출액(sales)과 광고비(adver)를 나타낸 것이다.

그림 10.1 Lydia Pinkham 사의 연도별 매출액과 광고비

VAR(3)모형으로 추정하고 잔차에 대한 포트맨토 검정을 실시하라.

풀이 Eviews를 사용하여 VAR(3)모형을 추정하면 다음과 같은 결과를 얻는다.

Vector Autoregression Estimates (대괄호안의 값은 t-값)

	SALES	ADVER
SALES(−1)	1.366014 [8.00858]	0.586195 [4.28480]
SALES(−2)	−0.307257 [−1.19662]	−0.536662 [−2.60580]
SALES(−3)	0.004397 [0.02427]	0.264077 [1.81723]
ADVER(−1)	−0.162245 [−0.89987]	0.518852 [3.58789]
ADVER(−2)	−0.280324 [−1.33116]	−0.339294 [−2.00879]

ADVER(-3)	0.097340	0.274126
	[0.51547]	[1.80990]
C	215.8672	-64.41577
	[2.14838]	[-0.79929]
R-squared	0.901195	0.824197
Adj. R-squared	0.887721	0.800224
F-statistic	66.88665	34.38010
Log likelihood		-661.7066
Akaike information criterion		26.49830
Schwarz criterion		27.02860

즉, 시계열 벡터를 다음으로 정의할 때,

$$z_t = \begin{bmatrix} sales_t \\ adver_t \end{bmatrix}$$

추정식은 다음과 같다.

$$z_t = \begin{bmatrix} 215.9 \\ -64.4 \end{bmatrix} + \begin{bmatrix} 1.366 - 0.162 \\ 0.586 \quad 0.519 \end{bmatrix} z_{t-1} + \begin{bmatrix} -0.307 - 0.280 \\ -0.537 - 0.339 \end{bmatrix} z_{t-2}$$

$$+ \begin{bmatrix} 0.004\ 0.097 \\ 0.264\ 0.274 \end{bmatrix} z_{t-3}$$

한편, 잔차에 대한 포트맨토 검정 결과는 아래와 같다.

VAR Residual Portmanteau Tests for Autocorrelations

Lags	Q-Stat	Prob.*	Adj Q-Stat	Prob.*	df
1	0.968271	——	0.987637	——	——
2	1.819496	——	1.873605	——	——
3	3.051980	——	3.183119	——	——
4	3.987276	0.4077	4.198015	0.3799	4
5	8.557053	0.3810	9.264507	0.3205	8
6	11.23131	0.5092	12.29533	0.4223	12
7	13.03362	0.6703	14.38438	0.5701	16

*Test is valid only for lags larger than the VAR lag order.
df is degrees of freedom for (approximate) chi-square distribution

위의 포트맨토 검정 결과 가설을 기각하지 못하므로 위의 추정된 VAR(3) 모형이 타당하다고 하겠다. 참고로 VAR(2) 모형으로 추정한 결과의 잔차에 대한 포트맨토 검정에서는 가설을 기각하여 VAR(2)모형은 적절치 못하다고 할 수 있다.

10.3 그래인저 인과관계

한 시계열이 다른 시계열에 영향을 미치는지 여부를 판단하는 검정을 그래인저(C.W.J. Granger)가 1969년에 논문으로 발표하였다. 그래인저 인과관계를 다음과 같이 정의하고 있다.

> **정의 10.2 그래인저 인과관계; Granger Causality** 시계열 $\{X_t, t \geq 1\}$이 시계열 $\{Y_t, t \geq 1\}$의 미래값을 예측하는 데 도움이 될 때, $\{X_t, t \geq 1\}$이 $\{Y_t, t \geq 1\}$에 영향을 준다고(Granger−cause) 말한다. 그렇지 않은 경우 $\{X_t, t \geq 1\}$이 $\{Y_t, t \geq 1\}$에 영향을 주지 못한다(fail to Granger cause)고 말한다.

그래인저 인과관계의 검정을 위하여 정상적 두 시계열 $\{X_t, t \geq 1\}$과 $\{Y_t, t \geq 1\}$에 대하여 다음과 같은 자기회귀시차(autoregressive distributed lag; ADL)모형을 고려한다.

$$Y_t = \alpha_0 + \alpha_1 Y_{t-1} + \dots + \alpha_p Y_{t-p} + \beta_1 X_{t-1} + \dots + \beta_q X_{t-q} + a_t \qquad (10.31)$$

이때 귀무가설은 다음과 같다.

$$H_0 : \beta_1 = \dots = \beta_q = 0 \qquad (10.32)$$

위의 가설을 기각할 때 시계열 $\{X_t, t \geq 1\}$이 시계열 $\{Y_t, t \geq 1\}$에 영향을 준다(X Granger−causes Y)고 한다. 위의 가설이 옳다고 하면 다음 모형이 된다.

$$Y_t = \alpha_0 + \alpha_1 Y_{t-1} + \dots + \alpha_p Y_{t-p} + a_t \qquad (10.33)$$

이를 제한모형(restricted model) 또는 축소모형(reduced model)이라고 하며 식(10.31)의 모형을 비제한모형(unrestricted model)이라고 한다. 만약, 두 모형의 설명력이 유사하면 가설을 기각하지 못한다. 이에 따라 다음의 검정통계량을 사용한다.

$$F = \frac{(SSE_r - SSE_{ur})/q}{SSE_{ur}/(N-p-q-1)} \qquad (10.34)$$

여기서 SSE_r은 제한모형의 잔차제곱합이며 SSE_{ur}은 비제한모형의 잔차제곱합이다.

두 시계열 $\{X_t, t \geq 1\}$와 $\{Y_t, t \geq 1\}$에 대하여 다음과 같은 4가지 경우가 발생할 수 있다.

1) $\{X_t, t \geq 1\}$가 $\{Y_t, t \geq 1\}$에 영향을 주나, $\{Y_t, t \geq 1\}$는 $\{X_t, t \geq 1\}$에 영향을 주지 않는다.
2) $\{X_t, t \geq 1\}$가 $\{Y_t, t \geq 1\}$에 영향을 주지 않으나, $\{Y_t, t \geq 1\}$는 $\{X_t, t \geq 1\}$에 영향을 준다.
3) $\{X_t, t \geq 1\}$가 $\{Y_t, t \geq 1\}$에 영향을 주고, $\{Y_t, t \geq 1\}$도 $\{X_t, t \geq 1\}$에 영향을 준다.
4) $\{X_t, t \geq 1\}$가 $\{Y_t, t \geq 1\}$에 영향을 주지 않고, $\{Y_t, t \geq 1\}$도 $\{X_t, \geq 1\}$에 영향을 주지 않는다.

이 중 3)의 경우가 가장 VAR모형이 적합할 것이다. 4)의 경우는 VAR모형이 필요하지 않으며 별도로 분석하면 될 것이다.

10.4 충격–반응 함수

VAR모형에서는 한 시계열에서 특정 시점의 충격(shock)에 의한 변화가 발생할 때 다른 시계열에 어떤 영향을 주는지에 종종 관심을 가진다.

예를 들어 두 시계열에 대한 VAR(1)모형을 고려해 보자.

$$Z_{1t} = \phi_{11} Z_{1,t-1} + \phi_{12} Z_{2,t-1} + a_{1t}$$
$$Z_{2t} = \phi_{21} Z_{1,t-1} + \phi_{22} Z_{2,t-1} + a_{2t}$$

이때 시점 t에서 첫 번째 시계열 $\{Z_{1t}\}$에 충격이 올 때, 시점 $t+s$에서 두 번째 시계열 $\{Z_{2t}\}$에 어떤 영향을 주는지를 분석하고자 한다. 이처럼 한 시계열의 충격에 대한 다른 시계열의 반응을 시간의 함수로 분석하는 것이기 때문에 이를 충격–반응 함수(Impulse Response Function)라고 한다. 여기서 충격은 통상 해당 오차항의 표준편차만큼의 변화량으로 나타낸다.

위의 예에서 만약 시점 1에서 Z_{1t}에만 σ_1의 충격이 있고 Z_{2t}에는 없으며 이후 다른 시간에는 충격이 없다고 하자. 즉, 오차항이 다음과 같다고 하자.

$$a_{11} = \sigma_1;\ \ a_{1t} = 0,\ t > 1$$
$$a_{2t} = 0,\ t \geq 1$$

여기서 $t = 1$일 때 다음이 성립한다.

$$Z_{11} = a_{11} = \sigma_1;$$
$$Z_{21} = a_{21} = 0$$

$t = 2$일 때는 다음과 같다.

$$Z_{12} = \phi_{11}Z_{11} + \phi_{12}Z_{21} + a_{12} = \phi_{11}\sigma_1;$$
$$Z_{22} = \phi_{21}Z_{11} + \phi_{22}Z_{21} + a_{22} = \phi_{21}\sigma_1$$

그리고 $t = 3$일 때는 시계열 값들이 다음과 같다.

$$Z_{13} = \phi_{11}Z_{12} + \phi_{12}Z_{22} + a_{13} = (\phi_{11}^2 + \phi_{12}\phi_{21})\sigma_1;$$
$$Z_{23} = \phi_{21}Z_{12} + \phi_{22}Z_{22} + a_{23} = (\phi_{21}\phi_{11} + \phi_{22}\phi_{21})\sigma_1$$

즉, Z_1의 충격에 대한 Z_1의 반응은 시간에 따라 다음과 같다.

$$t = 1:\ 1$$
$$t = 2:\ \phi_{11}$$
$$t = 3:\ \phi_{11}^2 + \phi_{12}\phi_{21}$$
$$\cdots$$

또한, Z_1의 충격에 대한 Z_2의 반응은 시간에 따라 다음과 같다.

$$t = 1:\ 0$$
$$t = 2:\ \phi_{21}$$
$$t = 3:\ \phi_{21}\phi_{11} + \phi_{22}\phi_{21}$$
$$\cdots$$

그러나 위의 VAR 형태의 모형에는 오차항 간의 상관관계가 있으므로 충격-반응 함수를 산출하기 어렵다. 따라서 이를 구하기 위해서는 다음과 같이 오차항 간의 상관관계가 없는 MA 형태의 모형이 필요하다.

$$Z_{1t} = u_{1t} + \psi_{11}^{(1)} u_{1,t-1} + \psi_{12}^{(1)} u_{2,t-1} + \psi_{11}^{(2)} u_{1,t-2} + \psi_{12}^{(2)} u_{2,t-2} + \cdots$$

$$Z_{2t} = u_{2t} + \psi_{21}^{(1)} u_{1,t-1} + \psi_{22}^{(1)} u_{2,t-1} + \psi_{21}^{(2)} u_{1,t-2} + \psi_{22}^{(2)} u_{2,t-2} + \cdots$$

여기서 $Cov[u_{1,t}, u_{2,t}] = 0$이다. 이 형태에서는 계수 $\psi_{21}^{(1)}$이 바로 첫 번째 시계열의 충격에 대한 두 번째 시계열의 다음 시점에 대한 반응을 나타낸다.

$IRF(i,j,s)$를 j번째 시계열의 충격에 대한 i번째 시계열의 시간 s 이후의 반응이라고 정의하면, 위의 모형에 대한 IRF는 다음과 같다.

$$IRF(i,j,s) = \psi_{ij}^{(s)}$$

다음으로는 VAR(p)모형을 오차항의 상관계수행렬이 대각형렬이 되는 형태로 바꾸는 방법에 대하여 알아보자. 우선 VAR(p)모형을 MA 형태로 나타내면 다음과 같다.

$$\boldsymbol{z}_t = \boldsymbol{a}_t + \Psi_1 \boldsymbol{a}_{t-1} + \Psi_2 \boldsymbol{a}_{t-2} + \cdots; \ \boldsymbol{a}_t \sim WN(0, \Sigma)$$

여기서 다음이 성립한다.

$$\Psi_1 = \Phi_1, \ \Psi_2 = \Phi_1 \Psi_1 + \Phi_2, \cdots, \ \Psi_s = \Phi_1 \Psi_{s-1} + \Phi_2 \Psi_{s-2} + \cdots + \Phi_p \Psi_{s-p}$$

위의 분산공분산행렬인 Σ는 대칭이며 positive definite 행렬인데 다음 정리처럼 분해된다.

정리 10.3 LDL 분해 임의의 대칭인 positive definite 행렬 A는 다음과 같이 분해된다.

$$A = LDL^T$$

여기서 L은 대각원소가 1인 아래쪽 삼각행렬(lower unit triangular matrix)이며 D는 양의 원소를 갖는 대각행렬이다.

정리 10.4 Cholesky 분해 임의의 대칭인 positive definite 행렬 A는 양의 대각원소를 갖는 아래쪽 삼각행렬 P로 다음과 같이 분해된다.

$$A = PP^T$$

여기서 P는 다음의 관계를 갖는다.

$$P = LD^{1/2}$$

예 10.9

다음 행렬 A를 LDL 분해하라.

$$A = \begin{bmatrix} 4 & 12 & -16 \\ 12 & 37 & -43 \\ -16 & -43 & 98 \end{bmatrix}$$

풀이 이때 행렬 L과 D는 다음과 같다.

$$L = \begin{bmatrix} 1 & 0 & 0 \\ 3 & 1 & 0 \\ -4 & 5 & 1 \end{bmatrix}, \quad D = \begin{bmatrix} 4 & 0 & 0 \\ 0 & 1 & 0 \\ 0 & 0 & 9 \end{bmatrix}$$

즉, 이때 $A = LDL^T$ 이 성립한다. 한편, A를 Cholesky 분해할 때 행렬 P는 다음과 같다.

$$P = \begin{bmatrix} 2 & 0 & 0 \\ 6 & 1 & 0 \\ -8 & 5 & 3 \end{bmatrix}$$

공분산행렬 Σ를 우선 LDL 분해한 다음 원래의 오차벡터 $\boldsymbol{a}_t$ 대신 직교(orthogonal) 오차벡터

$$\boldsymbol{u}_t = L^{-1}\boldsymbol{a}_t$$

를 사용하면 공분산행렬은 다음과 같다.

$$Var[\boldsymbol{u}_t] = L^{-1}\Sigma(L^{-1})^T = D$$

더 나아가 다음의 오차벡터를 사용하면

$$\boldsymbol{v}_t = P^{-1}\boldsymbol{a}_t$$

공분산행렬이 다음과 같다.

$$Var[\boldsymbol{v}_t] = P^{-1}\Sigma(P^{-1})^T = P^{-1}PP^T(P^{-1})^T = I$$

즉, 오차벡터 $\boldsymbol{v}_t$는 크기 1인 서로 직교하는(orthonormal) 오차항들의 벡터이므로 이를 모형에서 사용하면 *IRF* 산출이 용이하다. 따라서 실제 사용하는 모형은 다음과 같다.

$$\boldsymbol{z}_t = \boldsymbol{v}_t + \Psi_1^* \boldsymbol{v}_{t-1} + \Psi_2^* \boldsymbol{v}_{t-2} + \dots;\ \boldsymbol{v}_t \sim WN(0, I)$$

이때 j번째 시계열의 충격에 대한 i번째 시계열의 충격-반응 함수는 다음과 같다.

$$IRF(i,j,s) = \psi_{ij}^{*(s)},\ \ s = 1,2,\cdots$$

여기서 $\psi_{ij}^{*(s)}$는 계수행렬 Ψ_s^*의 $(i,\ j)$ 원소이다.

예 10.10

두 시계열로 이루어진 벡터 $\boldsymbol{z}_t = (Z_{1t}, Z_{2t})^T$에 대한 VAR(1)모형을 고려해 보자.

$$\boldsymbol{z}_t = \Phi \boldsymbol{z}_{t-1} + \boldsymbol{a}_t,\ \ \Phi = \begin{bmatrix} 0.5 & 0.2 \\ 0.3 & 0.4 \end{bmatrix},\quad \Sigma = \begin{pmatrix} 2 & 1 \\ 1 & 4 \end{pmatrix}$$

충격-반응 함수를 구할 수 있는 MA형태의 모형으로 기술하라.

풀이 우선 위의 모형은 다음으로 기술할 수 있다.

$$\boldsymbol{z}_t = \boldsymbol{a}_t + \Psi_1 \boldsymbol{a}_{t-1} + \Psi_2 \boldsymbol{a}_{t-2} + \dots;\ \boldsymbol{a}_t \sim WN(0, \Sigma)$$

여기서

$$\Psi_1 = \Phi = \begin{bmatrix} 0.5 & 0.2 \\ 0.3 & 0.4 \end{bmatrix},\ \ \Psi_2 = \Phi^2 = \begin{bmatrix} 0.31 & 0.18 \\ 0.27 & 0.22 \end{bmatrix},\ \ \Psi_3 = \Phi^3 = \begin{bmatrix} 0.209 & 0.134 \\ 0.201 & 0.142 \end{bmatrix}$$

등으로 산출된다.

오차 분산행렬 Σ를 Cholesky 분해하면 다음과 같다.

$$\Sigma = PP^T = \begin{bmatrix} 1.4142 & 0 \\ 0.7071 & 1.8708 \end{bmatrix} \begin{bmatrix} 1.4142 & 0.7071 \\ 0 & 1.8708 \end{bmatrix}$$

직교오차항 $v_t = P^{-1}a_t = \begin{bmatrix} 0.7071 & 0 \\ -0.2673 & 0.5345 \end{bmatrix} a_t$, 즉 $a_t = Pv_t$를 사용하

면 다음과 같은 모형으로 기술된다.

$$\begin{bmatrix} z_{1t} \\ z_{2t} \end{bmatrix} = \begin{bmatrix} 1.4142 & 0 \\ 0.7071 & 1.8708 \end{bmatrix} \begin{bmatrix} v_{1t} \\ v_{2t} \end{bmatrix} + \begin{bmatrix} 0.7071 & 0.2828 \\ 0.9148 & 0.8897 \end{bmatrix} \begin{bmatrix} v_{1,t-1} \\ v_{2,t-1} \end{bmatrix}$$
$$+ \begin{bmatrix} 0.4384 & 0.2546 \\ 0.7243 & 0.5389 \end{bmatrix} \begin{bmatrix} v_{1,t-2} \\ v_{2,t-2} \end{bmatrix} + \ldots$$

예 10.11

예 10.8의 데이터에 대하여 충격-반응함수를 산출하라.

풀이 Eviews에 의한 결과는 아래 그림과 같다.

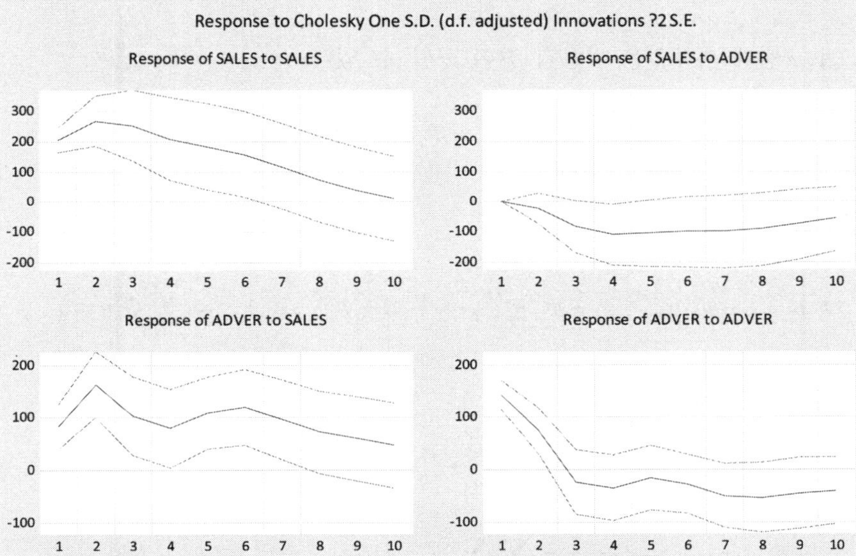

왼쪽 상단 그래프는 sales(매출액)의 충격에 대한 sales의 반응 함수를 시차에 대하여 그린 것이며 왼쪽 하단 그래프는 sales의 충격에 대한 adver(광고비)의 반응 함수를 나타낸 것이다. 후자의 경우 처음에는 광고비가 증가하다가 감소, 다시 증가 양상을 보이다고 시차가 커짐에 따라 0으로 감소하는 형태를 볼 수 있다.

10.5 예측오차분산분해

어떤 특정 변수(시계열)의 미래 불확실성에 다른 여러 시계열의 충격이 영향을 줄 수 있으므로 여러 시계열의 상대적인 중요도를 산출할 필요가 있다. 이를 산출하기 위하여 여러 단계의 미래값을 예측하고 예측오차의 분산에 대한 상대적 기여도를 평가한다. 충격에 대한 영향이 없는 시계열의 경우는 시간에 따라 변화가 없이 일정하게 예측될 수 있기 때문이다.

다시 아래의 직교오차항 MA 형태의 VAR(p)모형을 고려하자.

$$\boldsymbol{z}_t = \boldsymbol{v}_t + \Psi_1^* \boldsymbol{v}_{t-1} + \Psi_2^* \boldsymbol{v}_{t-2} + \ldots ; \ \boldsymbol{v}_t \sim WN(0, I)$$

이때 $\boldsymbol{z}_{t+k}$는 아래와 같다.

$$\boldsymbol{z}_{t+k} = \boldsymbol{v}_{t+k} + \Psi_1^* \boldsymbol{v}_{t+k-1} + \Psi_2^* \boldsymbol{v}_{t+k-2} + \ldots + \Psi_k^* \boldsymbol{v}_t + \Psi_{k+1}^* \boldsymbol{v}_{t-1} + \ldots$$

그러므로 k단계 예측값은 다음과 같이 구할 수 있다.

$$\boldsymbol{f}_{t,k} = E[\boldsymbol{z}_{t+k} | \boldsymbol{z}_t, \cdots] = \Psi_k^* \boldsymbol{v}_t + \Psi_{k+1}^* \boldsymbol{v}_{t-1} + \ldots$$

따라서 k단계 예측오차는 다음과 같다.

$$\boldsymbol{e}_{t,k} = \boldsymbol{v}_{t+k} + \Psi_1^* \boldsymbol{v}_{t+k-1} + \Psi_2^* \boldsymbol{v}_{t+k-2} + \ldots + \Psi_{k-1}^* \boldsymbol{v}_{t+1} = \sum_{s=0}^{k-1} \Psi_s^* \boldsymbol{v}_{t+k-s}$$

여기서 $\Psi_0^* = I$이다.

이때 i번째 변수에 대한 k단계 예측오차는 다음과 같다.

$$e_{t,k}^{(i)} = \sum_{s=0}^{k-1} \sum_{j=1}^{m} \psi_{ij,s}^* v_{j,t+k-s}$$

그리고, i번째 변수에 대한 k단계 예측오차분산은 다음과 같다.

$$Var[e_{t,k}^{(i)}] = \sum_{s=0}^{k-1} \sum_{j=1}^{m} (\psi_{ij,s}^*)^2$$

i번째 예측오차분산 중 j번째 변수 충격의 기여율을 다음과 같이 백분율로 정의한다.

$$R_{ij,k} = 100 \times \frac{\sum_{s=0}^{k-1} (\psi_{ij,s}^*)^2}{\sum_{s=0}^{k-1} \sum_{j=1}^{m} (\psi_{ij,s}^*)^2} (\%)$$

이를 통상 분산분해(variance decomposition)라고 한다. 이 값들을 보면 i번째 시계열의 미래 불확실성을 j번째 시계열의 충격이 얼마나 설명하고 있는지 상대적인 비중을 알 수 있다. 참고로 임의의 i에 대해 다음이 성립한다.

$$\sum_{j=1}^{m} R_{ij,k} = 100(\%),\ \ k = 1, 2, \cdots$$

예 10.12

예 10.8의 데이터에 대하여 sales 및 adver 예측오차분산을 각각 분해하라.

풀이 Eviews의 결과는 다음과 같다.

Variance Decomposition of SALES:

Period	S.E.	SALES	ADVER
1	205.4436	100.0000	0.000000
2	337.8498	99.53181	0.468192
3	429.7806	95.93469	4.065306
4	490.3257	91.84245	8.157552
5	533.8698	89.22970	10.77030
6	565.5050	87.24911	12.75089
7	586.0956	85.22724	14.77276
8	597.8470	83.44837	16.55163
9	603.8109	82.22683	17.77317
10	606.6334	81.49447	18.50553

Variance Decomposition of ADVER:

Period	S.E.	SALES	ADVER
1	164.7803	25.23134	74.76866
2	243.5354	56.55514	43.44486
3	265.4929	62.65816	37.34184
4	279.2899	64.70502	35.29498
5	300.0855	69.15800	30.84200
6	324.1793	72.85461	27.14539
7	341.7429	73.44085	26.55915
8	353.2343	72.86432	27.13568
9	361.0180	72.47174	27.52826
10	366.2507	72.05509	27.94491

Cholesky Ordering: SALES ADVER

sales(매출액) 예측오차분산의 시차별 기여도는 처음에는 sales가 대부분을 차지하다가 서서히 감소하여 시차 10 부근에서는 adver(광고비)의 기여도가 18% 정도 차지하는 것을 볼 수 있다. adver 예측오차분산의 시차별 기여도는 시차 1에서는 sales : adver = 25 : 75에서 시차 6 이상에서는 sales : adver = 72 : 28 정도로 변하는 것을 볼 수 있다.

10.6 공적분 및 오차수정 모형

지금까지 다룬 대부분의 VAR모형에서는 단일시계열 또는 벡터시계열이 정상적임을 가정하고 있다. 물론 비정상적인 경우에는 차분 등을 통하여 정상적인 것으로 변환하여야 한다. 이 절에서 다룰 공적분(cointegration)은 비정상적인 여러 시계열 간의 관계를 모형화하는 것이다. 우선 비정상적 벡터시계열의 차수에 대하여 다음과 같이 정의한다. 참고로 정상적 시계열인 경우 $I(0)$로 표기하기도 한다.

정의 10.3 차수 d의 누적시계열

(a) 단일시계열 $\{X_t\}$에 대하여 $\{(1-B)^{d-1}X_t\}$는 비정상적이나 $\{(1-B)^d X_t\}$가 정상적이 될 때 차수 d의 누적(integrated of order d)시계열이라 하며, $\{X_t\} \sim I(d)$라 표기한다.

(b) 벡터시계열 $\{\boldsymbol{x}_t\}$에 대하여 $\{(1-B)^{d-1}\boldsymbol{x}_t\}$는 비정상적이나 $\{(1-B)^d \boldsymbol{x}_t\}$이 정상적이 될 때 차수 d의 누적(integrated of order d)벡터시계열이라 하며, $\{\boldsymbol{x}_t\} \sim I(d)$라 표기한다.

공적분의 개념은 Granger(1981)에 의해 처음 제안되고 Engle and Granger (1987)가 발전시킨 것으로 다음으로 정의된다.

정의 10.4 공적분; cointegration

(a) 각 원소가 $I(d)$인 벡터시계열 $\{\boldsymbol{x}_t\}$에 대하여 선형결합 $\boldsymbol{\alpha}^T\boldsymbol{x}_t$이 차수 d 미만의 누적시계열이 될 때 공적분벡터 $\boldsymbol{\alpha}$를 갖는 공적분 관계에 있다고 한다.

(b) 각 원소가 $I(d)$인 벡터시계열 $\{\boldsymbol{x}_t\}$에 대하여 선형결합 $\boldsymbol{\gamma}^T\boldsymbol{x}_t$이 차수 $d-b$의 누적시계열이 될 때 공적분벡터 $\boldsymbol{\gamma}$를 갖는 공적분 관계에 있다고 하고 $\{\boldsymbol{x}_t\} \sim CI(d,b)$라 기술한다.

여기서 한가지 유의할 사항은 시계열이 공적분 관계에 있으려면 벡터시계열의 각 원소가 동일한 차수의 누적시계열이어야 한다는 점이다. 그리고, 총 m개의 시계열이 있을 때 최대 $m-1$개의 공적분벡터가 존재할 수 있으며 이를 다음 정의에서와 같이 공적분 랭크라 한다.

정의 10.5 공적분 랭크; cointegration rank

총 m개의 원소로 구성된 벡터시계열에 존재하는 공적분벡터의 최대수를 공적분 랭크라 한다.

예 10.13

다음과 같은 두 시계열 $\{X_t\}$와 $\{Y_t\}$를 고려하자.

$$X_t = X_{t-1} + a_t,\ \ a_t \sim WN(0, \sigma_a^2)$$

$$Y_t = X_t + b_t,\ \ b_t \sim WN(0, \sigma_b^2)$$

두 시계열이 공적분관계에 있는지 판단하라.

풀이 이때 두 시계열 $\{X_t\}$와 $\{Y_t\}$은 각각 $I(1)$임을 알 수 있다. 그런데 $X_t - Y_t$는 정상적이므로 벡터시계열 $\{(X_t, Y_t)^T\}$은 공적분 관계를 가지며 공적분벡터는 $\alpha = (1,\ -1)^T$이다. 이 경우는 두 시계열이 비정상적이나 차이가 정상적 시계열인 백색잡음 정도밖에 나지 않는 의미에서 서로 연결되어 있다고 해석할 수 있다.

예 10.14

다음의 세 시계열에 대하여 공적분 랭크를 구하라.

$$Z_{1t} = Z_{1,t-1} + a_{1t}$$

$$Z_{2t} = \beta_1 Z_{1t} + a_{2t}$$

$$Z_{3t} = \beta_2 Z_{1t} + \beta_3 Z_{2t} + a_{3t}$$

여기서 오차항들은 각각 백색잡음을 따른다고 한다.

풀이 시계열 $\{Z_{1t}\}$는 랜덤 워크이므로 $I(1)$이며, $\{Z_{2t}\}$는 $\{Z_{1t}\}$으로 표현되므로 역시 $I(1)$이고 $\{Z_{2t}\}$ 역시 $I(1)$이다. $\boldsymbol{z}_t = (Z_{1t}, Z_{2t}, Z_{3t})^T$라 할 때, 다음과 같은 두 개의 공적분벡터가 존재한다.

$$\gamma_1 = (-\beta_1, 1, 0)^T;\ \gamma_1^T \boldsymbol{z}_t = a_{2t} \sim I(0)$$

$$\gamma_2 = (-\beta_2, -\beta_3, 1)^T;\ \gamma_2^T \boldsymbol{z}_t = a_{3t} \sim I(0)$$

따라서 공적분 랭크는 2이다.

경제/금융 관련 시계열에는 비정상적이지만 장기적으로는 서로 연관성이 있는 경우가 있는데 이런 경우 공적분 관계가 있을 수 있다. 예를 들면 소득과 소비는 대표적으로 공적분 관계가 있는 시계열로 간주된다. 국부적으로는 차이가 있겠지만 장기적(long-run) 또는 균형적(equilibrium) 관계를 갖고 함께 움직이기 때문이다. 이런 경우 각 시계열을 차분하여 정상적으로 만들어 분석하는 것보다 비정상적인 상태로 모형화하여 보다 많은 정보를 얻을 수 있다. 그러나 유의할 것은 공적분 관계가 없는 시계열을 대상으로 회귀분석할 때 문제가 발생할 수 있다는 점이다. 이를 다음 절에서 다루고자 한다.

10.6.1 허위회귀분석

두 시계열 $\{X_t\}$와 $\{Y_t\}$가 각각 단위근을 갖는 비정상적 시계열이라 하자. 여기서 다음과 같은 회귀모형을 추정할 때

$$Y_t = \alpha + \beta X_t + \epsilon_t$$

비록 결정계수가 높은 값을 갖고 $\beta \neq 0$이라 하더라도 잔차가 단위근을 갖는다면 분석 결과는 무의미하다. 이런 문제를 허위회귀문제(spurious regression problem)라고 한다. 이러한 현상은 Granger and Newbold(1974)에서 처음으로 언급되었다. 두 시계열이 공적분 관계가 있을 때 회귀분석을 한다면 잔차가 단위근을 갖지 않게 된다. 즉, 두 시계열이 공적분 관계가 있지 않을 때는 이런 회귀모형을 고려하지 않아야 한다는 것이다.

예 10.15

다음은 2006년부터 2016년까지 분기별 가계소득과 가정상업용 전력사용량 데이터이다.

년/분기	가계소득	전력	년/분기	가계소득	전력	년/분기	가계소득	전력	년/분기	가계소득	전력
2006/1	3033.4	3563	2006/2	2965.6	2990	2006/3	3033.2	3205	2006/4	3134.3	3124
2007/1	3214.4	3634	2007/2	3074.5	3133	2007/3	3255.6	3373	2007/4	3248.7	3373
2008/1	3429.7	3996	2008/2	3280.7	3226	2008/3	3478.0	3477	2008/4	3371.3	3445
2009/1	3472.2	4058	2009/2	3295.8	3372	2009/3	3449.7	3555	2009/4	3535.9	3607
2010/1	3727.9	4361	2010/2	3545.1	3599	2010/3	3660.2	3920	2010/4	3620.4	3757
2011/1	3857.6	4568	2011/2	3713.5	3625	2011/3	3897.6	3847	2011/4	3883.3	3719
2012/1	4123.5	4592	2012/2	3942.3	3654	2012/3	4141.8	3973	2012/4	4092.5	3830
2013/1	4192.5	4563	2013/2	4040.6	3693	2013/3	4259.9	4039	2013/4	4163.2	3780
2014/1	4403.3	4388	2014/2	4152.2	3602	2014/3	4387.5	3881	2014/4	4264.1	3834
2015/1	4517.3	4505	2015/2	4270.6	3684	2015/3	4416.5	4030	2015/4	4301.6	3801
2016/1	4555.2	4610	2016/2	4306.4	3734	2016/3	4445.4	4365	2016/4	4312.0	3943

시간에 따른 두 시계열의 추이는 [그림 10.2]와 같으며 각각이 단위근을 갖는 비정상적 시계열이다.

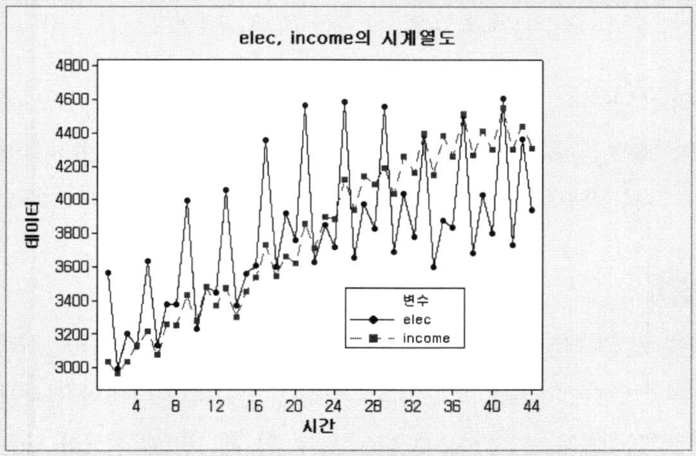

그림 10.2 분기별 가계소득과 전력사용량의 시계열

각 시계열을 다음 기호로 나타낼 때

$INCOME_t$: 시간 t의 가계소득(천원)

$ELEC_t$: 시간 t의 가정상업용 전력 사용량(석유환산천톤)

회귀분석을 수행하고 허위회귀여부를 판정하라.

풀이 회귀분석 결과는 다음과 같다.

$$ELEC_t = 1409.8 + 0.627 INCOME_t \quad (R^2 = 51.7\%)$$

이때 회귀계수추정치의 t-값은 3.93으로 유의수준 1%에서 유의하다. 즉, 소득이 천원 증가할 때 전력사용량이 0.627만큼 증가하는 것으로 해석할 수 있다. 그러나 잔차가 단위근을 갖기 때문에 이 결과는 허위회귀로 볼 수 있으며 잘못된 해석이라고 할 수 있다.

10.6.2 공적분 검정

공적분 검정 방법에는 여러 가지가 있는데 Engle and Granger(1987)에서 제안된 방법이 단순하므로 우선 소개한다. 실제 Johansen 공적분검정이 주로 사용되는데 이는 10.6.4절에서 다룬다. Engle-Granger 검정 절차는 다음과 같다.

귀무가설: 공적분 관계가 없다.

단계 1: m개의 시계열에 대하여 다음과 같은 회귀분석을 실시한다.

$$X_{1t} = \beta_0 + \beta_2 X_{2t} + \ldots + \beta_m X_{mt} + \epsilon_t$$

단계 2: 위의 회귀분석 결과로부터 잔차시계열을 얻은 다음 단위근 검정을 위한 ADF 검정을 실시한다. 잔차시계열에 단위근이 없다면 정상적이라고 볼 수 있으므로 귀무가설을 기각하여 공적분 관계가 있다고 결론짓는다.

예 10.16

특정 외화에 대한 현물환율(spot rate)과 선물환율(forward rate)간에 공적분 관계가 있는지 알고자 Engle-Granger 검정을 실시하여 다음의 결과를 얻었다.

단계 1: 현물환율을 Y_t, 선물환율을 X_t라 할 때 회귀추정식이 다음과 같다.

$$\widehat{Y}_t = 0.723 + 0.952 X_t$$

단계 2: 잔차시계열 $\{e_t\}$을 얻어 ADF 검정을 실시한 결과 아래의 결과를 도출하였다.

$$\Delta e_t = 0.025 - 1.084 e_{t-1}$$

이때 계수에 대한 t-값은 -14.6이며 p-값은 매우 작다. 즉, 유의수준 1%에서 단위근이 없다고 할 수 있으므로, 선물환율과 현물환율은 공적분 관계에 있다고 결론내릴 수 있다. 장기적으로 볼 때 현물환율은 선물환율의 0.952배라 할 수 있겠다.

위의 Engle-Granger 검정에서는 공적분 랭크를 알 수 없기 때문에 통상적으로 Johansen 공적분 검정을 많이 사용한다. 이는 Johansen(1988)에서 발표된 것으로 다음 절의 오차수정모형과 연관되어 있다.

10.6.3 오차수정모형

두 시계열 $\{X_t\}$와 $\{Y_t\}$가 각각 $I(1)$이며 공적분 관계가 있어 다음과 같은 식이 성립한다고 하자.

$$Y_t = \beta X_t + \epsilon_t$$

이 식을 아래와 같이 기술하면

$$Y_t - (Y_{t-1} - Y_{t-1}) = \beta X_t + \beta(X_{t-1} - X_{t-1}) + \epsilon_t$$

다음 식을 얻어낼 수 있다.

$$\Delta Y_t = - e_{t-1} + \beta \Delta X_t + \epsilon_t$$

여기서 $e_{t-1} = Y_{t-1} - \beta X_{t-1}$는 이전 시점의 오차를 나타낸다. 이 식을 좀 더 일반화하여 오차항 앞에 계수를 포함시키면 다음과 같은 형태의 모형을 생각할 수 있는데 이를 오차수정모형(error correction model; ECM)이라고 하고, 등식 오른쪽 첫 항을 오차수정항(error correction term)이라고 한다.

$$\Delta Y_t = \lambda e_{t-1} + \beta \Delta X_t + \epsilon_t$$

여기서 상수 λ는 음수(<0)로 이전 시점에서 예측오차가 양수이면 시점 t에서의 Y값 증가량을 감소시키는 역할을 한다. 예측오차가 양수라 함은 이전 시점의 실제값이 예측값보다 큼을 의미하므로 다음 시점에서 축소시켜 X와 Y의 관계를 지속적으로 유지시키는 효과를 갖는다. 물론 X값에 변화가 있으면 동일한 부호($\beta > 0$인 경우)로 Y값에 영향을 준다. 따라서 공적분 관계가 장기적 관계라고 한다면 오차수정모형에서는 단기적 움직임을 보여주고 있는 것이다.

위의 ECM에 각 변수의 시차항을 포함시키면 보다 일반적으로 다음과 같이 기술할 수 있다.

$$\Delta Y_t = \lambda e_{t-1} + \sum_{j=1}^{p} \beta_{1j} \Delta X_{t-j} + \sum_{j=1}^{p} \gamma_{1j} \Delta Y_{t-j} + \epsilon_{1t}$$

위의 식에서 변수별로 시차를 달리할 수도 있으나 통상 동일한 시차 p를 사용한다. 또한 ΔX_t를 포함시킬 수 있다. 이와 유사하게 X 변수에 대한 ECM를 다음과 같이 구성할 수 있다.

$$\Delta X_t = \lambda e_{t-1} + \sum_{j=1}^{p} \beta_{2j} \Delta X_{t-j} + \sum_{j=1}^{p} \gamma_{2j} \Delta Y_{t-j} + \epsilon_{2t}$$

따라서 두 시계열을 벡터로 표현하면 다음과 같은 식을 얻는다.

$$\begin{bmatrix} \Delta X_t \\ \Delta Y_t \end{bmatrix} = \begin{bmatrix} \lambda e_{t-1} \\ \lambda e_{t-1} \end{bmatrix} + \sum_{j=1}^{p} \begin{bmatrix} \beta_{2j} & \gamma_{2j} \\ \beta_{1j} & \gamma_{1j} \end{bmatrix} \begin{bmatrix} \Delta X_{t-j} \\ \Delta Y_{t-j} \end{bmatrix}$$

여기서 $e_t = Y_t - \beta X_t$일 때

$$e_{t-1} = (-\beta, 1) \begin{bmatrix} X_{t-1} \\ Y_{t-1} \end{bmatrix}$$

로 쓸 수 있으므로 위의 식은 다시 다음과 같이 기술할 수 있다.

$$\begin{bmatrix} \Delta X_t \\ \Delta Y_t \end{bmatrix} = \begin{bmatrix} -\lambda\beta, \lambda \\ -\lambda\beta, \lambda \end{bmatrix} \begin{bmatrix} X_{t-1} \\ Y_{t-1} \end{bmatrix} + \sum_{j=1}^{p} \begin{bmatrix} \beta_{2j} & \gamma_{2j} \\ \beta_{1j} & \gamma_{1j} \end{bmatrix} \begin{bmatrix} \Delta X_{t-j} \\ \Delta Y_{t-j} \end{bmatrix}$$

Engle and Granger(1987)은 공적분 관계가 ECM 표현의 필요충분조건임을 증명하였는데 이를 그래인저 표현정리(Granger representation theorem)라고 한다. 이를 각 원소가 $I(1)$인 벡터시계열 VAR(p)모형으로 확장하면 다음과 같은 벡터오차수정모형(vector error correction model: VECM)이 된다.

정리 10.5 벡터시계열 $\{\boldsymbol{z}_t\}$이 VAR(p)모형을 따른다고 하자. 즉,

$$\boldsymbol{z}_t = \Phi_1 \boldsymbol{z}_{t-1} + \Phi_2 \boldsymbol{z}_{t-2} + \ldots + \Phi_p \boldsymbol{z}_{t-p} + \boldsymbol{a}_t, \quad \boldsymbol{a}_t \sim WN(0, \Sigma)$$

이 모형은 다음과 같은 VECM으로 표현된다.

$$\Delta \boldsymbol{z}_t = \Pi \boldsymbol{z}_{t-1} + \sum_{j=1}^{p-1} \Gamma_j \Delta \boldsymbol{z}_{t-j} + \boldsymbol{a}_t$$

여기서 기호는 다음과 같이 정의된다.

$$\Pi = \Phi_1 + \Phi_2 + \ldots + \Phi_p - I$$

$$\Gamma_k = -\sum_{j=k+1}^{p} \Phi_j$$

그리고 $\{\boldsymbol{z}_t\}$이 $I(1)$이면 VECM은 $I(0)$이다.

증명 양변에 $\boldsymbol{z}_{t-1}$을 빼면 아래와 같고

$$\Delta \boldsymbol{z}_t = (\Phi_1 - I)\boldsymbol{z}_{t-1} + \Phi_2 \boldsymbol{z}_{t-2} + \ldots + \Phi_p \boldsymbol{z}_{t-p} + \boldsymbol{a}_t$$

다시 오른쪽 항에 $(\Phi_1 - I)\boldsymbol{z}_{t-2}$를 빼고 더하면 다음과 같다.

$$\Delta \boldsymbol{z}_t = (\Phi_1 - I)\Delta \boldsymbol{z}_{t-1} + (\boldsymbol{\Phi}_2 + \boldsymbol{\Phi}_1 - \boldsymbol{I})\boldsymbol{z}_{t-2} + \ldots + \Phi_p \boldsymbol{z}_{t-p} + \boldsymbol{a}_t$$

다음에는 오른쪽 항에 $(\Phi_2 + \Phi_1 - I)\boldsymbol{z}_{t-3}$을 빼고 더하면 아래와 같다.

$$\begin{aligned}\Delta \boldsymbol{z}_t = &(\Phi_1 - I)\Delta \boldsymbol{z}_{t-1} + (\Phi_2 + \boldsymbol{\Phi}_1 - \boldsymbol{I})\Delta \boldsymbol{z}_{t-2} + (\Phi_3 + \Phi_2 + \Phi_1 - I)\Delta \boldsymbol{z}_{t-3} \\ &+ \ldots + \boldsymbol{\Phi}_p \boldsymbol{z}_{t-p} + \boldsymbol{a}_t\end{aligned}$$

이런 방식으로 계속하면 결국 다음의 식을 얻는다.

$$\begin{aligned}\Delta \boldsymbol{z}_t = &(\Phi_1 - I)\Delta d\boldsymbol{z}_{t-1} + (\Phi_2 + \boldsymbol{\Phi}_1 - \boldsymbol{I})\Delta \boldsymbol{z}_{t-2} \\ &+ (\Phi_3 + \Phi_2 + \Phi_1 - I)\Delta z_{t-3} \\ &+ \ldots + (\Phi_{p-1} + \ldots + \Phi_2 + \Phi_1 - I)\Delta z_{t-(p-1)} \\ &+ (\Phi_p + \ldots + \boldsymbol{\Phi}_2 + \boldsymbol{\Phi}_1 - \boldsymbol{I})\boldsymbol{z}_{t-p} + \boldsymbol{a}_t\end{aligned}$$

다음과 같은 기호를 정의하면

$$\Pi = \Phi_1 + \Phi_2 + \ldots + \Phi_p - I$$

$$\Gamma_k = -\sum_{j=k+1}^{p} \Phi_j$$

아래 식이 성립한다.

$$\Gamma_1 + \Pi = \Phi_1 - I,\ \Gamma_2 + \Pi = \Phi_2 + \Phi_1 - I,\ \cdots,\ \Gamma_{p-1} + \Pi = \Phi_{p-1} + \ldots + \Phi_1 - I$$

따라서 위 식은 다음과 같이 표현된다.

$$\begin{aligned}\Delta \boldsymbol{z}_t = &(\Gamma_1 + \Pi)\Delta \boldsymbol{z}_{t-1} + (\Gamma_2 + \Pi)\Delta \boldsymbol{z}_{t-2} + \ldots \\ &+ (\Gamma_{p-1} + \Pi)\Delta \boldsymbol{z}_{t-(p-1)} + \Pi\, \boldsymbol{z}_{t-p} + a_t \\ = &\Pi(\Delta \boldsymbol{z}_{t-1} + \Delta \boldsymbol{z}_{t-2} + \ldots + \Delta \boldsymbol{z}_{t-(p-1)} + \boldsymbol{z}_{t-p}) + \sum_{j=1}^{p-1} \Gamma_j \Delta \boldsymbol{z}_{t-j} + \boldsymbol{a}_t\end{aligned}$$

결국 다음과 같은 VECM이 도출된다.

$$\Delta \boldsymbol{z}_t = \Pi \boldsymbol{z}_{t-1} + \sum_{j=1}^{p-1} \Gamma_j \Delta \boldsymbol{z}_{t-j} + \boldsymbol{a}_t$$

VECM의 각 항은 모두 정상적이어야 하는데 왼쪽 항은 차분을 취하기 때문에 정상적이며 오른쪽 두 번째 항 역시 정상적이 된다. 이에 따라 오른쪽 첫 번째 항, 즉 오차수정항도 정상적이어야 한다. 여기서 $(m \times m)$ 행렬 Π의 랭크의 크기에 따라 세 가지 경우로 나뉜다.

1) $\Pi = 0$인 경우: 이 경우에는 공적분 관계가 없다. $I(1)$인 VAR(p)모형은 차분을 통하여 정상적 VAR($p-1$) 모형이 된다.
2) Π의 랭크가 m인(full rank) 경우: $|\Pi| \neq 0$이므로 벡터시계열이 $I(1)$이 아닌 이미 정상적 모형이다.
3) Π의 랭크가 0보다 크고 m보다 작은 경우: 랭크를 r이라 할 때 $0 < r < m$인 경우를 말하는데, Π의 랭크와 공적분 수와 일치한다. 즉, 행렬 Π의 랭크가 r일 때, 공적분 수(이를 공적분 랭크라 함)도 r이 된다. 행렬 Π의 랭크가 r일 때, 이는 두 개의 $(m \times r)$ 행렬 A와 행렬 B의 곱으로 표현된다.

$$\Pi = AB^T$$

이때 행렬 B의 열들이 공적분벡터들이 된다. 그러나, 행렬 A와 B가 유일하지는 않다. 통상적으로 공적분벡터의 첫 번째 원소를 1로 둔다. 참고로 Π는 VAR모형의 다항식과 관련하여 다음이 성립한다.

$$\Pi = -\Phi(1)$$

예 10.17

다음의 이변량 시계열은 $I(1)$이다(문제 10.5 참조)

$$\begin{pmatrix} Z_{1t} \\ Z_{2t} \end{pmatrix} = \begin{bmatrix} 0.94 & -1.12 \\ -1.12 & -0.74 \end{bmatrix} \begin{pmatrix} Z_{1,t-1} \\ Z_{2,t-1} \end{pmatrix} + \begin{bmatrix} -0.48 & 0.04 \\ 0.04 & -0.42 \end{bmatrix} \begin{pmatrix} Z_{1,t-2} \\ Z_{2,t-2} \end{pmatrix} + \begin{pmatrix} a_{1t} \\ a_{2t} \end{pmatrix}$$

VECM으로 표현하라.

풀이 행렬 Π와 Γ_1은 다음과 같다.

$$\Pi = \Phi_1 + \Phi_2 - I = \begin{bmatrix} -0.54 & -1.08 \\ -1.08 & -2.16 \end{bmatrix}, \quad \Gamma_1 = -\Phi_2 = \begin{bmatrix} 0.48 & -0.04 \\ -0.04 & 0.42 \end{bmatrix}$$

따라서 VECM은 다음과 같다.

$$\begin{pmatrix}\Delta Z_{1t}\\ \Delta Z_{2t}\end{pmatrix}=\begin{bmatrix}-0.54 & -1.08\\ -1.08 & -2.16\end{bmatrix}\begin{pmatrix}Z_{1,t-1}\\ Z_{2,t-1}\end{pmatrix}+\begin{bmatrix}0.48 & -0.04\\ -0.04 & 0.42\end{bmatrix}\begin{pmatrix}\Delta Z_{1,t-2}\\ \Delta Z_{2,t-2}\end{pmatrix}+\begin{pmatrix}a_{1t}\\ a_{2t}\end{pmatrix}$$

여기서 행렬 A와 B는 아래와 같으므로

$$A=\begin{bmatrix}-0.54\\ -1.08\end{bmatrix},\ B=\begin{bmatrix}1\\ 2\end{bmatrix}$$

공적분 관계는 다음과 같다.

$$\Pi\begin{bmatrix}Z_{1,t-1}\\ Z_{2,t-1}\end{bmatrix}=\begin{bmatrix}-0.54\\ -1.08\end{bmatrix}[1\ 2]\begin{bmatrix}Z_{1,t-1}\\ Z_{2,t-1}\end{bmatrix}=\begin{bmatrix}-0.54\\ -1.08\end{bmatrix}(Z_{1,t-1}+2Z_{2,t-1})$$

예 10.18

다음은 두 시계열 벡터 $(Z_{1t}, Z_{2t})^T$ 에 대한 Eviews의 VECM 추정결과이다(대괄호안의 숫자는 t-값). 공적분식과 VECM 추정식을 기술하라.

Cointegrating Eq	CointEq1
Z1(−1)	1.0000
Z2(−1)	−0.1548 [−34.50]
C	−0.9578

Error Correction	D(Z1)	D(Z2)
CointEq1	29.36 [3.09]	208.01 [3.24]
D(Z1(−1))	−23.44 [−1.47]	−161.23 [−1.50]
D(Z1(−2))	−4.676 [−1.19]	−30.57 [−1.15]
D(Z2(−1))	3.381 [1.57]	23.25 [1.60]
D(Z2(−2))	0.676 [1.13]	4.385 [1.08]
C	3.098 [2.37]	20.42 [2.31]

풀이 공적분벡터는 $(1.0\ -0.1548)^T$이며 공적분식은 다음과 같다.

$$CointEq1=Z_{1,t-1}-0.1548Z_{2,t-1}-0.9578$$

VECM 추정식은 다음과 같이 기술된다.

$$\begin{aligned}\Delta Z_{1t} &= 3.098+29.36\,CointEq1-23.44\Delta Z_{1,t-1}\\ &\quad +3.381\Delta Z_{2,t-1}-4.676\Delta Z_{1,t-2}+0.676\Delta Z_{2,t-2}\\ \Delta Z_{2t} &= 20.42+208.01\,CointEq1-161.23\Delta Z_{1,t-1}\\ &\quad +23.25\Delta Z_{2,t-1}-30.57\Delta Z_{1,t-2}+4.385\Delta Z_{2,t-2}\end{aligned}$$

따라서 행렬 Π, Γ_1, Γ_2는 다음과 같다.

$$\Pi = \begin{bmatrix} 29.36 & -4.545 \\ 208.01 & -32.20 \end{bmatrix},\ \Gamma_1 = \begin{bmatrix} -23.44 & 3.381 \\ -161.23 & 23.25 \end{bmatrix},$$

$$\Gamma_2 = \begin{bmatrix} -4.676 & 0.676 \\ -30.57 & 4.385 \end{bmatrix}$$

이로부터 VAR(3)모형의 계수를 아래와 같이 도출할 수 있다.

$$\Phi_3 = -\Gamma_2 = \begin{bmatrix} 4.676 & -0.676 \\ 30.57 & -4.385 \end{bmatrix},$$

$$\Phi_2 = -\Gamma_1 - \Phi_3 = \begin{bmatrix} 18.764 & -2.705 \\ 130.66 & -18.865 \end{bmatrix},$$

$$\Phi_1 = \Pi - \Phi_2 - \Phi_3 + I = \begin{bmatrix} 6.92 & -1.1639 \\ 46.78 & -7.9500 \end{bmatrix}$$

10.6.4 Johansen의 공적분 검정

Johansen(1988, 1991)에서는 두 가지 공적분 검정을 제시하고 있는데, 하나는 트레이스 검정(trace test)이며 다른 하나는 최대고유값 검정(maximum eigenvalue test)이다.

(1) 트레이스 검정

가설 검정이 순차적으로 이루어지는데 가설은 다음과 같이 구성된다.

$$H_0:\ r = r_0 \quad \text{vs} \quad H_1:\ r > r_0$$

여기서 r_0값을 0, 1, ⋯ 등으로 변화시키면서 순차적으로 진행한다. 즉, $r_0 = 0$ 에서 귀무가설이 기각되면 공적분벡터 수가 1개 이상 있다는 것이다. 다음으로 $r_0 = 1$을 검정하고 다시 기각되면 공적분벡터 수가 2개 이상 있다는 것이다. 같은 방식으로 $r_0 = 2$를 검정하는 과정을 진행한다. 물론 어느 단계에서 가설을 기각하지 못하면 그 단계의 r_0값이 공적분 랭크가 된다.

검정통계량은 우도비(likelihood ratio)에 바탕을 두고 행렬 Π의 추정 고유값으로 산출된다. 이를 트레이스 통계량(trace statistic)에 포함하여 다음과 같이 나타낸다.

$$LR_{trace}(r_0) = -T \sum_{i=r_0+1}^{m} \ln(1 - \hat{\lambda}_i)$$

여기서 $\hat{\lambda}_1 > \cdots > \hat{\lambda}_m$가 행렬 Π의 추정 고유값이다. 행렬 Π의 실제 랭크가 r_0라면 $\hat{\lambda}_{r_0+1} > \cdots > \hat{\lambda}_m$이 거의 0에 가깝기 때문에 위의 통계량 값이 매우 작아지게 된다. 반면에 행렬 Π의 실제 랭크가 r_0보다 크다면 $\hat{\lambda}_{r_0+1} > \cdots > \hat{\lambda}_m$ 중 0 아닌 값이(1보다는 작은) 있으므로 통계량 값이 커지게 된다. 본 통계량의 분포는 Dickey-Fuller 단위근 분포의 다변량 버전을 따르는 것으로 알려져 있으며, Osterwald-Lenum (1992), MacKinnon-Haug-Michelis(1999)에 의해 임계값(critical value)이 표로 작성되어있다.

(2) 최대고유값 검정

이 검정에서도 순차적인 검정이 필요한데 가설은 다음과 같은 형태이다.

$$H_0: \ r = r_0 \quad \text{vs} \quad H_1: \ r = r_0 + 1$$

여기서 r_0값을 0, 1, … 등으로 변화시키면서 순차적으로 진행한다. 즉, $r_0 = 0$ 에서 귀무가설이 기각되면 공적분벡터수가 1개 이상 있다는 것이며 다음으로 $r_0 = 1$을 검정하고 다시 기각되면 공적분벡터수가 2개 이상 있다는 것이다. 어느 단계에서 가설을 기각하지 못하면 그 단계의 r_0값이 공적분 랭크가 된다.

이에 대한 검정통계량은 아래와 같은 최대고유값 통계량(maximum eigenvalue statistic)이다.

$$LR_{\max}(r_0) = -T\ln(1 - \hat{\lambda}_{r_0+1})$$

위의 통계량은 브라운 운동의 복잡한 함수형태의 분포를 따르는 것으로 알려져 있으며 Osterwald-Lenum(1992)에 의해 임계값(critical value)이 표로 작성되어있다.

Eviews 소프트웨어에서는 트레이스 검정이나 최대고유값 검정을 실시할 때 시계열에 상수항 또는 추세가 있는지에 대한 가정을 지정하게 되어있다. 즉, 다음과 같은 5가지 case 중 하나를 선택하여야 한다.

- case 1) 공적분 방정식이나 VAR모형에 상수항 또는 추세가 없다.
- case 2) 공적분 방정식에는 상수항이 있고(추세는 없음) VAR모형에는 상수항이 없다.
- case 3) 공적분 방정식과 VAR모형에 모두 상수항이 있다(추세는 없음).
- case 4) 공적분 방정식에는 상수항과 추세가 있고 VAR모형에는 상수항이 없다.
- case 5) 공적분 방정식에 상수항과 추세가 있고 VAR모형에는 상수항이 있다.

모든 시계열의 평균이 0이 아닌 한 case 1)은 사용할 수 없고, case 2)는 모든 시계열에 추세가 없는 경우 사용할 수 있다. 추세가 랜덤하게 나타나는 경우 case 3)을 사용할 수 있으며, 추세를 따라 정상적인 시계열을 보이는 경우 case 4)를 사용할 수 있다. case 5)는 과적합의 우려 때문에 잘 사용하지 않는다.

예 10.19

다음은 어떤 벡터시계열(m=3, T=85)에 대한 VAR(3)모형을 세우고 Johansen 공적분 검정을 실시한 Eviews 결과이다. 결과를 해석하라.

〈 Cointegration Rank Test(Trace) 〉

Hypothesized No. of CE(s)	Eigenvalue	Trace Statistic	0.05 Critical Value	Prob.**
None *	0.3123	43.17	29.80	0.0008
At most 1	0.0957	11.35	15.49	0.1907
At most 2	0.0324	2.80	3.84	0.0940

Trace test indicates 1 cointegrating eqn(s) at the 0.05 level
* denotes rejection of the hypothesis at the 0.05 level
** MacKinnon-Haug-Michelis(1999) p-values

〈Cointegration Rank Test(Maximum Eigenvalue) 〉

Hypothesized No. of CE(s)	Eigenvalue	Max-Eigen Statistic	0.05 Critical Value	Prob.**
None *	0.3123	31.83	21.13	0.0011
At most 1	0.0957	8.55	14.26	0.3255
At most 2	0.0324	2.80	3.84	0.0940

Max-eigenvalue test indicates 1 cointegrating eqn(s) at the 0.05 level
* denotes rejection of the hypothesis at the 0.05 level
** MacKinnon-Haug-Michelis(1999) p-values

풀이 트레이스 검정이나 최대고유값 검정에서 $r_0 = 0$일 때 귀무가설을 기각하고 $r_0 = 1$인 경우에는 기각하지 못하므로 공적분 방정식은 1개 존재하는 것으로 결론짓는다. 참고로 $r_0 = 0$일 때 트레이스 통계량은 다음과 같이 산출된다.

$$LR_{trace}(0) = -T\sum_{i=1}^{m}\ln(1-\hat{\lambda}_i) = (-85)(-0.3744-0.1006-0.0329)$$

$$= 85(0.5079) = 43.17$$

연습문제

10.1 식 (10.9)의 벡터AR(1)모형에서 오차항 벡터의 분산–공분산행렬을 구하라.

10.2 다음 VAR(1)모형이 정상적일 조건을 구하라.

$$\begin{pmatrix} Z_{1t} \\ Z_{2t} \end{pmatrix} = \begin{pmatrix} \phi_{11} & \phi_{12} \\ \phi_{21} & \phi_{22} \end{pmatrix} \begin{pmatrix} Z_{1,t-1} \\ Z_{2,t-1} \end{pmatrix} + \begin{pmatrix} a_{1t} \\ a_{2t} \end{pmatrix}, \quad \Sigma = \begin{pmatrix} \sigma_1^2 & \sigma_{12} \\ \sigma_{12} & \sigma_2^2 \end{pmatrix}$$

10.3 Φ_1와 Σ가 다음과 같은 VAR(1)모형에서, 분산행렬과 시차 1의 상관계수행렬을 구하라.

$$\Phi_1 = \begin{pmatrix} 0.7 & 0.4 & 0 \\ 0.3 & 0.5 & -0.1 \\ -0.1 & 0 & 0.2 \end{pmatrix} \quad \Sigma = \begin{bmatrix} 1 & 0.2 & 0.1 \\ 0 & 1 & 0.2 \\ 0 & 0.3 & 1 \end{bmatrix}$$

10.4 이변량시계열에 대하여 다음과 같은 모형을 고려하자.

$$\begin{pmatrix} Z_{1t} \\ Z_{2t} \end{pmatrix} = \begin{bmatrix} 1.0 & 0.5 \\ -0.3 & 1.8 \end{bmatrix} \begin{pmatrix} Z_{1,t-1} \\ Z_{2,t-1} \end{pmatrix} - \begin{bmatrix} 0.2 & 0.3 \\ -0.6 & 1.1 \end{bmatrix} \begin{pmatrix} Z_{1,t-2} \\ Z_{2,t-2} \end{pmatrix} + \begin{pmatrix} a_{1t} \\ a_{2t} \end{pmatrix}$$

(a) 위의 모형을 $\Phi(B)\boldsymbol{z}_t = \boldsymbol{a}_t$로 표현할 때, 다항식 $\Phi(z)$를 기술하라.

(b) 위의 벡터시계열이 비정상적임을 보여라(힌트: $\Phi(1)$를 구하라).

(c) 위의 모형에 대한 오차수정모형은 다음과 같다.

$$\Delta \boldsymbol{z}_t = \Pi \boldsymbol{z}_{t-1} + \begin{bmatrix} 0.2 & 0.3 \\ -0.6 & 1.1 \end{bmatrix} \Delta \boldsymbol{z}_{t-1} + \boldsymbol{a}_t$$

이때 행렬 Π와 공적분벡터를 구하라.

10.5 이변량시계열에 대하여 다음과 같은 모형을 고려하자.

$$\begin{pmatrix} Z_{1t} \\ Z_{2t} \end{pmatrix} = \begin{bmatrix} 0.94 & -1.12 \\ -1.12 & -0.74 \end{bmatrix} \begin{pmatrix} Z_{1,t-1} \\ Z_{2,t-1} \end{pmatrix} + \begin{bmatrix} -0.48 & 0.04 \\ 0.04 & -0.42 \end{bmatrix} \begin{pmatrix} Z_{1,t-2} \\ Z_{2,t-2} \end{pmatrix} + \begin{pmatrix} a_{1t} \\ a_{2t} \end{pmatrix}$$

(a) 위의 모형을 $\Phi(B)\boldsymbol{Z}_t = \boldsymbol{a}_t$로 표현할 때, 다항식 $\Phi(z)$를 기술하라.

(b) 위의 벡터시계열이 비정상적임을 보여라(힌트: $\Phi(1)$를 구하라).

(c) 위의 모형을 다음과 같은 오차수정모형으로 기술할 수 있다.

$$\Delta \boldsymbol{z}_t = \Pi \boldsymbol{z}_{t-1} + \Phi^* \Delta \boldsymbol{z}_{t-1} + \boldsymbol{a}_t$$

이때 행렬 Π와 Φ^*를 구하라. 또한 공적분벡터를 구하라.

10.6 두 시계열 (y_{1t}, y_{2t})에 대하여 다음과 같은 오차수정모형이 있다.

$$\Delta y_{1t} = c_1 + \alpha_1(y_{1,t-1} - \beta_2 y_{2,t-1}) + \epsilon_{1t}$$
$$\Delta y_{2t} = c_2 + \epsilon_{2t}$$

(a) 위의 모형을 다음의 형태로 표현할 때 행렬 Π를 구하라.

$$\Delta \boldsymbol{y}_t = \boldsymbol{c} + \Pi \boldsymbol{y}_{t-1} + \boldsymbol{\epsilon}_t$$

(b) 이에 대응하는 VAR(1)모형을 기술하라. 즉, 다음 모형에 대응하는 행렬 A를 구하라.

$$\boldsymbol{y}_t = \boldsymbol{c} + A\,\boldsymbol{y}_{t-1} + \boldsymbol{\epsilon}_t$$

10.7 두 시계열 $\{(y_{1t}, y_{2t}), t = 1, 2, \cdots\}$에 대하여 다음과 같은 추정결과를 얻었다.

$$y_{1t} = 8.5 + 0.25y_{1,t-1} - 0.2y_{2,t-1} - 0.4y_{1,t-2} - 0.65y_{2,t-2}$$
$$y_{2t} = 14.2 + 0.6y_{1,t-1} - 0.45y_{2,t-1} + 0.5y_{1,t-2} + 0.35y_{2,t-2}$$

(a) 위의 추정식을 VAR모형 형태로 나타내라.

(b) (a)의 모형이 정상적인지 판단하라.

(c) 두 시계열의 공분산행렬이 $\Gamma(0)$라 할 때, 시차 1에서의 공분산행렬 $\Gamma(1)$를 구하라.

(d) 시차 1에서의 편자기상관행렬을 구하라.

(e) 시차 2에서의 편자기상관행렬을 구하라.

10.8 공분산행렬 Σ를 Cholesky 분해할 때 P가 다음과 같음을 보여라.

$$\Sigma = \begin{bmatrix} \sigma_1^2 & \sigma_{12} \\ \sigma_{12} & \sigma_2^2 \end{bmatrix}, \quad P = \begin{bmatrix} \sigma_1 & 0 \\ \sigma_{12}/\sigma_1 & \sqrt{\sigma_2^2 - \sigma_{12}^2/\sigma_1^2} \end{bmatrix}$$

10.9 다음 문장이 옳으면 O, 그르면 X로 답하라.

(a) 이변량시계열이 있을 때, 시계열 1과 시계열 2의 교차상관계수함수는 시계열 2와 시계열 1의 교차상관계수함수와 동일하다(　).

(b) 시계열 $\{X_t, t \geq 1\}$가 시계열 $\{Y_t, t \geq 1\}$에 영향을 준다(Granger-cause)면, 시계열 $\{Y_t, t \geq 1\}$ 또한 시계열 $\{X_t, t \geq 1\}$에 영향을 준다(　).

(c) 벡터시계열에서 변수의 순서가 달라지면 충격-반응계수 또한 달라질 수 있다(　).

(d) 두 시계열 $\{X_t, t \geq 1\}$과 $\{Y_t, t \geq 1\}$에 대한 오차수정모형이 존재하더라

도 이 두 시계열간의 공적분 관계는 없을 수 있다(   ).

10.10 다음은 4개의 시계열(corn_supply, corn_price, hog_number, hog_price)에 대한 그래인저 인과관계 검정 및 공분산 검정 결과(Eviews)를 나타낸 것이다.

Pairwise Granger Causality Tests(Lags: 4)

Null Hypothesis:	Obs	F-Statistic	Prob.
CORN_SUPPLY does not Granger Cause CORN_PRICE	78	6.52662	0.0002
CORN_PRICE does not Granger Cause CORN_SUPPLY		1.45621	0.2250
HOG_NUMBER does not Granger Cause CORN_PRICE	78	2.67887	0.0387
CORN_PRICE does not Granger Cause HOG_NUMBER		2.49545	0.0507
HOG_PRICE does not Granger Cause CORN_PRICE	78	3.67896	0.0090
CORN_PRICE does not Granger Cause HOG_PRICE		14.7786	9.E-09
HOG_NUMBER does not Granger Cause CORN_SUPPLY	78	2.10112	0.0900
CORN_SUPPLY does not Granger Cause HOG_NUMBER		10.0911	2.E-06
HOG_PRICE does not Granger Cause CORN_SUPPLY	78	6.16708	0.0003
CORN_SUPPLY does not Granger Cause HOG_PRICE		2.17301	0.0811
HOG_PRICE does not Granger Cause HOG_NUMBER	78	3.26284	0.0165
HOG_NUMBER does not Granger Cause HOG_PRICE		6.10185	0.0003

Unrestricted Cointegration Rank Test (Trace)

Hypothesized No. of CE(s)	Eigenvalue	Trace Statistic	0.05 Critical Value	Prob.**
None *	0.347380	67.22776	47.85613	0.0003
At most 1 *	0.213614	33.51368	29.79707	0.0178
At most 2	0.153957	14.52938	15.49471	0.0695
At most 3	0.016592	1.321728	3.841466	0.2503

(a) 4개의 시계열 간의 그래인저 인과관계 여부를 나타내는 그림을 그려라(유의수준 5%에서 유의하면 화살표를 사용하고 그렇지 않으면 사용하지 않음).

(b) 4개의 시계열 간에 몇 개의 공적분 관계가 있다고 보는가? 유의수준 5%를 사용하라.

10.11 다음은 일리노이 주와 미시간 주의 1976년 1월부터 2009년 11월 사이의 월별 실업률을 나타내는 두 개의 시계열(계절성 보정 후)에 대한 공적분 검정(cointegration test)및 오차수정모형(error correction model)의 Eviews 분석결과를 보여주고 있다.

Trend assumption: No deterministic trend(restricted constant)
Series: IL MI
Lags interval (in first differences): 1 to 4

Unrestricted Cointegration Rank Test(Trace)

Hypothesized No. of CE(s)	Eigenvalue	Trace Statistic	0.05 Critical Value	Prob.**
None *	0.048666	25.72799	20.26184	0.0079
At most 1	0.014011	5.672224	9.164546	0.2176

Vector Error Correction Estimates

Cointegrating Eq:	CointEq1
IL(−1)	1.000000
MI(−1)	−0.623152
C	−1.748772

Error Correction:	D(IL)	D(MI)
CointEq1	−0.060287	−0.027230
D(IL(−1))	0.219312	0.214557
D(IL(−2))	0.108909	0.040662
D(MI(−1))	0.128097	0.262396
D(MI(−2))	0.039401	0.125051
C	0.005535	0.004063

(a) 두 개의 시계열이 공적분 관계에 있는가?

(b) 공적분 관계가 있다면 공적분 방정식을 기술하라.

(c) 오차수정방정식의 추정식을 적어라.

10.12 각각의 시계열이 차수 1의 적분 과정인 세 개의 시계열 $\{(x_t, y_t, z_t), t=1, 2, \cdots\}$을 고려하자. 이 시계열들에 다음의 두 개의 공적분 관계가 존재한다고 한다.

$$x_t = \alpha_1 + \beta_1 y_t + \gamma_1 z_t; \quad x_t = \alpha_2 + \beta_2 y_t + \gamma_2 z_t$$

(a) 세 개의 시계열에 대한 (벡터)오차수정모형을 기술하라. 단, 시차는 2까지 포함하라.

(b) 공적분 관계식에서의 계수들을 해석하라.

10.13 주택평균판매가격(sales)과 평균월세가격(rent)를 나타내는 두 개의 시계열이 있다. 두 시계열은 첫해 가격을 각각 100이 되도록 변환하였다. 두 변수는 공적분 관계에 있다고 한다. 이때 다음과 같은 오차수정 모형이 추정되었

$$\begin{pmatrix}\Delta sales_t \\ \Delta rent_t\end{pmatrix} = \begin{pmatrix}6.1 \\ 1.3\end{pmatrix} + \begin{bmatrix}0.42 & 0.11 \\ 0.09 & 0.53\end{bmatrix}\begin{pmatrix}\Delta sales_{t-1} \\ \Delta rent_{t-1}\end{pmatrix} + \begin{pmatrix}-0.13 \\ 0.09\end{pmatrix}(sales_{t-1} - 1.2rent_{t-1})$$

(a) 공적분 관계식을 기술하고 계수를 간략히 해석하라.

(b) 시점 T에서의 다음의 값이 주어졌다.

$$sales_T = 155,\ rent_T = 102,\ \Delta sales_T = -5.9,\ \Delta rent_T = 3.5$$

주택평균판매가격 변화량($\Delta sales$)과 평균월세가격 변화량($\Delta rent$)에 대한 일단계 이후 예측값을 각각 산출하라.

10.14 생산량과 주문량을 나타내는 두 시계열 ip와 ord가 있으며 각각 차수 1의 적분 과정이라고 한다. 두 시계열은 공적분 관계가 있으며 로그 치환된 시계열(lip, lord)에 대한 오차수정모형이 다음과 같이 추정되었다. 여기서 zhat1은 잔차시계열을 나타낸다.

Standard errors in( ) & t-statistics in [ ]

	DLIP	DLORD
DLIP(−1)	−0.362817	0.103183
	[−7.27402]	[1.14683]
DLIP(−2)	−0.110260	0.281354
	[−2.12640]	[3.00806]
DLIP(−3)	0.080267	0.344206
	[1.67342]	[3.97826]
DLORD(−1)	−0.050391	−0.342901
	[−1.46718]	[−5.53490]
DLORD(−2)	−0.001967	−0.193233
	[−0.05955]	[−3.24250]
DLORD(−3)	0.017480	−0.076690
	[0.59205]	[−1.44002]
ZHAT1(−1)	−0.195728	0.057976
	[−6.13348]	[1.00719]

(a) 두 시계열에 대한 장기적 관계에 대하여 해석하라.

(b) 두 시계열의 단기적 관계에 대하여 해석하라.

참고문헌

Edlund, P.O. and S. Karlsson(1993), Forecasting the Swedish unemployment rate VAR vs. transfer function modelling, International Journal of Forecasting, 9(1), 61-76.

Engle and Granger, 1987, "Cointegration and error correction: representation, estimate, and testing", Econometrics, 55, pp. 251-276.

Granger, C.W.J.(1969), Investigating causal relations by econometric models cross-spectral methods, Econometrica, 37(3), 424-438.

Granger, C.W.J.(1981), Some properties of time series data and their use in econometric model specification, Journal of Econometrics, 16(1), 121-130.

Granger, C.W.J. and P. Newbold(1974), Spurious regressions in econometrics, Journal of Econometrics, 2, 111-120.

Hannan, E.J. and B.G. Quinn(1979), The determination of the order of an autoregression, Journal of the Royal Statistical Society, 190-195.

Hsiao, C.(1979), Autoregressive modelling of Canadian money and income data, Journal of the American Statistical Association, 74, 553-560.

Johansen, S.(1988), Statistical analysis of cointegration vectors, Journal of Economic Dynamics and Control, 12(2-3), 231-254.

Johansen, S.(1991), Estimation and hypothesis testing of cointegration vectors in Gaussian vector autoregressive models, Econometrica, 59(6), 1551-1580.

Lutkepohl, H.(1993), Introduction to Multiple Time Series, 2nd edition, Springer.

MacKinnon, J., A. Haug, and L. Michelis(1999), Numerical distribution functions of likelihood ratio tests for cointegration, Journal of Applied Econometrics, 14(5), 563-577.

Osterwald-Lenum, M.(1992), A note with quantiles of the asymptotic distribution of the maximum likelihood cointegration rank test statistics, Oxford Bulletin of Economics and Statistics, 54(3), 461-472.

Schwarz, G.(1978), Estimating the dimension of a model, The Annals of Statistics, 6, 461-464.

Wei, W.W.S.(2006), Time Series Analysis - Univariate and Multivariate Methods, second edition, Pearson International Edition.

11장

상태공간모형

상태공간모형은 ARMA모형, 회귀모형 등 많은 통계적 모형을 포함하는 상당히 일반화된 것으로 기계 및 전기분야의 제어공학에서도 널리 사용된다. 상태공간이란 용어는 Kalman(1960)의 연구에서 비롯되었으며 칼만 필터라는 예측식이 근간을 이루고 있다.

11.1 상태공간모형의 표현

상태공간모형(state-space model)에서는 관측되는 변수(observable variable)와 관측되지 않는 변수를 구분하고, 시간에 따라 변하는 관측되지 않는 변수를 상태변수(state variable)라고 한다. 이때 상태공간모형은 관측변수와 상태변수 간의 관계를 표현하는 관측 방정식(observation equation 또는 measurement equation)과 상태변수의 시간에 따른 변화를 나타내는 상태 방정식(state equation 또는 transition equation)으로 구성된다. 예를 들어 Y_t를 시간 t에서의 관측변수라 하고 μ_t를 시간 t에서의 수준(level)을 나타내는 상태변수라 하면 다음과 같은 모형을 고려할 수 있다.

(관측 방정식) $$Y_t = \mu_t + w_t \tag{11.1a}$$

(상태 방정식) $$\mu_t = \mu_{t-1} + v_t \tag{11.1b}$$

여기서 w_t는 관측값과 관련된 오차항으로 평균 0, 분산 σ_w^2를 갖는 정규분포를 따른다고 가정하며, v_t는 상태변수와 관련된 오차항으로 평균 0, 분산 σ_v^2를 갖는 정규분포를 따른다고 가정한다. 여기서 보듯이 상태변수 역시 확률변수로 간주하고 있다. 상태변수는 관측이 되지 않으며 관측변수만 관측 가능하다.

여러 관측변수와 여러 상태변수를 동시에 고려하는, 보다 일반적인 상태공간모형의 형태는 다음과 같다.

(관측 방정식) $$\boldsymbol{y}_t = G\boldsymbol{x}_t + \boldsymbol{w}_t, \quad \boldsymbol{w}_t \sim WN(\boldsymbol{0}, R) \tag{11.2a}$$

(상태 방정식) $$\boldsymbol{x}_t = F\boldsymbol{x}_{t-1} + \boldsymbol{v}_t, \quad \boldsymbol{v}_t \sim WN(\boldsymbol{0}, Q) \tag{11.2b}$$

즉, 위에서 $\boldsymbol{y}_t$는 크기 d의 관측변수벡터이며 $\boldsymbol{x}_t$는 크기 k의 상태변수벡터를 나타내며, $G(d \times k)$와 $F(k \times k)$는 계수행렬을 나타낸다. 또한, $\boldsymbol{w}_t$는 관측벡터와 관련된 오차항 벡터로서 $WN(\boldsymbol{0}, R)$를 따른다고 가정하며 $\boldsymbol{v}_t$는 상태 방정식의 오차항 벡터

로 $\boldsymbol{w}_t$와 독립인 $WN(\mathbf{0}, Q)$를 따른다고 가정한다. 본 모형과 관련된 행렬 G, F, $R(d\times d)$, $Q(k\times k)$에 미지의 상수가 포함되는 경우에는 추정할 필요가 있다. 그리고 여기서는 생략하였으나 보다 일반적인 상태공간모형에서는 각 방정식에 외생변수 벡터가 포함될 수 있다.

예 11.1

다음과 같은 상태공간모형을 식 (11.2)로 표현하라.

$$Y_t = \mu_t + \epsilon_t,\ \ \epsilon_t \sim Nor(0, \sigma_\epsilon^2)$$

$$\mu_t = \mu_{t-1} + \beta_{t-1} + a_t,\ \ a_t \sim Nor(0, \sigma_a^2)$$

$$\beta_t = \beta_{t-1} + b_t,\ \ b_t \sim Nor(0, \sigma_b^2)$$

여기서 μ_t는 수준을 나타내는 상태변수이며, β_t는 추세를 나타내는 상태변수이다. 모든 오차항들은 서로 독립이다. 참고로 위의 모형을 국소선형추세모형(local linear trend model)이라고 부른다.

풀이 우선 상태변수벡터를 다음과 같이 정의하자.

$$\boldsymbol{x}_t = \begin{pmatrix}\mu_t \\ \beta_t\end{pmatrix}$$

이때 관측 방정식은 다음과 같이 표현된다.

$$Y_t = (1\ 0)\begin{pmatrix}\mu_t \\ \beta_t\end{pmatrix} + \epsilon_t$$

그리고 상태 방정식은 다음과 같이 나타낼 수 있다.

$$\begin{bmatrix}\mu_t \\ \beta_t\end{bmatrix} = \begin{bmatrix}1 & 1 \\ 0 & 1\end{bmatrix}\begin{bmatrix}\mu_{t-1} \\ \beta_{t-1}\end{bmatrix} + \begin{bmatrix}a_t \\ b_t\end{bmatrix}$$

따라서 계수행렬 G와 F는 다음과 같다.

$$G = (1\ 0),\quad F = \begin{bmatrix}1 & 1 \\ 0 & 1\end{bmatrix}$$

한편, 관측 방정식 오차항 벡터 $\boldsymbol{w}_t = \epsilon_t$이며 이때 $R = \sigma_\epsilon^2$이다. 또한, 상

태 방정식의 오차항 벡터 $\boldsymbol{v}_t$는 아래와 같이 정의되며 이의 공분산행렬 Q는 아래와 같다.

$$\boldsymbol{v}_t = \begin{bmatrix} a_t \\ b_t \end{bmatrix},\ Q = \begin{bmatrix} \sigma_a^2 & 0 \\ 0 & \sigma_b^2 \end{bmatrix}$$

예 11.2

두 개의 관측변수 Y_{1t}, Y_{2t}가 있는데 공통 요인인 C_t가 양 변수에 영향을 주며 개별요인 Z_{1t}와 Z_{2t}에 각각 영향을 주는 다음과 같은 동적요인 모형을 고려하자 (Stock and Watson, 1991 참조).

(관측 방정식)

$$Y_{1t} = \gamma_1 C_t + Z_{1t}$$
$$Y_{2t} = \gamma_2 C_t + Z_{2t}$$

(상태 방정식) 다음의 세 가지로 구성

(공통 요인) $C_t = \phi C_{t-1} + v_t,\ v_t \sim Nor(0,1)$

(개별 요인 1) $Z_{1t} = \alpha_1 Z_{1,t-1} + \epsilon_{1t},\ \epsilon_{1t} \sim Nor(0,\sigma_1^2)$

(개별 요인 2) $Z_{2t} = \alpha_2 Z_{2,t-1} + \epsilon_{2t},\ \epsilon_{2t} \sim Nor(0,\sigma_2^2)$

여기서 오차항들은 서로 독립이라 가정하자. 이때 위의 모형을 식 (11.2)의 형태로 나타내라.

풀이 우선 관측변수벡터와 상태변수벡터를 다음으로 정의한다.

$$\boldsymbol{y}_t = \begin{pmatrix} Y_{1t} \\ Y_{2t} \end{pmatrix},\ \boldsymbol{x}_t = \begin{pmatrix} C_t \\ Z_{1t} \\ Z_{2t} \end{pmatrix}$$

이때 계수행렬은 다음과 같다.

$$G = \begin{bmatrix} \gamma_1 & 1 & 0 \\ \gamma_2 & 0 & 1 \end{bmatrix},\ F = \begin{bmatrix} \phi & 0 & 0 \\ 0 & \alpha_1 & 0 \\ 0 & 0 & \alpha_2 \end{bmatrix}$$

그리고 오차항의 분산행렬은 다음과 같다.

$$R = \begin{bmatrix} 0 & 0 \\ 0 & 0 \end{bmatrix}, \quad Q = \begin{bmatrix} 1 & 0 & 0 \\ 0 & \sigma_1^2 & 0 \\ 0 & 0 & \sigma_2^2 \end{bmatrix}$$

앞에서 다룬 ARMA모형 역시 상태공간모형으로 표현할 수 있다. 다음의 예에서 MA(2)모형을 상태공간모형으로 표현하고 있다.

예 11.3

시계열 $\{Y_t\}$가 다음의 MA(2)모형을 따른다고 하자. 이를 상태공간모형으로 표현하라.

$$Y_t = a_t - \theta_1 a_{t-1} + \theta_2 a_{t-2}, \quad a_t \sim Nor(0, \sigma_a^2)$$

풀이 상태변수벡터를 다음으로 정의하자.

$$\boldsymbol{x}_t = \begin{pmatrix} a_t \\ a_{t-1} \end{pmatrix}$$

이때 상태 방정식은 다음으로 표현된다.

$$\begin{bmatrix} a_t \\ a_{t-1} \end{bmatrix} = \begin{bmatrix} 0 & 0 \\ 1 & 0 \end{bmatrix} \begin{bmatrix} a_{t-1} \\ a_{t-2} \end{bmatrix} + \begin{bmatrix} a_t \\ 0 \end{bmatrix}$$

또한 관측 방정식은 다음과 같이 기술할 수 있다.

$$Y_t = [-\theta_1, -\theta_2] \begin{bmatrix} a_{t-1} \\ a_{t-2} \end{bmatrix} + a_t$$

관련 계수행렬은 다음과 같다.

$$G = [-\theta_1, -\theta_2], \quad F = \begin{bmatrix} 0 & 0 \\ 1 & 0 \end{bmatrix}, \quad R = \sigma_a^2, \quad Q = \begin{bmatrix} \sigma_a^2 & 0 \\ 0 & 0 \end{bmatrix}$$

예 11.4

(예 11.1)의 모형에 계절성 효과를 추가시킨 다음과 같은 상태공간모형을 식 (11.2)로 표현하라.

$$Y_t = \mu_t + s_t + \epsilon_t,\ \ \epsilon_t \sim Nor(0, \sigma_\epsilon^2)$$

$$\mu_t = \mu_{t-1} + \beta_{t-1} + a_t,\ \ a_t \sim Nor(0, \sigma_a^2)$$

$$\beta_t = \beta_{t-1} + b_t,\ \ b_t \sim Nor(0, \sigma_b^2)$$

여기서 $s_t,\ t = 1,2,\cdots,d$(d는 계절 주기)는 계절성 지수로서 아래 성질을 만족한다.

$$\sum_{t=1}^{d} s_t = 0,\ \ s_t = s_{t \pm d} = s_{t \pm 2d} = \cdots$$

보다 일반적으로 여기서는 시간 t의 계절성 지수가 다음과 같다고 가정하자.

$$s_t = -s_{t-1} - \ldots - s_{t-d+1} + c_t,\ \ c_t \sim Nor(0, \sigma_c^2)$$

풀이 먼저 상태변수벡터를 다음과 같이 정의하자.

$$\boldsymbol{x}_t = [\mu_t, \beta_t, s_t, s_{t-1}, \cdots, s_{t-d+2}]^T$$

이때 관측 방정식은 다음과 같다.

$$Y_t = [1010 \cdots 0]\boldsymbol{x}_t + \epsilon_t$$

그리고 상태 방정식은 아래와 같다.

$$\begin{bmatrix} \mu_t \\ \beta_t \\ s_t \\ \vdots \\ s_{t-d+2} \end{bmatrix} = \begin{bmatrix} 1 & 1 & 0 & \cdots & 0 & 0 \\ 0 & 1 & 0 & \cdots & 0 & 0 \\ 0 & 0 & -1 & \cdots & -1 & -1 \\ 0 & 0 & 1 & \cdots & 0 & 0 \\ 0 & 0 & 0 & \cdots & 1 & 0 \end{bmatrix} \begin{bmatrix} \mu_{t-1} \\ \beta_{t-1} \\ s_{t-1} \\ \vdots \\ s_{t-d+1} \end{bmatrix} + \begin{bmatrix} a_t \\ b_t \\ c_t \\ \vdots \\ 0 \end{bmatrix}$$

11.2 칼만 필터

식 (11.2)의 상태공간모형에서 미래의 $\boldsymbol{y}_t$를 예측하기 위해서는 상태변수벡터인 $\boldsymbol{x}_t$를 예측할 필요가 있다. 새로운 관측값 $\boldsymbol{y}_t$가 발생할 때, 상태변수벡터 $\boldsymbol{x}_t$의 예측식을 이전 예측식으로 갱신하는 것을 칼만 필터라고 한다. 칼만 필터식은 제곱합을 최소로 하는 선형예측식을 바탕으로 유도된다.

11.2.1 최적선형예측식

어떤 확률변수 L을 예측하는 데 관측값 Y가 주어진 경우 조건부 기댓값이 다음과 같은 선형식으로 표현된다고 하자. 즉, 예측식의 형태는 다음과 같다.

$$E[L|Y] = \alpha + \beta Y \tag{11.3}$$

계수 α와 β를 구하기 위하여 다음의 제곱합의 기댓값을 최소화하고자 한다.

$$Q = E[(L - \alpha - \beta Y)^2] \tag{11.4}$$

식 (11.4)를 구하면 다음과 같다.

$$\begin{aligned} Q &= Var[L - \alpha - \beta Y] + E^2[L - \alpha - \beta Y] \\ &= Var[L] + E^2[L] + \beta^2\{Var[Y] + E^2[Y]\} - 2\beta\{Cov[L, Y] + E[L]E[Y]\} \\ &\quad + \alpha^2 - 2\alpha E[L] + 2\alpha\beta E[Y] \end{aligned}$$

따라서 Q를 최소로 하는 α와 β는 다음 식의 해로 구해진다.

$$\frac{\partial Q}{\partial \alpha} = 2\alpha - 2E[L] + 2\beta E[Y] = 0$$

$$\frac{\partial Q}{\partial \beta} = 2\beta\{Var[Y] + E^2[Y]\} - 2\{Cov[L, Y] + E[L]E[Y]\} + 2\alpha E[Y] = 0$$

위의 식을 풀면 최적의 α와 β 값은 다음과 같다.

$$\alpha^* = E[L] - \beta^* E[Y] \tag{11.5a}$$

$$\beta^* = \frac{Cov[L, Y]}{Var[Y]} \tag{11.5b}$$

따라서 최적선형예측식은 식 (11.3)과 (11.5)로부터 다음과 같다.

$$E[L|Y] = E[L] + \frac{Cov[L, Y]}{Var[Y]}(Y - E[Y]) \tag{11.6}$$

이때 최소의 Q값은 다음과 같다.

$$Q^* = Var[L - \alpha^* - \beta^* Y] = Var[L] - \frac{Cov^2[L, Y]}{Var[Y]} \tag{11.7}$$

여기서 $Q^* = Var[L|Y]$가 되며, 상관계수 ρ_{LY}를 사용하면 식 (11.7)은 다시 다음과 같이 기술된다.

$$Var[L|Y] = (1-\rho_{LY}^2)\,Var[L] \tag{11.8}$$

시계열 데이터 $(Y_t, Y_{t-1}, \cdots)$가 있는 경우 식 (11.6)은 아래와 같이 사용할 수 있다.

$$E[L|Y_t, Y_{t-1}, \cdots] = E[L|Y_{t-1}, \cdots] + \frac{Cov[L, Y_t|Y_{t-1}, \cdots]}{Var[Y_t|Y_{t-1}, \cdots]}(Y_t - E[Y_t|Y_{t-1}, \cdots]) \tag{11.9}$$

즉, $E[L|Y]$는 가장 최근 데이터 Y_t가 포함된 조건부 기댓값 $E[L|Y_t, Y_{t-1}, \cdots]$로 대체할 수 있으며, $E[L]$과 같이 Y의 조건이 없는 경우에는 가장 최근 데이터 Y_t를 제외한 과거값만을 조건으로 하는 조건부 기댓값 $E[L|Y_{t-1}, \cdots]$로 대체할 수 있다.

위와 같은 식을 칼만 필터식(Kalman filter)이라고 한다. 이 식의 등호 오른쪽 첫 항은 최근 데이터 Y_t가 추가되기 전 확률변수 L의 기댓값이며 두 번째 항은 Y_t에 대한 예측오차 조정량을 나타낸다. 이때 조정계수인 $Cov[L, Y_t|Y_{t-1}, \cdots]/\,Var[Y_t|Y_{t-1}, \cdots]$를 칼만 게인(Kalman gain)이라고 부른다.

11.2.2 단순모형에 대한 칼만 필터

(예 11.1)의 모형에 대하여 최적선형예측식을 적용하여 칼만 필터를 유도하여 보자. 이 모형을 다시 기술하면 다음과 같다.

$$\begin{aligned} Y_t &= \mu_t + \epsilon_t,\ \ \epsilon_t \sim Nor(0, \sigma_\epsilon^2) \\ \mu_t &= \mu_{t-1} + \beta_{t-1} + a_t,\ \ a_t \sim Nor(0, \sigma_a^2) \\ \beta_t &= \beta_{t-1} + b_t,\ \ b_t \sim Nor(0, \sigma_b^2) \end{aligned}$$

우선 두 상태변수의 조건부 기댓값과 분산을 다음과 같이 정의하자.

$$\begin{aligned} l_t &= E[\mu_t|Y_t, Y_{t-1}, \cdots] \\ m_t &= E[\beta_t|Y_t, Y_{t-1}, \cdots] \\ p_t &= Var[\mu_t|Y_t, Y_{t-1}, \cdots] \\ q_t &= Var[\beta_t|Y_t, Y_{t-1}, \cdots] \end{aligned}$$

$$r_t = Cov[\mu_t, \beta_t | Y_t, Y_{t-1}, \cdots]$$

상태변수 μ_t에 대한 최적선형예측식인 식 (11.9)를 사용하면 다음과 같다.

$$\begin{aligned} l_t &= E[\mu_t | Y_t, Y_{t-1}, \cdots] \\ &= E[\mu_t | Y_{t-1}, \cdots] + \frac{Cov[\mu_t, Y_t | Y_{t-1}, \cdots]}{Var[Y_t | Y_{t-1}, \cdots]}(Y_t - E[Y_t | Y_{t-1}, \cdots]) \end{aligned} \quad (11.10)$$

여기서 등호 오른쪽 첫 항은 새로운 관측값 Y_t가 추가되기 전 상태변수 μ_t의 추정식이며 두 번째 항은 관측값의 예측오차를 칼만 게인을 통해 조정한 값이다.

Y_{t-1}이하의 값이 주어진 조건 하에서 조건부 기댓값 등을 산출하기 위해서 μ_t와 Y_t를 다음과 같이 표현할 필요가 있다.

$$\begin{aligned} \mu_t &= \mu_{t-1} + \beta_{t-1} + a_t \\ Y_t &= \mu_{t-1} + \beta_{t-1} + a_t + \epsilon_t \end{aligned}$$

이때 식 (11.10)의 각 항목은 다음과 같이 산출된다.

$$\begin{aligned} E[\mu_t | Y_{t-1}, \cdots] &= E[\mu_{t-1} + \beta_{t-1} + a_t | Y_{t-1}, \cdots] = l_{t-1} + m_{t-1} \\ E[Y_t | Y_{t-1}, \cdots] &= E[\mu_{t-1} + \beta_{t-1} + a_t + \epsilon_t | Y_{t-1}, \cdots] = l_{t-1} + m_{t-1} \\ Var[Y_t | Y_{t-1}, \cdots] &= Var[\mu_{t-1} + \beta_{t-1} + a_t + \epsilon_t | Y_{t-1}, \cdots] \\ &= p_{t-1} + q_{t-1} + 2r_{t-1} + \sigma_a^2 + \sigma_\epsilon^2 \\ Cov[\mu_t, Y_t | Y_{t-1}, \cdots] &= Cov[\mu_{t-1} + \beta_{t-1} + a_t, \mu_{t-1} + \beta_{t-1} + a_t + \epsilon_t | Y_{t-1}, \cdots] \\ &= p_{t-1} + q_{t-1} + 2r_{t-1} + \sigma_a^2 \end{aligned}$$

따라서 식 (11.10)은 다음과 같이 정리된다.

$$l_t = l_{t-1} + m_{t-1} + \frac{p_{t-1} + q_{t-1} + 2r_{t-1} + \sigma_a^2}{p_{t-1} + q_{t-1} + 2r_{t-1} + \sigma_a^2 + \sigma_\epsilon^2}(Y_t - l_{t-1} - m_{t-1}) \quad (11.11)$$

여기서 칼만 게인을 다음으로 표현하면

$$K_t^\mu = \frac{p_{t-1} + q_{t-1} + 2r_{t-1} + \sigma_a^2}{p_{t-1} + q_{t-1} + 2r_{t-1} + \sigma_a^2 + \sigma_\epsilon^2} \quad (11.12)$$

식 (11.11)은 아래와 같다.

$$l_t = l_{t-1} + m_{t-1} + K_t^{\mu}(Y_t - l_{t-1} - m_{t-1}) \qquad (11.13)$$

위와 같은 과정을 상태변수 β_t에 대하여 적용하면 다음과 같은 갱신식을 얻는다.

$$\begin{aligned} m_t &= E[\beta_t | Y_t, Y_{t-1}, \cdots] \\ &= E[\beta_t | Y_{t-1}, \cdots] + \frac{Cov[\beta_t, Y_t | Y_{t-1}, \cdots]}{Var[Y_t | Y_{t-1}, \cdots]}(Y_t - E[Y_t | Y_{t-1}, \cdots]) \end{aligned} \qquad (11.14)$$

여기서

$$E[\beta_t | Y_{t-1}, \cdots] = E[\beta_{t-1} + b_t | Y_{t-1}, \cdots] = m_{t-1}$$

$$\begin{aligned} Cov[\beta_t, Y_t | Y_{t-1}, \cdots] &= Cov[\beta_{t-1} + b_t, \mu_{t-1} + \beta_{t-1} + a_t + \epsilon_t | Y_{t-1}, \cdots] \\ &= q_{t-1} + r_{t-1} \end{aligned}$$

이므로 식 (11.14)는 다시 아래와 같다.

$$m_t = m_{t-1} + \frac{q_{t-1} + r_{t-1}}{p_{t-1} + q_{t-1} + 2r_{t-1} + \sigma_a^2 + \sigma_\epsilon^2}(Y_t - l_{t-1} - m_{t-1}) \qquad (11.15)$$

이상으로부터 두 상태변수의 기댓값에 대한 갱신식을 얻었으며 식 (11.7)을 사용하면 분산 및 공분산에 대한 갱신식을 얻을 수 있다. 먼저 상태변수 μ_t에 대한 분산은 다음과 같다.

$$\begin{aligned} p_t &= Var[\mu_t | Y_t, Y_{t-1}, \cdots] = Var[\mu_t | Y_{t-1}, \cdots] - \frac{Cov^2[\mu_t, Y_t | Y_{t-1}, \cdots]}{Var[Y_t | Y_{t-1}, \cdots]} \\ &= p_{t-1} + q_{t-1} + 2r_{t-1} + \sigma_a^2 - \frac{(p_{t-1} + q_{t-1} + 2r_{t-1} + \sigma_a^2)^2}{p_{t-1} + q_{t-1} + 2r_{t-1} + \sigma_a^2 + \sigma_\epsilon^2} \\ &= \frac{p_{t-1} + q_{t-1} + 2r_{t-1} + \sigma_a^2}{p_{t-1} + q_{t-1} + 2r_{t-1} + \sigma_a^2 + \sigma_\epsilon^2}\sigma_\epsilon^2 = K_t^{\mu}\sigma_\epsilon^2 \end{aligned}$$

상태변수 β_t에 대한 분산은 다음과 같다.

$$q_t = Var[\beta_t | Y_t, Y_{t-1}, \cdots] = Var[\beta_t | Y_{t-1}, \cdots] - \frac{Cov^2[\beta_t, Y_t | Y_{t-1}, \cdots]}{Var[Y_t | Y_{t-1}, \cdots]}$$

$$= q_{t-1} + \sigma_b^2 - \frac{(q_{t-1} + r_{t-1})^2}{p_{t-1} + q_{t-1} + 2r_{t-1} + \sigma_a^2 + \sigma_\epsilon^2}$$

11.3 베이지안 접근방식에 의한 칼만 필터

식 (11.2)의 일반적 상태공간모형을 다시 고려해 보자.

(관측 방정식) $\quad \boldsymbol{y}_t = G\boldsymbol{x}_t + \boldsymbol{w}_t, \quad \boldsymbol{w}_t \sim WN(0, R)$

(상태 방정식) $\quad \boldsymbol{x}_t = F\boldsymbol{x}_{t-1} + \boldsymbol{v}_t, \ \boldsymbol{v}_t \sim WN(0, Q)$

우선 상태변수벡터의 조건부 기댓값벡터 및 공분산행렬을 다음과 같이 정의하자.

$$\boldsymbol{m}_t = E[\boldsymbol{x}_t | \boldsymbol{y}_t, \cdots]$$
$$P_t = Var[\boldsymbol{x}_t | \boldsymbol{y}_t, \cdots]$$

베이지안 접근방식(Bayesian approach)에서는 미지의 상태변수에 대한 사전확률분포(prior distribution)를 가정하고 새로운 관측값에 대한 우도함수를 동시에 고려하여 새로운 관측값이 주어지는 경우 상태변수에 대한 사후확률분포(posterior distribution)를 유도한다. 관측값 $\boldsymbol{y}_{t-1}$까지만 주어진 상태에서 $\boldsymbol{x}_t$의 사전확률분포는 다음의 변수벡터의 분포와 동일하다.

$$\boldsymbol{x}_t | \boldsymbol{y}_{t-1} = F\boldsymbol{x}_{t-1} | \boldsymbol{y}_{t-1} + \boldsymbol{v}_t \qquad (11.16)$$

여기서 $\boldsymbol{x}_{t-1} | \boldsymbol{y}_{t-1}$의 분포는 시점 $t-1$에서의 사후분포에 해당하는데 이를 다변량 정규분포를 따른다고 하자. 즉,

$$\boldsymbol{x}_{t-1} | \boldsymbol{y}_{t-1} \sim MVN(\boldsymbol{m}_{t-1}, P_{t-1})$$

이때 식 (11.16)의 분포는 다음과 같다.

$$\boldsymbol{x}_t | \boldsymbol{y}_{t-1} = F\boldsymbol{x}_{t-1} | \boldsymbol{y}_{t-1} + \boldsymbol{v}_t \sim MVN(F\boldsymbol{m}_{t-1}, FP_{t-1}F^T + Q)$$

사후분포는 다음으로부터 유도된다.

$$\pi(\boldsymbol{x}_t | \boldsymbol{y}_t, \cdots) \propto \pi(\boldsymbol{x}_t | \boldsymbol{y}_{t-1}) \pi(\boldsymbol{y}_t | \boldsymbol{x}_t)$$

여기서 $\boldsymbol{y}_t|\boldsymbol{x}_t$의 분포는 다음과 같다.

$$\boldsymbol{y}_t|\boldsymbol{x}_t \sim MVN(G\boldsymbol{x}_t, R)$$

사후분포를 유도하기 위하여 [정리 11.1]을 이용할 수 있다.

정리 11.1 $\boldsymbol{x}$의 분포와 $\boldsymbol{y}|\boldsymbol{x}$가 다음과 같은 다변량정규분포를 따른다고 하자.

$$\boldsymbol{x} \sim MVN(\boldsymbol{a}, B);\ \boldsymbol{y}|\boldsymbol{x} \sim MVN(G\boldsymbol{x}, R)$$

이때 다음이 성립한다.

(a) $\begin{pmatrix} \boldsymbol{x} \\ \boldsymbol{y} \end{pmatrix}$의 결합확률분포는 다음과 같다.

$$\begin{pmatrix} \boldsymbol{x} \\ \boldsymbol{y} \end{pmatrix} \sim MVN\left(\begin{pmatrix} \boldsymbol{a} \\ G\boldsymbol{a} \end{pmatrix}, \begin{bmatrix} B & BG^T \\ GB & GBG^T + R \end{bmatrix}\right) \tag{11.17}$$

(b) $\boldsymbol{x}|\boldsymbol{y}$의 조건부확률분포는 다음과 같다.

$$\begin{aligned} \boldsymbol{x}|\boldsymbol{y} \sim MVN(&\boldsymbol{a} + BG^T(GBG^T + R)^{-1}(\boldsymbol{y} - G\boldsymbol{a}), \\ &B - BG^T(GBG^T + R)^{-1}GB) \end{aligned} \tag{11.18}$$

이때 $\begin{pmatrix} \boldsymbol{x}_t \\ \boldsymbol{y}_t \end{pmatrix}$의 결합확률분포는 다음과 같다.

$$\begin{pmatrix} \boldsymbol{x}_t \\ \boldsymbol{y}_t \end{pmatrix} \sim MVN\left(\begin{pmatrix} F\boldsymbol{m}_{t-1} \\ GF\boldsymbol{m}_{t-1} \end{pmatrix}, \begin{bmatrix} B_t & B_tG^T \\ GB_t & GB_tG^T + R \end{bmatrix}\right) \tag{11.19}$$

여기서 $B_t = FP_{t-1}F^T + Q$이다. 구하고자 하는 사후분포가 다음과 같다고 하면

$$\boldsymbol{x}_t|\boldsymbol{y}_t \sim MVN(\boldsymbol{m}_t, P_t)$$

아래의 관계식이 성립한다.

$$\boldsymbol{m}_t = F\boldsymbol{m}_{t-1} + K_t(\boldsymbol{y}_t - GF\boldsymbol{m}_{t-1}) \tag{11.20}$$

여기서 칼만 게인은 다음과 같다.

$$K_t = B_tG^T(GB_tG^T + R)^{-1} \tag{11.21}$$

그리고 분산행렬은 다음과 같다.

$$P_t = B_t - K_t G B_t = B_t - K_t (G B_t G^T + R) K_t^T \tag{11.22}$$

예 11.5

(예 11.1) 또는 11.2.2절에서 소개한 상태공간모형에 대하여 칼만 필터 공식을 베이지안 접근방식으로 유도하라. 본 모형은 다음과 같다.

$$Y_t = (1\ 0)\begin{pmatrix}\mu_t \\ \beta_t\end{pmatrix} + \epsilon_t$$

$$\begin{bmatrix}\mu_t \\ \beta_t\end{bmatrix} = \begin{bmatrix}1\,1 \\ 0\,1\end{bmatrix}\begin{bmatrix}\mu_{t-1} \\ \beta_{t-1}\end{bmatrix} + \begin{bmatrix}a_t \\ b_t\end{bmatrix}$$

풀이 따라서 관련 계수행렬 및 공분산행렬은 다음과 같다.

$$G = (1\ 0);\ R = \sigma_\epsilon^2$$

$$F = \begin{bmatrix}1\,1 \\ 0\,1\end{bmatrix};\ Q = \begin{bmatrix}\sigma_a^2 & 0 \\ 0 & \sigma_b^2\end{bmatrix}$$

11.2.2절에서 사용한 기호를 이용하면 구하고자 하는 상태변수들의 기댓값벡터와 분산행렬은 다음과 같다.

$$\boldsymbol{m}_t = \begin{pmatrix}l_t \\ m_t\end{pmatrix}$$

$$P_t = \begin{bmatrix}p_t & r_t \\ r_t & q_t\end{bmatrix}$$

우선 식 (11.21)의 칼만 게인에 포함된 행렬 B_t는 다음과 같다.

$$B_t = F P_{t-1} F^T + Q = \begin{bmatrix}p_{t-1} + 2r_{t-1} + q_{t-1} + \sigma_a^2 & r_{t-1} + q_{t-1} \\ r_{t-1} + q_{t-1} & q_{t-1} + \sigma_b^2\end{bmatrix}$$

그리고

$$G B_t G^T + R = p_{t-1} + 2r_{t-1} + q_{t-1} + \sigma_a^2 + \sigma_\epsilon^2$$

가 되므로, 칼만 게인은 다음과 같다.

$$K_t = \begin{pmatrix} K_t^{\mu} \\ K_t^{\beta} \end{pmatrix} = \frac{1}{p_{t-1}+2r_{t-1}+q_{t-1}+\sigma_a^2+\sigma_\epsilon^2} \begin{pmatrix} p_{t-1}+2r_{t-1}+q_{t-1}+\sigma_a^2 \\ r_{t-1}+q_{t-1} \end{pmatrix}$$

식 (11.20)에 따른 칼만 필터식은 다음과 같다.

$$l_t = l_{t-1} + m_{t-1} + K_t^{\mu}(Y_t - l_{t-1} - m_{t-1})$$
$$m_t = m_{t-1} + K_t^{\beta}(Y_t - l_{t-1} - m_{t-1})$$

한편, 식 (11.22)는 다음과 같다.

$$\begin{aligned} P_t &= \begin{bmatrix} p_t \; r_t \\ r_t \; q_t \end{bmatrix} \\ &= B_t - \frac{1}{p_{t-1}+2r_{t-1}+q_{t-1}+\sigma_a^2+\sigma_\epsilon^2} \begin{bmatrix} p_{t-1}+2r_{t-1}+q_{t-1}+\sigma_a^2 \\ r_{t-1}+q_{t-1} \end{bmatrix} \\ &\quad [p_{t-1}+2r_{t-1}+q_{t-1}+\sigma_a^2 \quad r_{t-1}+q_{t-1}] \\ &= \begin{bmatrix} K_t^{\mu}\sigma_\epsilon^2 & K_t^{\beta}\sigma_\epsilon^2 \\ K_t^{\beta}\sigma_\epsilon^2 & q_{t-1}+\sigma_b^2 - K_t^{\beta}(r_{t-1}+q_{t-1}) \end{bmatrix} \end{aligned}$$

예 11.6

다음의 MA(1)모형을 상태공간모형으로 표현하고 상태에 대한 칼만 필터식을 유도하라.

$$Y_t = a_t - \theta a_{t-1}, \;\; a_t \sim WN(0, \sigma^2)$$

풀이 상태변수벡터를 아래와 같이 정의하면

$$\boldsymbol{x}_t = \begin{bmatrix} a_t \\ a_{t-1} \end{bmatrix}$$

관측 방정식은 다음과 같고

$$Y_t = [1 \; -\theta] \begin{bmatrix} a_t \\ a_{t-1} \end{bmatrix}$$

상태 방정식은 아래와 같다.

$$\begin{bmatrix} a_t \\ a_{t-1} \end{bmatrix} = \begin{bmatrix} 0\,0 \\ 1\,0 \end{bmatrix} \begin{bmatrix} a_{t-1} \\ a_{t-2} \end{bmatrix} + \begin{bmatrix} a_t \\ 0 \end{bmatrix}$$

따라서 계수행렬은 다음과 같다.

$$G = [1 \ -\theta], \ F = \begin{bmatrix} 0\,0 \\ 1\,0 \end{bmatrix}, \ R = 0, \ Q = \begin{bmatrix} \sigma^2 \, 0 \\ 0 \ \ 0 \end{bmatrix}$$

이 경우에는 상태 방정식의 의미는 없다고 할 수 있다.

칼만 필터식을 유도하기 위하여 식 (11.20) ~ (11.22)를 사용할 수 있으나 11.2.2절에서 사용한 방법을 이용하여 보자. 상태변수 a_t에 대한 조건부 기댓값과 분산을 다음으로 정의하자.

$$m_t = E[a_t | Y_t, \cdots]$$
$$p_t = Var[a_t | Y_t, \cdots]$$

식 (11.6)을 사용하면 m_{1t}에 대한 칼만 필터식은 다음과 같다.

$$m_t = E[a_t | Y_{t-1}, \cdots] + \frac{Cov[a_t, Y_t | Y_{t-1}, \cdots]}{Var[Y_t | Y_{t-1}, \cdots]}(Y_t - E[Y_t | Y_{t-1}, \cdots])$$

여기서

$$\begin{aligned} E[a_t | Y_{t-1}, \ldots] &= 0 \\ Cov[a_t, Y_t | Y_{t-1}, \cdots] &= Cov[a_t, a_t - \theta a_{t-1} | Y_{t-1}, \cdots] \\ &= Var[a_t | Y_{t-1}, \cdots] = \sigma^2, \\ E[Y_t | Y_{t-1}, \cdots] &= E[a_t - \theta a_{t-1} | Y_{t-1}, \cdots] = -\theta m_{t-1}, \\ Var[Y_t | Y_{t-1}, \cdots] &= Var[a_t - \theta a_{t-1} | Y_{t-1}, \cdots] = \sigma^2 + \theta^2 p_{t-1}. \end{aligned}$$

따라서 칼만 필터에 의한 기댓값의 갱신식은 다음과 같다.

$$m_t = \frac{\sigma^2}{\sigma^2 + \theta^2 p_{t-1}}(Y_t + \theta m_{t-1})$$

한편, 분산의 갱신식은 아래와 같이 산출된다.

$$p_t = Var[a_t | Y_{t-1}, \cdots] - \frac{Cov^2[a_t, Y_t | Y_{t-1}, \cdots]}{Var[Y_t | Y_{t-1}, \cdots]}$$

여기서

$$Var[a_t | Y_{t-1}, \cdots] = \sigma^2$$

이므로 분산 갱신식은 다음과 같다.

$$p_t = \frac{\sigma^2 \theta^2 p_{t-1}}{\sigma^2 + \theta^2 p_{t-1}}$$

만약, $p_0 = \sigma^2$으로 시작한다면 시점 t에서의 분산은 다음과 같으며

$$p_t = \frac{\sigma^2 \theta^{2t}}{1 + \theta^2 + \theta^4 + \ldots + \theta^{2t}}$$

시간이 매우 크면 0으로 근사할 것이다.

11.4 예측

식 (11.2)의 일반적 상태공간모형을 다시 고려하자.

(관측 방정식) $\quad \boldsymbol{y}_t = G\boldsymbol{x}_t + \boldsymbol{w}_t, \quad \boldsymbol{w}_t \sim WN(0, R)$

(상태 방정식) $\quad \boldsymbol{x}_t = F\boldsymbol{x}_{t-1} + \boldsymbol{v}_t, \ \boldsymbol{v}_t \sim WN(0, Q)$

시점 t까지의 관측값이 주어질 때 다음 시점 $t+1$의 예측값(시점 t에서의 일단계 이후 예측값)은 다음과 같이 조건부 기댓값으로 표현할 수 있다.

$$\boldsymbol{f}_{t,1} = E[\boldsymbol{y}_{t+1} | \boldsymbol{y}_t, \cdots]$$

따라서 이는 다음으로 산출된다.

$$\begin{aligned}\boldsymbol{f}_{t,1} &= E[G\boldsymbol{x}_{t+1} + \boldsymbol{w}_{t+1} | \boldsymbol{y}_t, \cdots] = E[G(\boldsymbol{F}\boldsymbol{x}_t + \boldsymbol{v}_{t+1}) + \boldsymbol{w}_{t+1} | \boldsymbol{y}_t, \cdots] \\ &= GF\boldsymbol{m}_t\end{aligned} \tag{11.23}$$

이때 예측오차는 다음과 같다.

$$\boldsymbol{e}_{t,1} = \boldsymbol{y}_{t+1} - \boldsymbol{f}_{t,1} = \boldsymbol{y}_{t+1} - GF\boldsymbol{m}_t$$

그러므로 예측오차분산은 다음의 조건부 분산으로 산출된다.

$$\begin{aligned} V_{t,1} &= Var[\boldsymbol{y}_{t+1}|\boldsymbol{y}_t,\cdots] = Var[GF\boldsymbol{x}_t + G\boldsymbol{v}_{t+1} + \boldsymbol{w}_{t+1}|\boldsymbol{y}_t,\cdots] \\ &= GFP_tF^TG^T + GQG^T + R \end{aligned} \tag{11.24}$$

한편, k단계 이후 예측값과 분산은 다음으로 구해진다.

$$\boldsymbol{f}_{t,k} = E[\boldsymbol{y}_{t+k}|\boldsymbol{y}_t,\cdots],\ k=1,2,\cdots$$
$$V_{t,k} = Var[\boldsymbol{y}_{t+k}|\boldsymbol{y}_t,\cdots],\ k=1,2,\cdots$$

예 11.7

(예 11.1)의 모형에 대하여 시점 t에서의 일단계 이후 예측값과 예측오차분산을 구하라.

풀이 식 (11.23)을 이용하면 일단계 이후 예측값은 다음과 같다.

$$f_{t,1} = E[Y_{t+1}|Y_t,\cdots] = l_t + m_t$$

식 (11.24)를 이용하면 예측오차분산은 다음과 같다.

$$V_{t,1} = p_t + 2r_t + q_t + \sigma_a^2 + \sigma_\epsilon^2$$

예 11.8

다음은 최근 연도별 온스당 금 가격을 나타낸 것이다.

단위: 미화 달러

연도	2004	2005	2006	2007	2008	2009	2010
가격	409.2	444.5	603.8	695.4	872.0	972.4	1,224.5
연도	2011	2012	2013	2014	2015	2016	2017
가격	1,571.5	1,669.0	1,411.2	1,266.4	1,160.1	1,250.8	1,257.2

(예 11.5)의 모형을 적용하여 두 상태변수의 기댓값과 분산을 구하라. 그리고 일단계 이후 예측값과 예측오차를 구하라. 여기서 오차항의 분산은 다음과 같다고 가정하라.

$$\sigma_\epsilon^2 = 25, \ \sigma_a^2 = 9, \ \sigma_b^2 = 4$$

풀이 위에서 유도한 칼만 필터식을 이용하여 2011년부터의 데이터에 적용하면 아래의 결과를 얻는다. 초깃값으로 다음을 사용한다.

$$l_0 = 100, \ m_0 = 0, \ p_t = q_t = 1, \ r_t = 0$$

연도t	Y_t	l_t	m_t	p_t	q_t	r_t	K_t^μ	K_t^β	$f_{t-1,1}$	$e_{t-1,1}$
2011	1,571.5	1,494.6	214.8	16.49	11.30	5.83	0.660	0.233	1,345.7	225.8
2012	1,669.0	1,682.7	205.3	16.49	11.31	5.83	0.660	0.233	1,709.4	−40.4
2013	1,411.2	1,573.5	94.1	16.49	11.31	5.83	0.660	0.233	1,888.1	−476.8
2014	1,266.4	1,402.9	0.48	16.49	11.31	5.83	0.660	0.233	1,667.6	−401.2
2015	1,160.1	1,242.9	−56.3	16.49	11.31	5.83	0.660	0.233	1,403.4	−243.3
2016	1,250.8	1,228.9	−41.3	16.49	11.31	5.83	0.660	0.233	1,186.6	64.2
2017	1,257.2	1,233.5	−25.1	16.49	11.31	5.83	0.660	0.233	1,187.6	69.5

최근의 값들을 보면 상태변수의 분산 및 공분산은 수렴된 값을 갖는 것을 알수 있고 이에 따라 칼만게인 또한 일정한 값이 유지되는 것을 볼 수 있다. 연도별 실제값과 예측값을 표시하면 [그림 11.1]과 같다.

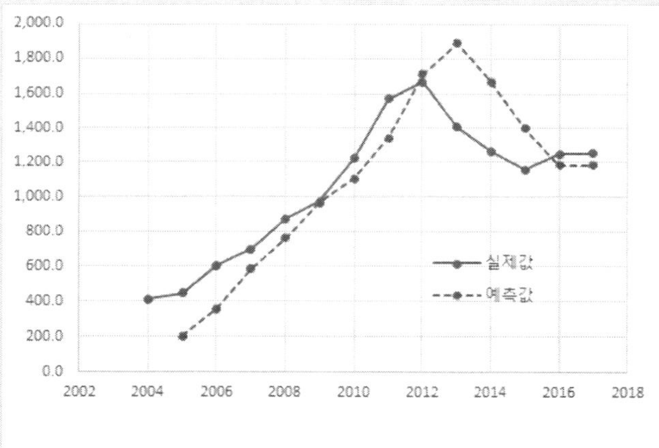

그림 11.1 (예 11.8)에 대한 실제값과 예측값

예 11.9

다음은 특정 지역의 월별 실업자의 전월 대비 증가수(명)를 나타낸다.

	1	2	3	4	5	6	7	8	9	10	11	12
증가수	8	10	−9	13	−5	−15	24	6	−21	20	−7	−24

(예 11.6)에서 다룬 아래의 MA(1)모형에 대한 칼만 필터식을 적용하고 2월부터 12월까지 일단계 이후 예측값을 구하라.

$$Y_t = a_t - 0.8a_{t-1},\ a_t \sim WN(0, 10^2)$$

풀이 시간 t에서 일단계 이후 예측값은 다음과 같다.

$$f_{t,1} = E[Y_{t+1}|Y_t, \cdots] = E[a_{t+1} - \theta a_t | Y_t, \cdots] = -\theta m_{1t} \quad (\theta = 0.8)$$

여기서 칼만 필터식은 다음과 같다.

$$m_{1t} = \frac{\sigma^2}{\sigma^2 + \theta^2 p_{1,t-1}}(Y_t + \theta m_{1,t-1})$$

$$p_{1t} = \frac{\sigma^2 \theta^2 p_{1,t-1}}{\sigma^2 + \theta^2 p_{1,t-1}}$$

초깃값을 $m_{10} = 0$, $p_{10} = \sigma^2 = 100$으로 할 때 [표 11.1]과 같은 결과를 얻는다.

표 11.1 (예 11.9)에 대한 예측값 및 예측오차

시간	Y_t	m_{1t}	p_{1t}	$f_{t-1,1}$	예측오차
1	8	4.878	39.024	–	–
2	10	11.124	19.984	–3.90	13.90
3	–9	–0.089	11.340	–8.90	–0.10
4	13	12.054	6.766	0.07	12.93
5	–5	4.450	4.151	–9.64	4.64
6	–15	–11.144	2.588	–3.56	–11.44
7	24	14.839	1.629	8.91	15.09
8	6	17.687	1.032	–11.87	17.87
9	–21	–6.805	0.656	–14.15	–6.85
10	20	14.495	0.418	5.44	14.56
11	–7	4.584	0.267	–11.60	4.60
12	–24	–20.299	0.171	–3.67	–20.33

11.5 파라미터의 최대우도법

상태공간모형에 포함된 계수행렬 또는 오차항의 공분산행렬 원소들에 미지의 값이 포함된 경우 관측값을 바탕으로 추정을 하여야 하는데 보통 최대우도법(maximum likelihood estimation)을 사용한다. 추정 파라미터들을 θ라 하면, 시간 T까지의 관측값 벡터들(크기 d) $\{\boldsymbol{y}_1,\cdots,\boldsymbol{y}_T\}$가 주어질 때 우도함수는 다음과 같다.

$$L(\boldsymbol{y}_1,\cdots,\boldsymbol{y}_T)=L(\boldsymbol{y}_1)\prod_{t=2}^{T}L(\boldsymbol{y}_t|Y_{t-1})$$

여기서 $Y_t=\{\boldsymbol{y}_1,\cdots,\boldsymbol{y}_t\}$이다. 따라서 로그 우도함수는 다음과 같다.

$$l(\boldsymbol{y}_1,\cdots,\boldsymbol{y}_T)=\log L(\boldsymbol{y}_1,\cdots,\boldsymbol{y}_T)=l(\boldsymbol{y}_1)+\sum_{t=2}^{T}l(\boldsymbol{y}_t|Y_{t-1})$$

$\boldsymbol{y}_1$와 $\boldsymbol{y}_t(t=2,3,\cdots,T)$의 분포가 아래와 같을 때

$$\boldsymbol{y}_1\sim MVN(\boldsymbol{\mu}_1,C_1);\ \boldsymbol{y}_t|Y_{t-1}\sim MVN(\boldsymbol{\mu}_t,C_t)$$

로그 우도함수는 다음과 같다.

$$l(\boldsymbol{y}_1,\cdots,\boldsymbol{y}_T)=-\frac{Td}{2}\log 2\pi-\frac{1}{2}\sum_{t=1}^{T}\log|C_t|-\frac{1}{2}\sum_{t=1}^{T}(\boldsymbol{y}_t-\boldsymbol{\mu}_t)^TC_t^{-1}(\boldsymbol{y}_t-\boldsymbol{\mu}_t)$$

여기서 $\boldsymbol{y}_t-\boldsymbol{\mu}_t$는 예측오차로서 $\boldsymbol{e}_t$로 표기하면 위의 로그 우도함수는 다음과 같다.

$$l(\boldsymbol{y}_1,\cdots,\boldsymbol{y}_T)=-\frac{Td}{2}\log 2\pi-\frac{1}{2}\sum_{t=1}^{T}\log|C_t|-\frac{1}{2}\sum_{t=1}^{T}\boldsymbol{e}_t^TC_t^{-1}\boldsymbol{e}_t$$

위의 칼만 필터를 이용하면 예측오차는 다음으로 산출된다.

$$\boldsymbol{e}_t=\boldsymbol{y}_t-GF\boldsymbol{m}_{t-1}$$

여기서 상태변수 기댓값은 다음과 같이 시간에 따라 갱신된다.

$$\boldsymbol{m}_t=F\boldsymbol{m}_{t-1}+K_t(\boldsymbol{y}_t-GF\boldsymbol{m}_{t-1})$$

그리고 예측오차 분산행렬은 다음과 같다.

$$C_t = GFP_{t-1}F^TG^T + GQG^T + R$$

예 11.10

(예 11.6)의 MA(1)모형에 대한 파라미터 추정을 위한 우도함수를 기술하라. 그리고 (예 11.9)의 데이터에 대하여 θ와 σ^2을 추정하라.

풀이 초깃값을 $m_{10} = 0$, $p_{10} = \sigma^2$로 할 경우 측정값의 평균과 분산은 다음과 같다.

$$\mu_t = -\theta m_{1,t-1},\ t = 1, \cdots, T$$
$$C_t = \sigma^2 + \theta^2 p_{1,t-1},\ t = 1, \cdots, T$$

따라서 로그 우도함수는 다음과 같다.

$$l(y_1, \cdots, y_T) = -\frac{1}{2}\left[T\log 2\pi + \sum_{t=1}^{T}\log(\sigma^2 + \theta^2 p_{1,t-1}) + \sum_{t=1}^{T}\frac{(Y_t + \theta m_{1,t-1})^2}{\sigma^2 + \theta^2 p_{1,t-1}}\right]$$

데이터를 적용하면 위의 로그 우도함수를 최대로 하는 추정치는 다음과 같다.

$$\hat{\theta} = 0.85,\ \widehat{\sigma^2} = 140$$

연습문제

11.1 다음의 AR(2)모형을 상태공간모형으로 표현하라.

$$Z_t = \phi_1 Z_{t-1} + \phi_2 Z_{t-2} + a_t,\ a_t \sim Nor(0, \sigma_a^2)$$

11.2 다음의 ARMA(1,1)모형을 상태공간모형으로 표현하라.

$$Z_t = \phi_1 Z_{t-1} + a_t - \theta_1 a_{t-1},\ a_t \sim Nor(0, \sigma_a^2)$$

11.3 다음과 같은 모형을 고려하자.

$$X_t = L_t + a_t$$
$$L_t = L_{t-1} + b_t$$

여기서 L_t는 시점 t에서 관측되지 않는 수준을 나타내며, a_t와 b_t는 독립인 백색잡음으로 평균은 모두 0, 분산은 각각 σ_a^2와 σ_b^2를 갖는다.

(a) $\{X_t, t \geq 1\}$는 IMA(0,1,1)모형의 형태를 따름을 보여라.

(b) $\{X_t, t \geq 1\}$가 IMA(0,1,1)모형이므로 $Z_t = X_t - X_{t-1}$라 할 때, 새로운 백색잡음 c_t로 다음과 같이 표현할 수 있다.

$$Z_t = c_t - \theta c_{t-1}$$

이때 가역성 조건을 만족하는 θ를 구하라.
(힌트: Z_t의 분산을 백색잡음 a_t, b_t으로 유도한 식과 백색잡음 c_t로 유도한 식을 등식으로 놓아 관계식을 얻고, Z_t의 시차 1의 공분산을 유도한 방식으로 유도하여 등식으로 놓은 또 다른 관계식을 얻은 후, 두 관계식을 푼다.)

11.4 다음과 같은 동적 모형을 고려하자.

$$Y_t = \mu_t + \beta_t + \epsilon_t$$
$$\mu_t = \mu_{t-1} + a_t$$
$$\beta_t = \beta_{t-1} + b_t$$

여기서 Y_t는 시점 t에서의 관측값이며, μ_t는 시점 t에서의 수준, β_t는 시점 t에서의 추세를 나타내는 상태변수이며 사전분포는 정규분포를 따른다. 오차항들 ϵ_t, a_t, b_t은 평균 0, 분산이 각각 $\sigma_\epsilon^2, \sigma_a^2, \sigma_b^2$인 다른 변수와 독립인 정규분포를 따른다.

(a) 상기 모형을 상태공간모형으로 나타내라.

(b) 상태변수 μ_t와 β_t의 사후분포의 기댓값에 대한 갱신식을 유도하라.

(c) 상태변수 μ_t와 β_t의 사후분포의 분산에 대한 갱신식을 유도하라.

11.5 다음과 같은 동적 모형을 고려하자.

$$Y_t = \mu_t + x_t\beta_t + \epsilon_t$$
$$\mu_t = \mu_{t-1} + a_t$$
$$\beta_t = \beta_{t-1} + b_t$$

여기서 Y_t는 시점 t에서의 관측값이며, x_t는 시점 t에서의 입력변수이다. μ_t는 시점 t에서의 수준, β_t는 시점 t에서의 추세를 나타내는 상태변수이며 사전분포는 정규분포를 따른다. 오차항들 ϵ_t, a_t, b_t은 평균 0, 분산이 각각

$\sigma_\epsilon^2, \sigma_a^2, \sigma_b^2$인 다른 변수와 독립인 정규분포를 따른다.

(a) 상기 모형을 상태공간모형으로 나타내라.

(b) 상태변수 μ_t와 β_t의 사후분포의 기댓값에 대한 갱신식을 유도하라.

11.6 다음과 같은 추세에 구조변화가 있는 동적모형을 고려하자.

$$Y_t = L_t + \epsilon_t,\ \epsilon_t \sim Nor(0, \sigma_\epsilon^2)$$

$$L_t = L_{t-1} + T_{t-1} + a_t,\ a_t \sim Nor(0, \sigma_a^2)$$

$$T_t = \begin{cases} T_{t-1} + b_t & t \neq \tau \\ T_{t-1} + \Delta + b_t & t = \tau \end{cases} \quad b_t \sim Nor(0, \sigma_b^2)$$

여기서 τ는 알려진 변화시점이며, 모든 오차항들은 다른 상태변수들과 독립이다. Δ를 포함한 모든 상태변수들의 사전분포는 정규분포를 따르며, 사후분포의 기댓값, 분산, 공분산을 아래와 같이 정의한다.

$$m_t = E[L_t | Y_t, \cdots]; \delta_t = E[\Delta | Y_t, \cdots]; \beta_t = E[T_t | Y_t, \cdots]$$

$$p_t = Var[L_t | Y_t, \cdots];\ q_t = Var[\Delta | Y_t, \cdots];\ r_t = Var[T_t | Y_t, \cdots]$$

$$\lambda_t = Cov[L_t, \Delta | Y_t, \cdots]; \omega_t = Cov[L_t, T_t | Y_t, \cdots]; \eta_t = Cov[\Delta, T_t | Y_t, \cdots]$$

(a) 위의 모형을 상태공간모형으로 표현하라.

(b) 각 상태변수의 사후분포 기댓값에 대한 갱신식을 유도하라. 즉, m_{t+1}, δ_{t+1}, β_{t+1}를 구하라.

11.7 다음과 같은 동적모형을 고려하자.

$$Y_t = c_1\beta_{1t} + c_2\beta_{2t} + \epsilon_t,\ \epsilon_t \sim Nor(0, \sigma_\epsilon^2)$$

$$\beta_{1t} = \beta_{1,t-1} + a_t,\ a_t \sim Nor(0, \sigma_a^2)$$

$$\beta_{2t} = \phi\beta_{2,t-1} + b_t,\ b_t \sim Nor(0, \sigma_b^2)$$

여기서 $c_{1,} c_2$는 상수이며, ϕ는 크기가 1보다 작은 상수이다. 그리고 오차항들은 상태변수들과는 독립이다.

(a) 위의 모형을 상태공간모형으로 표현하라.

(b) 상태변수 β_{1t}와 β_{2t}의 사후분포의 기댓값에 대한 갱신식을 각각 유도하라.

11.8 다음과 같은 동적 모형을 고려하자.

$$Y_t = x_{1t}\beta_t + x_{2t}\gamma_t + \epsilon_t$$

$$\beta_t = \beta_{t-1} + a_t$$
$$\gamma_t = \gamma_{t-1} + b_t$$

여기서 Y_t는 시점 t에서의 관측값이며, x_{1t}, x_{2t}는 시점 t에서의 입력변수이다. β_t는 시점 t에서의 입력변수 x_{1t}의 기울기, γ_t는 시점 t에서의 입력변수 x_{2t}의 기울기 나타내는 상태변수이다. 사전분포는 정규분포를 따른다. 오차항들 ϵ_t, a_t, b_t은 평균 0, 분산이 각각 $\sigma_\epsilon^2, \sigma_a^2, \sigma_b^2$인 다른 변수와 독립인 정규분포를 따른다.

(a) 상기 모형을 상태공간모형으로 나타내라.
(b) 상태변수 β_t와 γ_t의 사후분포의 기댓값에 대한 갱신식을 유도하라.

11.9 다음과 같은 동적 모형을 고려하자.

$$Y_t = x_{1t}\beta_t + x_{2t}\gamma_t + \epsilon_t$$
$$\beta_t = \theta\beta_{t-1} + a_t$$
$$\gamma_t = \phi\gamma_{t-1} + b_t$$

여기서 Y_t는 시점 t에서의 관측값이며, x_{1t}, x_{2t}는 시점 t에서의 입력변수이다. 또한, θ와 ϕ는 크기가 1보다 작은 상수이다. β_t는 시점 t에서의 입력변수 x_{1t}의 기울기, γ_t는 시점 t에서의 입력변수 x_{2t}의 기울기 나타내는 상태변수이며 사전분포는 정규분포를 따른다. 오차항들 ϵ_t, a_t, b_t은 평균 0, 분산이 각각 $\sigma_\epsilon^2, \sigma_a^2, \sigma_b^2$인 다른 변수와 독립인 정규분포를 따른다.

(a) 상기 모형을 상태공간모형으로 나타내라.
(b) 상태변수 β_t와 γ_t의 사후분포의 기댓값에 대한 갱신식을 유도하라.

11.10 다음과 같은 동적모형을 고려하자.

$$Y_t = T_t + J_t + \epsilon_t,\ \epsilon_t \sim Nor(0, \sigma_\epsilon^2)$$
$$T_t = \theta T_{t-1} + a_t,\ a_t \sim Nor(0, \sigma_a^2)$$
$$J_t = T_{t-1} + \phi J_{t-1} + b_t,\ b_t \sim Nor(0, \sigma_b^2)$$

여기서 θ, ϕ는 크기가 1보다 작은 상수이다.

(a) 위의 모형을 상태공간모형으로 표현하라.
(b) 상태변수 T_t와 J_t의 사후분포 기댓값에 대한 갱신식을 각각 유도하라.

참고문헌

Kalman, R.E (1960), “A new approach to linear filtering and prediction problems”, Journal of Basic Engineering, 82, 35-45.

Stock, J. H. and Watson, M. W.(1991), "A probability Model of the Coincident Economic Indicators" in 「Leading Economic Indicators: New Approaches and Forecasting Records」 edited by K. Lahiri and G. H. Moore, Cambridge: Cambridge University Press, pp.63 ~ 89

데이터 목록

J01: 2000-2017년 연도별 1인가구수 (yearly number of single family households in Korea during 2000-2017)

J02: 1993-2016년 연도별 특허출원 건수 (yearly number of patents registered in Korea during 1993-2016)

J03: 2011-2017년 월별 가정용 도시가스 소비량 (monthly town gas consumption in residential sector in Korea during 2011-2017)

J04: 1997-2017년 분기별 가정및상업용 전력 소비량 (quarterly electricity consumption in residential & commercial sector in Korea during 1997-2017)

J05: 1978-2017년 연도별 평균 금 미화 가격 (yearly average gold price in US dollars during 1978-2017)

J06: 2000-2017년 분기별 청년 실업률 (quarterly unemployment rate of young people in Korea during 2000-2017)

J07: 2007-2017년 월별 화재로 인한 사망자 및 부상자수 (monthly numbers of deaths and injuries from fires in Korea during 2007-2017)

J08: 1949-1998년 연도별 세계적으로 발생한 진도 7이상의 지진수 (yearly worldwide number of earth quakes having magnitude 7 or stronger during 1949-1998)

J09: 1872-1970년 연도별 나일강 평균 유량 (Mean annual nile flow during 1872-1970)

J10: 2017.7.3.-2018.6.29. KOSPI 200 지수의 시가, 고가, 저가, 종가 (KOSPI 200 index: open, high, low and close prices)

J11: 2018.2.5. - 2018.6.29. S&P 200 지수의 시가, 고가, 저가, 종가 (Daily S&P index (open, high, low and close prices) during Feb. 5, 2018 - June 29, 2018)

J12: 2005-2017년 월별 서울시 교통사고 사망자수 (monthly number of deaths from traffic accidents in Seoul during 2005-2017)

J13: AR(2) 모형 ($\phi_1 = 0.6, \phi_2 = 0.2,\ \mu = 0, \sigma^2 = 0.5$)에서 랜덤하게 생성한 가상 데이터 (artificial data generating from ar(2))

J14: MA(2) 모형 ($\theta_1 = 0.7, \theta_2 = -0.4,\ \mu = 0, \sigma^2 = 0.5$)에서 랜덤하게 생성한 가상 데이터 (artificial data generating from ma(2))

J15: ARMA(3,1) 모형 ($\phi_1 = 0.6, \phi_2 = 0.2, \phi_3 = -0.5,\ \theta_1 = -0.7,\ \mu = 0, \sigma^2 = 0.5$) 에서 랜덤하게 생성한 가상 데이터 (artificial data generating from arma(3,1))

J16: ARMA(1,3) 모형 ($\phi_1 = -0.6,\ \theta_1 = 0.7, \theta_2 = -0.4, \theta_3 = -0.2,\ \mu = 0, \sigma^2 = 0.5$) 에서 랜덤하게 생성한 가상 데이터 (artificial data generating from arma(1,3))

J17: 2016.1.1.-2016.12.31. 1년간 일별 경부선 1종 차량운행수 (Daily number of vehicles on Gyeongbu route)

J18: 1999-2018년 월별 대졸이상 실업률 (Monthly unemployment rate of college graduates)

찾아보기

|ㅅ|

|ㅇ|

|ㅈ|

|ㅎ|

|A|

|B|

|C|

|D|

|E|

|G|

|H|

|I|

저자 소개

전치혁
서울대학교 자원공학과 학사
KAIST 산업공학과 석사
University of California, Berkeley(Ph.D in Operations Research)
POSTECH 산업경영공학과 교수(1987-2019)
현) POSTECH 산업경영공학과 특임교수

시계열 분석 및 응용

저　　자　전치혁
발 행 인　김지영
발 행 처　자유아카데미
주　　소　경기도 파주시 회동길 37-42
　　　　　파주출판도시
전　　화　031-955-1321
팩　　스　031-955-1322
홈페이지　www.freeaca.com
전자우편　main@freeaca.com (대표)
　　　　　editor@freeaca.com (편집)
　　　　　crm@freeaca.com (영업)
등　　록　제406-2003-017호, 1980. 7. 12
제1판1쇄　2020년 10월 30일 발행
제1판2쇄　2022년 1월 20일 발행
정　　가　26,000원

저자와의
협의하에
인지생략

ISBN 979-11-5808-285-7　93310